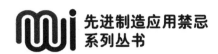先进制造应用禁忌
系列丛书

焊工零基础操作与禁忌
——高级篇

主　编　祝永旺　韩晓辉

副主编　高　祥　侯立国　侯延斌　刘海林

机械工业出版社
CHINA MACHINE PRESS

本书由技师学院专业实操老师、国家技能大师及企业首席工艺师等组成的团队撰写而成，围绕焊接常用技术的操作技巧与禁忌展开，主要内容涵盖焊条电弧焊、CO_2 气体保护电弧焊、钨极氩弧焊、MIG 焊、MAG 焊、激光焊、埋弧焊及焊接机器人等多种常用的焊接技术，以及焊接检测技术、焊接安全与防护，可以帮助零基础焊工实现技能的快速提升。

本书图文并茂，兼顾理论与实践，是零基础焊工学习必备的工具书，也可作为各单位焊工培训工作的参考资料。

图书在版编目（CIP）数据

焊工零基础操作与禁忌.高级篇 / 祝永旺，韩晓辉主编 . —北京：机械工业出版社，2024.5

（先进制造应用禁忌系列丛书）

ISBN 978-7-111-75067-3

Ⅰ.①焊… Ⅱ.①祝… ②韩… Ⅲ.①焊接 – 基本知识 Ⅳ.① TG4

中国国家版本馆 CIP 数据核字（2024）第 044930 号

机械工业出版社（北京市百万庄大街 22 号 邮政编码 100037）
策划编辑：张维官　　　　　　　责任编辑：张维官
责任校对：李可意　牟丽英　　　责任印制：李　昂
河北宝昌佳彩印刷有限公司印制
2024 年 7 月第 1 版第 1 次印刷
184mm×260mm · 15.75 印张 · 376 千字
标准书号：ISBN 978-7-111-75067-3
定价：78.00 元

电话服务　　　　　　　　　　　网络服务
客服电话：010-88361066　　　　机　工　官　网：www.cmpbook.com
　　　　　010-88379833　　　　机　工　官　博：weibo.com/cmp1952
　　　　　010-68326294　　　　金　书　网：www.golden-book.com
封底无防伪标均为盗版　　　　机工教育服务网：www.cmpedu.com

编写人员

主　编　祝永旺　韩晓辉

副主编　高　祥　侯立国　侯延斌　刘海林

参编（按拼音顺序）

安海江　蔡忠彪　陈一鸣　董长乐　郭连京　李景强

李雪文　刘彭超　马爱华　欧泽兵　苏沂福　王素环

王文勇　谢成富　杨学军　张继莹　张佳慧　赵　哲

周怀杰

前　言

21 世纪是高科技全面高速发展的时代，产业结构不断调整，传统职业中也越来越多、越来越快地融入了各种新知识、新技术和新工艺。因此，加快培养合格的、适应现代化建设要求的新型高技能产业人才就显得尤为迫切。本书本着"先进技术的引领，实用技术的全面，案例技术的详尽"的原则，以大赛、技能等级评价和鉴定为主线，同时还融入特殊行业（焊接检测），以专业技能、操作要点为主，同时以理论知识指导实践为方针。

全书共 11 章，较系统地介绍了 CO_2 气体保护电弧焊、钨极氩弧焊、MIG 焊、MAG 焊、埋弧焊等方法的设备设置与调试、操作技巧与禁忌，同时详细阐述各类焊条、焊丝和钨极的正确选择与应用方法，还引入了激光焊和机器人焊接，最后以焊接检测手段作为有益补充。

本书主要供焊接的工程技术人员、管理人员、质量检测人员和产业技术工人使用，也可供职业技术学院的师生及厂矿企业的相关人员参考。

由于作者水平有限，书中难免存在疏漏和不足之处，希望同行专家和读者能给予批评指正。

目　录

第 1 章

概　　述

1.1　焊接与切割现状

1.1.1　焊接现状

现代焊接技术作为工业连接技术与加工方法，是 19 世纪末 20 世纪初发展起来的。自 1885 年出现碳弧焊开始，至 20 世纪 40 年代才形成较完善的焊接工艺体系。目前，焊接已从一种传统的加工工艺发展成集材料、冶金、结构、力学及电子等多门类科学于一体的工程学科，而且随着科学技术的发展与进步，不断涌现出新工艺，新技术，并显现出如下几大特征。

（1）焊接已成为最主要的连接技术　自 19 世纪以来，焊接技术的进步与发展使其应用领域和适用范围迅速扩大。在当今工业领域，没有哪一种连接技术像焊接那样被如此广泛应用，而焊接作为永久性连接方法，因其较高的性价比，已在许多工业领域的金属结构中几乎全部取代了铆接。

（2）焊接已具有极高的技术含量　焊接已进入一个崭新的阶段，集成了众多前沿、高新技术，如：计算机、微电子、工业机器人和激光技术等，使得焊接技术含量进一步提升。图 1-1 所示为机器人焊接和激光熔覆堆焊。

a) 机器人焊接　　　　　　　　　　b) 激光熔覆堆焊

图 1-1　机器人焊接和激光熔覆堆焊

（3）焊接已成为一门关键的制造技术　焊接作为工业制造工艺其中之一，通常被安排在制造流程的后期，对产品质量起着决定性作用，同时焊接已成为制造业的命脉，是现代工业不可或缺的制造技术。图 1-2 所示为焊接在高铁车体和鸟巢钢结构中的应用。

a) 高铁车体　　　　　　　　　　b) 鸟巢钢结构

图 1-2　焊接在高铁车体和鸟巢钢结构中的应用

进入 21 世纪后，我国焊接技术也迎来了长足的发展，现有焊接设备生产企业数千家，为企业提供各方面相关技术支持和服务的机构数十家；同时，我国焊接材料的总产量已与美国、欧洲、日本的总和相当，由此可见，我国已成为世界第一焊接大国。但我国工业焊接技术仍存在不足，一是焊接自动化、机械化程度低，更多依赖传统的焊接方法，焊接施工还处于手工化操作；二是焊接材料产品结构不合理，焊条产量大，而焊丝种类缺乏，新型焊接材料研发较慢，过多依赖于进口等。

1.1.2　切割现状

切割是产品工件下料加工的一种工艺方法，切割断面质量、切割效率及材料利用率的高低均直接影响着焊接产品的质量和生产成本，因此切割也是钢结构生产中的一种重要工艺方法。

材料分离的方法很多，而热切割是应用最广、最常见的一种工艺方法。手工气割工艺起源于 20 世纪初，直到 20 世纪 40 年代，才出现了半自动和自动气割装备。工业发达国家及地区，如美国、苏联、欧洲、日本等又不断发展和完善了各式各样的气割设备，包括光电跟踪切割机和数控切割机；单一的火焰气割发展为具有高能的等离子弧切割、激光切割及综合性的切割技术。被切割的材料也从碳素钢、不锈钢、铜、铝等金属，扩展到绝大部分非金属材料，使切割效率、切割断面质量，尺寸精度等达到了新的水平。

现有切割技术分类包括火焰切割、等离子弧切割、超声波切割、激光切割（见图 1-3a）、电火花切割及液体喷射切割等。无论哪种切割技术，均有不同的应用形式，火焰、等离子、激光均有小型切割机械产品和数控坐标式切割机械产品（见图 1-3b）。激光切割机价格最昂贵，也是精度和效率最高的一种切割设备，液体喷射切割机次之，火焰切割机再次之，等离子切割机使用成本最低（按每件计算）。我国的切割技术长期处于落后状态，但近 30 年来却有了飞速的发展，先后研制和开发了各种半自动和全自动切割设备。国外一些知名切割设备制造企业，如瑞典伊萨、德国梅塞尔、美国捷锐、日本田中等公司，也先后来到中国投资建厂。各企业广泛使用各种半自动和全自动切割设备进行各种直线、曲线及成形切割，取得了较好的经济效益，将切割技术推向了崭新的阶段。

a) 激光切割　　　　　　　　　　　b) 激光切割产品

图 1-3　激光切割与激光切割产品

1.2　焊接与切割未来发展方向与展望

1.2.1　焊接未来发展方向与展望

受材料、信息科学等新技术的影响，焊接新工艺，新技术接连问世，焊接行业从传统的手工操作向自动化、智能化方向发展，焊接技术发展主要表现在以下几个方面。

（1）焊接热源改善与更新　现有焊接热源主要有火焰、电弧、电阻、超声波、摩擦、等离子、电子束、激光束及微波等。首先是改善现有热源，使其经济适用、热量集中、方便有效，在这方面电子束和激光焊接的发展尤为迅速；其次是开发更好、更高效的热源，比如同种或者异种热源叠加，如激光复合焊（激光 +MIG 焊、电子束焊中加入激光焊）等（见图 1-4）；再就是以节能或新能源为目标的新技术，如太阳能焊接将成为可能。

a) 激光+MIG焊　　　　　　　　b) 电子束焊中加入激光焊

图 1-4　激光复合焊

（2）新型焊接材料的研发　随着高精端科技的发展，新材料的研发势必迎来井喷式发展，这对新型焊接材料的研发将提出更高的要求；同时对现有产品的焊接，研究新型焊接材料以期改善焊缝成形、提升焊接质量等也大有裨益。

（3）计算机的应用　以计算机为核心建立的各种控制系统，包括焊接顺序、PID 调节及自适应等控制系统均已在不同焊接方法中得到应用。计算机仿真模拟技术已用于焊接热过程、焊接冶金过程、焊接应力和变形等方面；数据库技术被用于建立焊工档案管理、焊接符号检索、焊接工艺评定，以及焊接材料检索等方面。

（4）焊接机器人的应用 焊接机器人应用是焊接自动化的革命性进步，它突破了焊接刚性自动化的传统方式，开拓了一种柔性自动化新方式。其优点：焊接质量稳定，保证焊接产品的均一性；生产效率高，适合大批量生产，可不间断连续生产；劳动条件得到改善，可在有害、危险环境下长期工作；对工人操作技术要求降低；为焊接柔性生产线提供了技术基础。

为提高焊接过程的自动化程度，除了控制电弧对焊缝的自动跟踪外，还应实时控制焊接质量，为此需要在焊接过程中检测焊接坡口的状况，如熔宽、熔深和背面焊道成形等，以便能及时地调整焊接参数，保证良好的焊接质量，这就是智能化焊接。智能化焊接的第一个发展重点在视觉系统，它的关键技术是传感器技术。虽然焊接机器人开始往智能化方向发展，但其智能化仍处于初级阶段，智能化是未来重要的发展方向。图1-5所示为机器人焊接场景。

图1-5 机器人焊接场景

（5）新技术新工艺的推广应用 随着大熔深、低飞溅焊接技术的面世，大间隙、高速高效焊接工艺也在不断推出，如图1-6所示。

a) 低飞溅焊接设备

b) 低飞溅焊接产品

图1-6 新技术新工艺

提高焊接生产效率是推动焊接技术发展的重要驱动力。提高生产效率的途径有两个方面：一是提高焊接熔敷率。埋弧焊中的多丝焊（见图1-7a）、热丝焊、带极焊（见图1-7b）均属此类，其效果显著；二是减少坡口截面及熔敷金属量，近年来最突出的成就是窄间隙焊接（见图1-7c）。窄间隙焊接以采用气体保护焊为基础，利用单丝、双丝、三丝或多丝进行焊接。无论接头厚度如何，均可采用对接形式。窄间隙焊接的关键技术是如何保证两侧熔透和保证电弧中心自动跟踪处于坡口中心线上。电子束焊、激光束焊及等离子弧焊时，可采用对接接头，且不用开坡口，因此是理想的窄间隙焊接法，这是它们受到广泛重视的重要原因之一。

a) 多丝埋弧焊　　　　　　　　b) 带极埋弧堆焊　　　　　　　c) 窄间隙焊

图1-7 高效焊接技术

（6）焊接设备小型化、数字化和智能化发展　当前，焊接设备正向小型化、轻量化转变，从工业化向全民化转变，从传统向数字化和智能化发展，使其应用越来越便捷，越来越减少对人的依赖。图1-8所示为应用较多的一些小型化和智能化焊接设备。

a) 小型化焊接设备　　　　　　　　b) 智能化焊接设备

图1-8 焊接设备的小型化和智能化

1.2.2 切割未来发展方向与展望

随着现代机械加工业的发展，尤其是新型材料、超薄件、厚大件的应用，对产品切割质量、精度要求不断提高，对切割技术和切割设备也提出了新的要求，切割发展方向主要为以下几个方面。

（1）切割能源发展　切割能源已由单一的火焰能源切割发展为多种能源（火焰、等离子、电火花、激光、液体喷射）切割方式。一般来说，数控火焰、等离子切割机等拥有很大一部分用户，未来精细等离子、激光切割、水切割将代替传统火焰切割，成为主流切割机，因为其环保、切割速度快、切割质量好。

（2）多种切割形式差异化发展　手工切割、半自动切割及数控切割有其各自的适用情况。

1）手工切割灵活方便，但手工切割质量差，尺寸精度误差大，材料浪费大，后续加工工作量大，同时劳动条件恶劣，生产效率低。

2）半自动切割机中仿形切割机，切割工件的质量较好，由于其使用切割模具，不适合于单件、小批量和大工件切割。其他类型半自动切割机虽然降低了工人劳动强度，但其功能简单，只适合一些较规则形状的零件切割。

3）数控切割相对手动和半自动切割方式来说，可有效地提高板材切割效率、切割质量，减轻操作者劳动强度。在我国的一些中小企业甚至大型企业中使用手工切割和半自动切割方式仍较为普遍。但数控切割机的市场潜力很大，市场前景比较乐观。

（3）数控控制系统及数控切割机发展　数控切割机控制系统已由当初的简单功能复杂编程和输入方式自动化程度不高发展到具有功能完善、智能化、图形化及网络化的控制方式。驱动系统也从步进驱动、模拟伺服驱动发展到现今的全数字式伺服驱动。

下面，简述几种通用数控切割机的应用情况。

1）数控火焰切割机（见图1-9a）功能及性能已比较完善，但由于其材料切割的局限性（只能切割碳素钢板），切割速度慢，生产效率低，因此适用范围在逐渐缩小，市场不可能有大的增加。

2）数控等离子切割机（见图1-9b）具有切割范围广（可切割所有金属材料）、切割速度快、工作效率高等特点，未来的发展方向在于等离子电源技术的提高、数控系统与等离子切割配合问题，如电源功率的提升可切割更厚的板材，精细等离子技术的完善和提高可提高切割速度、切割面质量和切割精度，数控系统的完善和提高以适应等离子切割，可有效提高工作效率和切割质量。

a) 数控火焰切割机　　　　　　　　b) 数控等离子切割机

图1-9　数控火焰和数控等离子切割机

3）激光切割机具有切割速度快、精度高和切割质量好等特点。激光切割技术一直是国家重点支持和推动应用的一项高新技术，在国家制定中长期发展规划时，又将激光切割列为关键技术。目前，国内在销售的激光切割机大部分为国外进口产品，国内产品所占份额甚小。随着用户对激光切割技术特点的逐步深入了解和示范性采用，带动了国内企业开发、生产激光切割机。

（4）专用数控切割机发展　数控管材切割机适用于在各种管材上切割圆柱正交、斜交、偏心交等相贯线孔、方孔、椭圆孔，并能在管子端部切割与之相交的相贯线。这种类型的设备广泛应用于金属结构件生产、电力设备、锅炉、石油、化工等工业部门。数控坡口切割机是行业内比较高端的产品之一，此类设备的回转坡口切割功能可以满足焊接工艺中不同板材开不同角度坡口的要求。随着我国造船业的发展，船厂在国内率先引进和使用了数控等离子切割机。图1-10所示为相贯线坡口机。

图1-10　相贯线坡口机

第 2 章

焊条电弧焊操作技术

2.1 焊条

2.1.1 不锈钢焊条

1. 不锈钢焊条的型号及牌号

（1）不锈钢焊条的型号　根据 GB/T 983—2012《不锈钢焊条》的规定，不锈钢焊条的型号根据熔敷金属化学成分、焊接位置和药皮类型等进行划分。其型号编制方法如下。

1）第一位字母"E"表示焊条。

2）字母"E"后面的数字表示熔敷金属的化学成分分类，数字后面的"L"表示碳含量较低，"H"表示碳含量较高，如有其他特殊要求的化学成分，该化学成分用元素符号表示放在后面。

3）短划线"–"后的第一位数字，表示焊条适合的焊接位置，见表 2-1。

4）最后一位数字，表示焊条药皮类型和电流类型，见表 2-2。

例如：

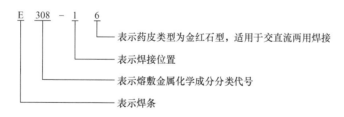

表 2-1　焊接位置代号

代号	焊接位置[1]
–1	PA、PB、PD、PF
–2	PA、PB
–3	PA、PB、PD、PF、PG

[1]　焊接位置符合 GB/T 16672—1996《焊缝工作位置　倾角和转角的定义》规定，其中，PA=平焊、PB=平角焊、PD=仰角焊、PF=向上立焊、PG=向下立焊。

表 2-2　焊条药皮类型和电流类型

代号	药皮类型	电流类型
5	碱性	直流
6	金红石	交流和直流①
7	钛酸型	交流和直流②

① 46 型采用直流焊接。

② 47 型采用直流焊接。

（2）不锈钢焊条的牌号　焊条的牌号是根据焊条的主要用途及性能对焊条命名，并由焊条制造厂制定。现用焊条牌号是按照 GB 980—1976《焊条分类及型号编制方法》制定的，此标准现虽已停止使用，但考虑到国内各行业对原来的焊条牌号编制方法、牌号名称及标记印象很深，多年使用，已成习惯，所以在原机械工业部编制的《焊接材料产品样本》（以下简称"样本"）中仍保留了原牌号的名称，同时也采用了焊接材料新的国家标准。现将不锈钢焊条牌号表示方法介绍如下。

1）第一位字母"G"（或"铬"字）或"A"（或"奥"字），分别表示铬不锈钢焊条或奥氏体铬镍不锈钢焊条。

2）第一位数字，表示熔敷金属主要化学成分组成等级，见表 2-3。

表 2-3　不锈钢焊条熔敷金属主要化学成分组成等级

焊条牌号	熔敷金属主要化学成分组成	焊条牌号	熔敷金属主要化学成分组成
G2 × ×	$w_{Cr} \approx 13\%$	A4 × ×	$w_{Cr} \approx 26\%$，$w_{Ni} \approx 21\%$
G3 × ×	$w_{Cr} \approx 17\%$	A5 × ×	$w_{Cr} \approx 16\%$，$w_{Ni} \approx 25\%$
A0 × ×	$w_{C} \leq 0.04\%$（超低碳）	A6 × ×	$w_{Cr} \approx 16\%$，$w_{Mo} \approx 35\%$
A1 × ×	$w_{Cr} \approx 19\%$，$w_{Ni} \approx 10\%$	A7 × ×	铬锰氮不锈钢
A2 × ×	$w_{Cr} \approx 18\%$，$w_{Ni} \approx 12\%$	A8 × ×	$w_{Cr} \approx 18\%$，$w_{Ni} \approx 18\%$
A3 × ×	$w_{Cr} \approx 23\%$，$w_{Ni} \approx 13\%$	A9 × ×	待发展

3）第二位数字，表示同一熔敷金属主要化学成分组成等级中的不同牌号。对同一组成等级焊条，可有 10 个牌号，按 0、1、2、…、9 顺序排列，以区别镍、铬之外的其他成分。

4）第三位数字，表示药皮类型和焊接电源种类。

例如：

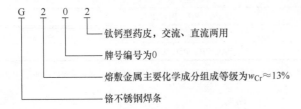

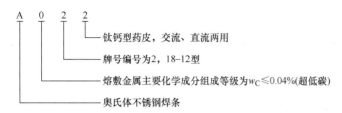

A 0 2 2
- 钛钙型药皮，交流、直流两用
- 牌号编号为2，18-12型
- 熔敷金属主要化学成分组成等级为 $w_C \leqslant 0.04\%$(超低碳)
- 奥氏体不锈钢焊条

（3）常用不锈钢焊条　常用不锈钢焊条型号与牌号的对照及应用见表2-4。

表 2-4　常用不锈钢焊条型号与牌号的对照及应用

焊条牌号	焊条型号	具体应用
A002	E308L-16	焊接 00Cr19Ni11 不锈钢或 0Cr19Ni10 不锈钢结构，如合成纤维、化肥、石油等设备
A012Si	—	用于焊接抗浓硝酸超低碳不锈钢结构
A022	E316L-16	焊接尿素及合成纤维设备
A032	E317MoCuL-16	焊接合成纤维等设备在稀、中浓度硫酸介质中工作的同类型超低碳不锈钢结构
A042	E309MoL-16	焊接尿素合成塔中衬里板（AISI 316L）及堆焊和焊接同类型超低碳不锈钢结构
A052（904L）	E385-16	焊接耐硫酸、醋酸、磷酸腐蚀的反应器、分离器等
A062	E309L-16	焊接合成纤维、石油化工设备用同类型的不锈钢结构、复合钢和异种钢结构
A072	—	用于焊接 00Cr25Ni20Nb 钢，如核燃料设备等
A082（C4 钢）	—	用于焊接 00Cr17Ni5SiNb、00Cr14Ni14Si4 等耐浓硝酸腐蚀钢
A102	E308-16	焊接工作温度低于 300 ℃ 的耐腐蚀不锈钢结构如 06Cr19Ni9、06Cr19Ni11Ti 不锈钢材料
A107	E308-15	
A132	E347-16	焊接重要的耐腐蚀、含钛稳定的 06Cr19Ni11Ti 型不锈钢
A137	E347-15	
A201	E316-16	焊接在有机酸和无机酸（非氧化性酸）介质中工作的 06Cr18Ni12Mo2 不锈钢产品，也可用于 06Cr18Ni12Mo2 与其他钢种的异种钢焊接
A202		
A212	E318-16	焊接重要的 0Cr18Ni12Mo2 不锈钢产品，如尿素、合成纤维等设备
A222	E317MoCu-16	焊接相同类型含铜不锈钢结构，如 0Cr18Ni13Mo2Cu2 不锈钢等
A232	E318V-16	焊接一般耐热，耐蚀 0Cr18Ni12Mo2V 及 Cr19Ni12Mo2 不锈钢结构
A237	E318V-15	
A302	E309-16	用于同类型的不锈钢结构、异种钢、高铬钢和高锰钢等焊接
A307	E309-15	
A312	E309Mo-16	用于焊接耐硫酸介质（硫氨）腐蚀的同类型不锈钢容器，也可作为不锈钢衬里、复合钢板、异种钢的焊接
A317	E309Mo-15	

（续）

焊条牌号	焊条型号	具体应用
A402	E310-16	焊接高温条件下工作的同类型耐热不锈钢，也可焊接硬化性大的铬钢（如Cr5Mo，Cr9Mo，Cr13，Cr28等）以及异种钢的焊接
A407	E310-15	
A412	E310Mo-16	焊接在高温条件下工作的耐热不锈钢，也可用来焊接不锈钢衬里，异种钢等，在焊接淬硬性高的碳素钢，低合金钢时韧性极好
A432	E310H-16	用于焊接HK40耐热钢
A502	E16-25Mo6N-16	焊接呈淬火状态的低合金钢和中合金钢，异种钢及刚性较大的结构，以及相应的热强钢等，如30CrMnSi钢等
A507	E16-25Mo6N-15	
A512	E16-8-2-16	用于高温高压不锈钢管线的焊接
A607	E330MoMnWNb-15	用于在850～900℃下工作的同类型耐热不锈钢焊接，以及制氢转化炉中集合管、膨胀管的焊接，如Cr20Ni32B钢和Cr18Ni37钢等材料
A707	—	用于醋酸、维尼纶、尿素等生产设备的铬锰氮不锈钢（A4）及含铝不锈钢的焊接
A717	—	用于低磁不锈钢2Cr15Mn15Ni2N结构或1Cr18Ni11Ti异种钢的焊接
A802	—	用于焊接硫酸浓度50%和一定工作温度及大气压力下制造合成橡胶的管道，Cr18Ni18Mo2Cu2Ti等钢种
A902	E320-16	用于焊接硫酸、硝酸、磷酸和氧化性酸腐蚀介质中Carpenter20Cb镍合金等
G202	E410-16	焊接0Cr13不锈钢、1Cr13不锈钢，以及耐磨、耐蚀零件表面的堆焊
G207	E410-15	
G217	E410-15	
G302	E430-16	焊接Cr17不锈钢
G307	E430-15	

2. 不锈钢焊条的选择

（1）选择不锈钢焊条需考虑的主要因素　不锈钢焊条适用于焊接 w_{Cr}>10.50%、w_{Ni}<50%的耐腐蚀钢或耐热钢。使用时应根据不锈钢的材质、工作条件（包括工作温度和接触介质）来选择，主要从以下几方面考虑。

1）在高温环境下工作的耐热不锈钢，选择焊条主要是能满足焊缝金属的抗热裂纹性能和焊接接头的高温性能。对于 $w_{Cr}/w_{Ni} \geq 1$ 的奥氏体耐热不锈钢，如10Cr18Ni9Ti、Cr17Ni13W等，一般均采用奥氏体-铁素体不锈钢焊条；对于 $w_{Cr}/w_{Ni}<1$ 的稳定型奥氏体耐热钢，如Cr16Ni25Mo6、Cr15Ni25W4Ti2等，一般应在保证焊缝金属具有与母材化学成分相近的同时，增加焊缝金属中Mo、W、Mn等元素含量，以提高焊缝的抗裂性。

2）在各种腐蚀介质中工作的耐腐蚀不锈钢，应根据介质和工作温度来选择焊条。对于工作温度 $\geq$ 300℃、有较强腐蚀性介质，则选用含有Ti或Nb稳定化元素或超低碳不锈钢焊条；对于含有稀硫酸或盐酸的介质，常选用含 Mo 或含 Mo 和 Cu 的不锈钢焊条；对于在常温下工作腐蚀性弱或仅为避免锈蚀污染的设备，可选用不含 Ti 或 Nb 的不锈钢焊条。

3）对于铬不锈钢，如马氏体不锈钢 12Cr13、铁素体不锈钢 10Cr17Ti 等，为了改善焊接接头的塑性，采用铬镍奥氏体不锈钢焊条。

（2）奥氏体不锈钢焊条的选用 为了保证奥氏体不锈钢的焊缝金属具有与母材相同的耐腐蚀性能和其他性能，奥氏体不锈钢焊条的碳含量应不高于母材，铬、镍含量不低于母材。例如，焊接 10Cr18Ni9Ti 不锈钢，母材化学成分类型为 $w_{Cr}=18\%$、$w_{Ni}=9\%$（18-8 型），且 $w_{Ti} \approx 0.1\%$、$w_C \approx 0.1\%$，不属于超低碳，因此，应选用化学成分类型相同的 A132 或 A137。

常用的奥氏体不锈钢焊条选用见表 2-5。

表 2-5 常用的奥氏体不锈钢焊条选用

钢材牌号	焊条选用	
	牌号	型号
022Cr19Ni10 06Cr18Ni9	A002 A002A A001G15	E308L-16 E308L-17 E308L-15
06Cr19Ni9	A101、A102 A102A A107	E308-16 E308-17 E308-15
10Cr18Ni9 10Cr18Ni9Ti	A112 A132	— E347-16
06Cr18Ni10Ti 06Cr18Ni11Nb	A132 A137	E347-16 E347-15
10Cr18Ni12Mo2Ti 06Cr18Ni12Mo2Ti	A201、A202 A207	E316-16 E316-15
06Cr23Ni13 06Cr25Ni13	A302、A301 A307	E309-16 E309-15
10Cr25Ni18 06Cr25Ni20	A402 A407	E310-16 E310-15

奥氏体不锈钢焊条选用具体如下：

1）超低碳不锈钢焊条，如 A002、A012 等，碳含量极低，故抗晶间腐蚀性能较好，用于在危险温度并在强腐蚀介质下工作的设备焊接。

2）$w_C > 0.04\%$、不含稳定剂的 18-8 型焊条，如 A102、A107 等，只能用于耐腐蚀要求不太高的工件焊接。

3）含有稳定剂铌的焊条，如 A132、A137 等可与含有稳定剂钛的不锈钢配合使用，用于耐晶间腐蚀性能要求高的工件焊接。

（3）马氏体不锈钢焊条的选用 焊接马氏体不锈钢用焊条分为铬不锈钢焊条和铬镍奥氏体不锈钢焊条两大类。常用马氏体不锈钢焊条的选用见表 2-6。

表 2-6 常用马氏体不锈钢焊条的选用

钢材牌号	焊条选用	
	牌号	型号
12Cr13 20Cr13	G202 G207、G217	E410-16 E410-15
	A102 A107 A302 A307 A402 A407	E308-16 E308-15 E309-16 E309-15 E410-16 E410-15
14Cr17Ni2	G302，G307	E430-16 E430-15
	A102、A107 A302、A307 A402、A407	E308-16、E308-15 E309-16、E309-15 E410-16、E410-15

（4）铁素体不锈钢焊条的选用　由于铁素体焊接材料的熔敷金属韧性太低，加上添加的 Al 与 Ti（铁素体形成元素）难以有效地过渡到熔池中去，因此，铁素体焊条的应用受到一定的限制。常用铁素体不锈钢焊条的选用见表 2-7。

表 2-7 常用铁素体不锈钢焊条的选用

钢材牌号	焊条选用	
	牌号	型号
022Cr12 06Cr13	G202 G207、G217	E410-16 E410-15
	A302 A307 A402 A407	E309-16 E309-15 E310-16 E310-15
10Cr17 10Cr17Mo 022Cr17Mo 022Cr18Mo2 06Cr17Ti 10Cr17Ti	G302 G307	E430-16 E430-15
	A202、A207 A302、A307 A402、A407	E316-16、E316-15 E309-16、E309-15 E310-16、E310-15

2.1.2　铸铁焊条

1. 铸铁焊条的分类

根据 GB/T 10044—2022《铸铁焊条及焊丝》的规定，铸铁焊条的种类见表 2-8。

表 2-8　铸铁焊条的种类

类别	型号	名称
铁基焊条	EZC	灰铸铁焊条
	EZCQ	球墨铸铁焊条
镍基焊条	EZNi	纯镍铸铁焊条
	EZNiFe	镍铁铸铁焊条
	EZNiCu	镍铜铸铁焊条
	EZNiFeCu	镍铁铜铸铁焊条
其他焊条	EZFe	纯铁及碳素钢焊条
	EZV	高钒焊条

2. 铸铁焊条的型号及牌号

（1）铸铁焊条型号

1）第一位字母"E"表示焊条。

2）第二位字母"Z"表示用于铸铁焊接。

3）字母"EZ"后用熔敷金属的主要化学成分符号或金属类型代号表示（见表 2-8）；再细分时用数字表示，例如：EZNiFe-1 中"1"表示细分类编号为 1。

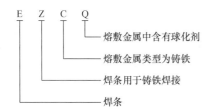

（2）铸铁焊条牌号　铸铁焊条牌号表示方法如下：

1）第一位字母"Z"表示铸铁焊条。

2）第一位数字，表示熔敷金属主要化学成分组成类型。Z1- 碳素钢或高钒钢，Z2- 铸铁（包括球墨铸铁），Z3- 纯镍，Z4- 镍铁合金，Z5- 镍铜合金，Z6- 铜铁合金，Z7- 特殊。

3）第二位数字，表示同一熔敷金属主要化学成分组成类型中不同序号。对同一组成等级焊条，可有 10 个牌号，按 0、1、2、…、9 顺序排列。

4）第三位数字，表示药皮类型和焊接电源种类。

例如：

（3）焊条型号与牌号对照　为了便于识别，现将常用铸铁焊条型号与牌号的对照列于表 2-9 中。

表 2-9　常用铸铁焊条型号与牌号对照及药皮类型和电源种类

焊条型号	焊条牌号	药皮类型	电源种类
EZFe-2	Z100	氧化型	交直流
EZV	Z116	低氢钾型	
	Z117	低氢钠型	直流反接
EZC	Z248	石墨型	交直流
	Z208	石墨型	
EZCQ	Z238	石墨型	
EZNi-1	Z308	石墨型	
EZNiFe-1	Z408	石墨型	
EZNiCu-1	Z508	石墨型	
EZNiFeCu	Z608	石墨型	

3. 铸铁焊条的选用

常用铸铁焊条成分、烘焙温度及用途见表 2-10。

表 2-10　常用铸铁焊条成分、烘焙温度及用途

焊条牌号	焊芯主要成分	焊缝金属成分	烘焙温度 /℃	烘焙时间 /h	主要用途
Z100	碳素钢	碳素钢	150	1	一般灰铸铁缺欠修补（非加工面），抗裂性及加工性能差
Z116 Z117	碳素钢（高钒药皮）	高钒钢	300	1	强度较高的灰铸铁、球墨铸铁补焊，工件可不预热
Z208 Z248	碳素钢 铸铁	灰铸铁	150	1	一般灰铸铁焊补，工件需预热到400℃，承受应力及冲击载荷等重要结构不宜采用
Z238	碳素钢（药皮加球化剂）	球墨铸铁	250	1	球墨铸铁焊补，预热温度500℃，焊后正火或退火处理
Z308	纯镍	镍	150	1	重要灰铸铁薄壁件和加工面的补焊，也可用于部分铸钢修复，可加工，用于机床床面、气缸加工面等
Z408	镍铁合金	镍铁合金	150	1	重要高强度灰铸铁及球墨铸铁的补焊，可加工，常温或预热200℃
Z508	镍铜合金	镍铜合金（蒙乃尔）	150	1	强度要求不高的灰铸铁补焊，可加工，常温或低温预热300℃，不宜用于受力部位的焊接
Z607 Z612	纯铜 铜包铁	铜铁混合	120	1	一般灰铸铁件非加工表面补焊
Z706 Z707 Z708	铜包钢	铜铁混合	120	1	可用于结构钢、合金钢和铸铁等异种材料焊接，特别适用于床体、机座裂纹的焊接

4. 铸铁焊条使用的注意事项

（1）冷焊焊条（焊前一般不预热）

1）常见牌号及应用要求：焊后不需要加工的灰铸铁焊接，选择铜铁铸铁焊条（Z607）、高钒铸铁焊条（Z117）、氧化型（Z100）；焊后需要加工的灰口铸铁焊接选择纯镍铸铁焊条（Z308）、镍铁合金铸铁焊条（Z408）、镍铜合金铸铁焊条（Z508）。

焊后不需要加工的球墨铸铁焊接，选择高钒铸铁焊条（Z117）；焊后需要加工的球墨铸铁焊接选择镍铁合金铸铁焊条（Z408）。

冷焊焊后焊缝颜色、组织和性能与母材不一致。

2）焊接工艺：采用小电流、断续焊、分散焊或多层焊（焊道冷却到 50 ～ 60℃ 时再焊下一层），焊后锤击焊缝，焊件厚度较大时也需适当预热（100 ～ 200℃）。

（2）热焊焊条（焊前预热）

1）常见牌号及应用要求：灰铸铁选择 Z208、Z248 焊条，球墨铸铁选择 Z238 焊条。

热焊焊后焊缝颜色、组织和性能与母材接近一致，适合焊接周围刚性大的工件。

2）焊接工艺：根据焊件的厚度和形状选择焊前预热温度 500 ～ 700℃，焊接过程中保证焊件温度处于 400 ～ 500℃，大电流焊接时采用长弧焊（弧长 8 ～ 10mm），每条焊缝应一次焊成，焊后保温缓冷，一般冷却时间为 12h，焊后应进行退火处理，其温度为 600 ～ 650℃。

2.1.3　堆焊焊条

堆焊是指用于对工件的任意部位焊敷一层特殊的合金面，其目的是提高工作面的耐磨损，耐腐蚀和耐热等性能，以降低成本，提高综合性能和使用寿命，堆焊也常用于修旧利废恢复原有尺寸。

1. 堆焊焊条的型号

根据 GB/T 984—2001《堆焊焊条》的规定，常规堆焊焊条的型号根据熔敷金属的化学成分、药皮类型和焊接电流种类划分，仅有碳化钨管状堆焊焊条型号根据芯部碳化钨粉的化学成分和粒度划分。

（1）堆焊焊条型号编制方法

1）第一位字母"E"表示焊条。

2）第二位字母"D"表示用于表面耐磨堆焊。

3）后面用一位或两位字母、元素符号表示焊条熔敷金属化学成分分类代号（见表 2-11），还可附加一些主要成分的元素符号；在基本型号内可用数字、字母进行细分类，细分类代号也可用短划"–"与前面符号分开。

4）型号中最后两位数字表示药皮类型和焊接电流种类，用短划"–"与前面符号分开（见表 2-12）。

药皮类型和焊接电流种类不需要限定时，型号可以简化，如 EDPCrMo-Al-03 可简化成 EDPCrMo-Al。

表 2-11　堆焊焊条熔敷金属化学成分分类

型号	熔敷金属化学成分分类	型号	熔敷金属化学成分分类
EDP××-××	普通低中合金钢	EDZ××-××	合金铸铁
EDR××-××	热强合金钢	EDZCr××-××	高铬铸铁
EDCr××-××	高铬钢	EDCoCr××-××	钴基合金
EDMn××-××	高锰钢	EDW××-××	碳化钨
EDCrMn××-××	高铬锰钢	EDT××-××	特殊性
EDCrNi××-××	高铬镍钢	EDNi××-××	镍基合金
EDD××-××	高速钢		

表 2-12　堆焊焊条药皮类型和焊接电流种类

型号	药皮类型	焊接电流种类
ED××-00	特殊性	交流或直流
ED××-03	钛钙型	交流或直流
ED××-15	低氢钠型	直流反接
ED××-16	低氢钾型	交流或直流
ED××-08	石墨型	交流或直流正接

（2）碳化钨管状堆焊焊条型号编制方法

1）第一位字母"E"表示焊条。

2）第二位字母"D"表示用于表面耐磨堆焊。

3）后面用字母"G"和元素符号"WC"表示碳化钨管状焊条，其后用数字1、2、3表示芯部碳化钨粉化学成分分类代号。

4）短划"-"后面为碳化钨粉粒度代号。

堆焊焊条型号举例如下：

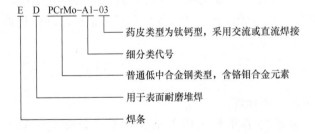

ED PCrMo-A1-03

- 药皮类型为钛钙型，采用交流或直流焊接
- 细分类代号
- 普通低中合金钢类型，含铬钼合金元素
- 用于表面耐磨堆焊
- 焊条

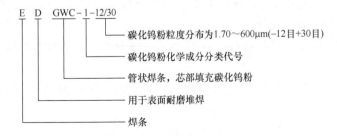

ED GWC-1-12/30

- 碳化钨粉粒度分布为1.70～600μm(-12目+30目)
- 碳化钨粉化学成分分类代号
- 管状焊条，芯部填充碳化钨粉
- 用于表面耐磨堆焊
- 焊条

2.堆焊焊条的牌号

堆焊焊条的牌号由字母"D"和 3 个数字组成。

1）第一位字母"D"表示堆焊焊条。

2）第一位数字表示堆焊用途、组织或焊缝金属主要成分，从 0 到 9 共 10 个编号：D0- 不规定；D1- 普通常温用；D2- 普通常温用或常温高锰钢用；D3- 模具、刀具、工具用；D4- 刀具、工具用（耐高温）；D5- 阀门用；D6- 合金铸铁型；D7- 碳化钨型；D8- 钴基合金。

3）第二位数字表示同一种用途中，用途或成分有差异，从 0 到 9 共 10 个编号。

4）第三位数字表示药皮类型和焊接电源种类。

堆焊焊条牌号举例如下：

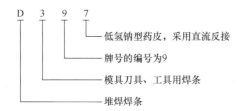

3.堆焊焊条型号与牌号对照关系及应用

常用堆焊焊条型号与牌号的对照及应用见表 2-13。

表 2-13　常用堆焊焊条型号与牌号的对照及应用

牌号	型号	主要应用范围
D102	EDPMn2-03	用于堆焊或修复低碳钢、中碳钢及低合金钢磨损件，如车轴、齿轮和搅拌机叶片等
D106	EDPMn2-16	
D107	EDPMn2-15	
D112	EDPCrMo-A1-03	用于受磨损的低碳钢、中碳钢及低合金钢机件表面，特别适用于矿山机械及农业机械的堆焊与修补
D132	EDPCrMo-A2-03	
D146	EDPMn4-16	用于堆焊各种受磨损的碳素钢件表面及碳素钢道岔
D167	EDPMn6-15	用于农业、建筑机械等磨损部位的堆焊，如大型推土机、动力铲滚轮、汽车环链等
D172	EDPCrMo-A3-03	用于堆焊齿轮、挖泥斗、拖拉机刮板、深耕铧犁及矿山机械等磨损件
D256	EDMn-A-16	用于各种破碎机、高锰钢轨、挖斗、推土机等易磨损部件的堆焊
D286A	EDMn-B-16	适用于高锰钢堆焊，是铁路高锰钢轨，道岔堆焊修复的专用焊条，也可用于各类破碎机、推土机等受冲击面磨损部位的堆焊
D322	EDRCrMoWV-A1-03	用于堆焊各种冲模及切割刀具，也可用于修复要求耐磨性高的机械零部件
D337	EDRCrW-15	用于铸钢或锻钢上堆焊锻模，也可用于锻模的修复
D406	EDRCrMnMoWCo-A	用于堆焊耐高温刀具、模具，如热剪切刀口的堆焊
D427	—	用于高温条件下具有高硬度和耐磨损部件的堆焊，如轧钢、炼钢装料机吊牙及钢坯剪切用双金属热剪切刃的堆焊
D507	EDCr-Al-15	通用性的表面堆焊用焊条，用于堆焊工作温度在 450℃ 以下的碳素钢或合金钢的轴及阀门等

（续）

牌号	型号	主要应用范围
D557	EDCrNi-C-15	用于工作温度低于800℃的高压阀门密封面的堆焊
D608	EDZ-A1-08	用于农业机械、矿山设备等承受沙粒磨损与轻微冲击的零部件堆焊
D678	EDZCr-C-15	用于堆焊要求耐强烈磨损、耐腐蚀和耐气蚀的场合，例如石油工业中离心裂化泵轴套、矿山破碎机部件及柴油机引擎上的气门盖等
D707	EDW-A-15	用于堆焊耐岩石强烈磨损的机械零部件，如混凝土搅拌机叶片、推土机、挖泥机叶片
D802	EDCoCr-A-03	用于堆焊在850℃高温下工作仍能保持良好的耐磨性和耐蚀性的场合，适用于堆焊高温高压阀门及热剪切刃具、高压泵的轴套筒、粉碎机的刃口、锅炉的旋转叶轮等
D842	EDCoCr-D-03	堆焊层金属在1200℃仍保持良好的耐磨性，抗热疲劳和耐腐蚀性能。适用于堆焊热锻模、阀门密封面等
D856	—	耐高温抗冲击耐磨堆焊条，D856-1用于堆焊煤辊、冲击板、耐磨板、电铲齿、破碎辊及锤头等。D856-2用于堆焊抗冲击、冲刷、耐热磨损面，如高炉料钟密封面等
D918	EDZ-A2-08	用于受中等或剧烈冲击情况下磨料磨损部件的堆焊修复，如农业机械、矿山机械、粉碎机等
D916		用于受强烈磨料磨损部件的堆焊修复，如排风机叶轮、泥浆泵、煤矿溜槽等
D007	EDTV-15	用于灰铸铁、球墨铸铁和合金铸铁件的堆焊及补焊，如大型铸铁压延模、铸铁成形模及铸铁模具等

4. 堆焊材料的种类与选择

（1）堆焊材料 主要有铁基、镍基、钴基、铜基堆焊金属和碳化物堆焊金属等。

1）铁基堆焊金属品种较多，适用范围广，韧性和耐磨性较好，其最大的优点是成本低，因而使用广泛，大致有以下4类。

一是珠光体钢堆焊金属，这种类型合金焊接性好，抗冲击能力强，硬度较低，主要用于修复轴类机械零部件。

二是奥氏体钢堆焊金属，奥氏体锰钢堆焊金属具有较高的冲击韧性和加工硬化的特点，但容易产生热裂纹，一般用来修复在严重冲击载荷下金属间磨损和磨料磨损的零件，如矿山料车、铁路道岔等。奥氏体铬锰堆焊金属比奥氏体锰钢焊接性好，且有较好的耐蚀性、耐热性和抗热裂纹性，主要修复受严重冲击的金属间磨损的锰钢和碳素钢零件。

三是马氏体钢堆焊金属，这类堆焊金属的组织主要为马氏体，堆焊层的硬度和屈服强度高、耐磨性好，可受中等冲击，但抗冲击能力比珠光体钢和奥氏体钢堆焊层差。主要用于修复金属间磨损的零件，如齿轮、牵引车底盘等。

四是合金铸铁堆焊金属，这类堆焊层具有较高的抗磨料磨损、耐热、耐腐蚀性能，抗氧化性能良好，能耐轻度的冲击，但堆焊时很容易出现裂纹。主要用于堆焊农机具、矿山设备等零件。

2）镍基堆焊金属使用最多的是镍铬硼硅系列合金，其具有优良的抗低应力磨料磨损和抗金属间磨损的性能，较好的耐腐蚀，耐热和抗高温氧化性能，但抗高应力磨料磨损和耐冲击性稍差，通常用于腐蚀介质或高温环境中受到低应力磨料磨损的场合。

含金属间化合物的镍基合金，如 Ni-32Mo-15Cr-3Si 高温硬度高，具有优良的耐金属间磨损和中等的磨料磨损的能力，但抗冲击性较差。这种合金比较适用于钨极气体保护电弧堆焊或等离子弧堆焊，常用来堆焊在严重腐蚀介质中工作的阀门密封面。

含碳化物的镍基合金的价格比钴基合金低得多，从经济角度看，成为钴基堆焊金属的替代品而得到较多应用。

3）钴基堆焊金属主要指钴铬钨合金，在 650℃ 左右能保持较高的强度和硬度，具有一定的耐腐蚀性和优良的抗黏着磨损性能，在各种堆焊金属中钴基合金的综合性能最好，常用于高温工作状态的零件表面堆焊。

4）铜基堆焊金属通常有青铜、黄铜、白铜、纯铜 4 类。铜基堆焊合金耐腐蚀、耐气蚀和耐金属间磨损的性能较好，可在铁基材料上堆焊制作成双金属件，也可用来修补磨损的零件；但铜基堆焊金属的耐硫化物腐蚀、耐磨料磨损和抗高温蠕变的能力较差，硬度低，也不容易施焊，只适用于 200℃ 以下的环境中，这类堆焊金属主要用于轴瓦、低压阀门密封面等的堆焊。

5）碳化物堆焊金属主要用于受严重磨损的工况，如油井钻头、筑路机械零件的堆焊。

（2）堆焊材料的性能比较　见表 2-14。

表 2-14　堆焊材料性能比较

韧性增加 ↕ 耐磨料磨损性能增加	耐磨料磨损性能最好，受磨面变粗	1 碳化物
	耐低应力磨料磨损性很好，抗氧化	2 高铬合金铸铁
	抗氧化、耐腐蚀、耐热及抗蠕变	3 钴基合金
	耐腐蚀，也能抗氧化和抗蠕变	4 镍基合金
	兼有良好的耐磨料磨损和耐冲击性能	5 马氏体钢
	廉价，耐磨料磨损与抗冲击较好	6 珠光体钢
	可加工硬化	7 奥氏体钢
	耐腐蚀	8 不锈钢
	韧性最好，耐凿削式磨料磨损性能较好	9 高锰钢

（3）堆焊材料的选择　根据工作条件选择堆焊用材料，见表 2-15。

表 2-15　堆焊材料选择

工作条件	堆焊用材料
高应力金属间磨损	亚共晶钴基合金，含金属间化合物钴基合金
低应力金属间磨损	堆焊用低合金钢
金属间磨损＋腐蚀或氧化	大多数钴基或镍基合金
低应力磨料磨损、冲击浸蚀、磨料浸蚀	高合金铸铁
低应力严重磨料磨损、切割刃	碳化物
气蚀浸蚀	钴基合金

（续）

工作条件	堆焊用材料
严重冲击	高合金锰钢
严重冲击＋腐蚀＋氧化	亚共晶钴基合金
高温下金属间磨损	亚共晶钴基合金，含金属间化合物钴基合金
凿削式磨料磨损	奥氏体锰钢
热稳定性、高温蠕变强度（540℃）	钴基合金、碳化物型镍基合金

5. 堆焊焊条使用的注意事项

堆焊中最常见的问题是开裂，防止开裂的主要方法如下。

（1）焊前预热

1）预热温度：堆焊焊条在焊接使用中开裂与工件及焊缝熔敷金属的碳含量、合金元素之间有直接关系，因此预热温度一般依据所用焊条的碳当量来估算。

碳当量计算公式为

$$Ceq=C+Mn/6+Si/24+Cr/5+Mo/4+Ni/15 \qquad （2-1）$$

公式（2-1）适用于低、中、高碳钢和低合金钢材料；高锰钢及奥氏体不锈钢，可不预热；高合金钢预热温度 >400℃。

2）预热温度与碳当量之间关系见表 2-16。

表 2-16　预热温度与碳当量之间的关系

碳当量（%）	预热温度/℃	碳当量（%）	预热温度/℃
≤ 0.40	≥ 100	≤ 0.70	≥ 250
≤ 0.50	≥ 150	≤ 0.80	≥ 300
≤ 0.60	≥ 200	≤ 0.90	≥ 350

（2）控制层间温度　在焊接生产中，层间温度一般不低于预热温度。

（3）焊后缓冷　一般在石棉被中冷却，也可适当补充加热。

（4）选择合理的工艺参数　焊条电弧焊工艺参数见表 2-17。

表 2-17　焊条电弧焊工艺参数

堆焊层厚度/mm	<1.5	<5	≥ 5
焊条直径/mm	3.2	4～5	5～6
堆焊层数	1	1～2	>2
堆焊电流/A	80～100	140～200	180～240

（5）焊后热处理　焊后进行消除应力热处理。

（6）选用适用焊条　避免多层堆焊时开裂，采用低氢型堆焊焊条。

（7）堆焊过渡层　必要时，堆焊层与母材之间堆焊过渡层，采用碳当量低、韧性高的焊条。

2.1.4　纤维素焊条

1. 纤维素焊条简介

纤维素焊条适用于向下立焊，电弧熔深大，穿透力强，根部打底焊单面焊双面成形好，气孔敏感性小，操作难度小，焊缝质量高，焊工易掌握。改变了普通焊条向上立焊的传统工艺方法，将原水平固定管状对接全位置运条操作手法，改为类似平焊运条的向下立焊，即由 12 点位置起弧焊至管口 6 点钟位置结束，熔敷效率可提高 1 ～ 3 倍。广泛应用于石油化工、天然气、电力，以及民用行业的输油、输气、输水大口径管道安装铺设施工中。

（1）纤维素焊条药皮成分和工艺特性　纤维素焊条药皮的主要成分：

25% ～ 40% 纤维素（木粉、淀粉、酚醛树脂粉、微量纤维、表粉等）；8% ～ 16% 碳酸盐（碳酸钾、钙等）；8% ～ 20% 铁合金；10% ～ 15% 金属氧化物（SiO_2、TiO_2、MnO、FeO、MgO、Al_2O_3 等）；20% 其他成分。

药皮中因有机物分解而形成大量气体（CO、CO_2、H_2、H_2O），对焊缝有很强的保护效果，并且电弧吹力大，熔滴过渡呈喷射状。

（2）纤维素焊条型号编制方法　根据国家标准 GB/T 5117—2012《非合金钢及细晶粒钢焊条》的规定，焊条型号按熔敷金属力学性能、药皮类型、焊接位置、电流类型、熔敷金属化学成分和焊后状态等进行划分，其编制方法如下。

1）第一位字母"E"表示焊条。

2）字母"E"后面紧邻两位数字表示熔敷金属的最小抗拉强度。

3）字母"E"后面第三和第四两位数字，表示药皮类型、焊接位置和电流类型。其中，E××10，表示药皮类型为纤维素，焊接位置为全位置，电流类型为直流反接；E××11，表示药皮类型为纤维素，焊接位置为全位置，电流类型为交流和直流反接。

（3）纤维素焊条用途　常用的纤维素焊条 E6010 适用于热焊、打底焊、填充焊；E8010 适用于热焊、填充焊、盖面焊，一般用于低氢向下立焊焊条。

2. 管道常用的焊接工艺

（1）装配尺寸　管道对接时，工件装配尺寸见表 2-18。

表 2-18　工件装配尺寸

坡口角度 /（°）	对口间隙 /mm	钝边尺寸 /mm
60	2 ～ 2.5	0.5 ～ 1.0

（2）焊接参数　管道对接焊时，焊接参数见表 2-19。

表 2-19　焊接参数

焊接层次	焊条直径 /mm	电源极性	焊接电流 /A	电弧电压 /V	焊接速度 /（cm/min）	运条方法
打底焊	ϕ3.2	正接	50 ～ 55	22 ～ 24	12 ～ 15	直线

（续）

焊接层次	焊条直径 /mm	电源极性	焊接电流 /A	电弧电压 /V	焊接速度 / (cm/min)	运条方法
热焊	$\phi4.0$	反接	90～95	26～28	15～18	直线或摆动
填充层	$\phi4.0$	反接	130～150	28～30	12～15	直线或摆动
盖面层	$\phi4.0$	反接	130～150	28～30	14～18	直线或摆动

（3）焊接工艺　长输管线绝大部分为水平固定位，一般采用内对口器，焊前需预热。可以采用中频感应加热或环形火焰加热，预热温度需 >80℃，一般管道环缝焊接，每层安排 2 个焊工对称焊接，采用向下立焊的方法施焊。根焊完成后，拆除对口器，根焊与热焊间隔时间应 <10min，焊接时层间温度 ≥ 80℃，每层焊后需清理焊道，清理干净后方可进行下一层的焊接。

热焊：在使用纤维素焊条打底焊完成后，需立即进行具有后热和去氢作用的焊道焊接。热焊特点是与打底焊的时间间隔短、焊接速度快，即打底焊后立即进行热焊，焊接时也必须速度快，基本不起填充的作用。

（4）焊接注意事项　在直流弧焊机电源正接和反接时，其熔滴过渡的形态不同。直流正接时，焊条端部形成的熔融金属体积小，电弧吹力大，气流足以使焊条端头熔化金属飞离，实现小颗粒过渡。电弧稳定性强，焊缝熔深大，一般适用于根部打底焊，单面焊双面成形，背面成形好。由于正接电弧的飞溅大、熔深大，不易获得满意的表面成形，在热焊、填充焊和盖面焊中不常使用。

直流反接时，焊条端部熔融金属体积小，呈果块状的熔化金属，表面吹力大，虽有这么大的造气剂也很难将熔滴吹成小颗粒过渡形态。因此，直流反接时，其熔滴过渡为接触式短路过渡。每次短路过渡后，由于焊条端部熔融金属体积变小，在药皮套筒和气流的影响下，又出现颗粒状过渡形态，所以纤维素焊条直流反接时是短路过渡伴随颗粒过渡的混合过渡形态，这是不同于其他焊条过渡形态的特殊形式，直流反接一般适用于热焊、填充焊、盖面焊层的施焊。

2.1.5　水下焊条

1. 水下焊条简介

水下焊条也称涂药焊条，是指有避水层，采用镍铁合金为焊芯，双层涂药层的水下焊条。水下焊条外层涂有造渣剂和防水剂，具有很强的封闭性，以保证熔敷金属的焊接与切割质量，内层涂有合金剂和脱氧剂以保证电弧稳定和焊缝塑性及金属成分。水下焊条可用于带水气或水下结构钢及铸铁管道的全位置焊接与切割。

水下焊接有干法、湿法和局部干法 3 种。

2. 水下焊条分类

水下焊条按照用途分水下焊接用焊条和水下切割用割条，TS2×× 是水下焊接用焊条，典型的有 TS202、TS206；TS3×× 是水下切割用割条，典型的有 TS304。

1）TS202 是一种水下一般结构钢用的电焊条，能在淡水或海水中进行焊接，药皮有抗水外层，具有优良的防水性能和绝缘性能。采用直流电源，可全位置焊接，适用于屈服强度为 410MPa 的低碳钢及 D32 类低合金钢等非重要水下结构的湿法焊接，也可用于海上油气管道、船舶、港口设施、桥梁和城建水管的水下湿法焊接和维修。使用水深可达 40m。

2）TS206 高性能水下焊条是采用镍铁合金为焊芯、双层涂药层防水与防气电焊条。外层涂有造渣剂和防水剂，具有很强的封闭性，可用于带水气或水下结构钢及铸铁管道的全位置焊接，是一种理想的防水焊条，可交直流两用，但直流效果更佳。适用于屈服强度为 475MPa 的碳素钢和碳锰钢等低合金钢结构的水下湿法焊接，也可用于海上油气管道、船舶、港口设施、桥梁和城建水管的水下湿法焊接，使用水深可达 50m。

3）TS304 水下割条特征及用途：由于钢管外涂有稳弧剂，因此可全位置切割，采用直流电源，在淡水和海水中进行电弧、氧切割。图 2-1 所示为 TS304 焊条。

3. 水下焊条使用的注意事项

1）保护焊条的药皮不受损坏。

2）不可使用药皮已经破损的焊条。

3）焊接前去除焊条引弧端的绝缘防水层。

4）焊前焊条不允许烘干。

5）焊接电流主要取决于焊条直径、母材厚度、焊接位置及现场条件等因素。使用同种直径焊条时，水下焊使用的焊接电流要比陆上焊接时高 20%～30%。

图 2-1　TS304 焊条

2.2　焊条电弧焊操作技巧与禁忌

2.2.1　骑座式管板水平固定全位置单面焊双面成形

1. 实操讲解

（1）焊前准备

1）焊条型号 E4303，ϕ2.5mm。

2）孔板材质为 Q235A 钢，板厚 δ=10mm，尺寸为 150mm×150mm（板中开出 ϕ50mm 孔）。

3）钢管材质为 20 钢，规格为 ϕ60mm，L=100m，壁厚 5mm，经机械加工的坡口形式尺寸如图 2-2 所示。

（2）操作步骤

1）组对。用角磨机打磨钢板焊接区直至露出金属光泽，用直磨头磨光机打磨钢管内外壁焊接区的毛刺和氧化物直至露出金属光泽，坡口钝边值应符合图 2-2 要求。

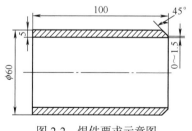

图 2-2　焊件要求示意图

先在孔板上要点焊的位置用石笔做好标记，采用时钟位置标记法来标记区分焊接区域，两定位焊点位置中心线为垂直线，即两定位点在 1 点半、10 点半位置，6 点钟位置不允许定位焊接（见图 2-3），然后将孔板放在清理干净的平台上，要求孔板与平台无缝隙，按图 2-4 形式组对，间隙 2.5 ~ 3.2mm。间隙的调整可以用 3mm 圆钢制成 U 形（U 形开口尺寸为 35mm 左右）或焊芯弯成 U 形垫在孔板上，注意 U 形圆钢所放置的位置要与第一点焊位置间隔 10mm 以上，再将钢管放在上面，保证钢管内壁与孔板内壁对齐。

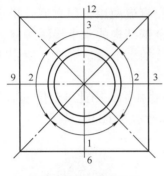

图 2-3　定位焊缝位置

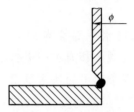

图 2-4　定位焊缝形式

完成第一定位焊点后，用 90° 角尺检验孔板与钢管垂直度是否符合要求，若不符合，可用锤子轻敲调整，合格后进行第二定位焊点的焊接。

定位焊点必须焊透达到正式焊接的质量要求，为保证焊透，焊接电流可比正式焊接电流大 10% 左右，定位焊的焊缝长度一般为 5 ~ 10mm，两端打磨成缓坡状，便于接头。所有定位焊焊缝不得有缺欠，否则需要铲除并重新定位焊，定位焊缝高度最好为 2 ~ 3mm。定位焊好后，清理干净熔渣、飞溅等附着物。

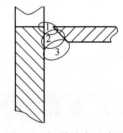

图 2-5　焊道排布示意图

2）焊接准备。焊接采用三层三道方式，如图 2-5 所示，焊条直径与焊接电流的推荐值见表 2-20。

表 2-20　焊条直径与焊接电流的推荐值

焊接层次	焊条直径 /mm	焊接电流 /A
打底层		60 ~ 80
填充层	2.5	70 ~ 90
盖面层		70 ~ 80

开始焊接前，将工件按时钟方位固定到焊接支架上，根据自己的身高和习惯姿势调整好工件高度。

3）焊接。

① 打底焊。从 6 点钟后 5mm 处开始引弧，然后往 6 点钟位置开始焊接，焊接到 12 点钟位置后超出 5mm 左右收弧，焊条角度如图 2-6 所示。另半圈采用相反方向焊接。引弧后稍微拉长电弧，预热起焊点，然后向上顶送焊条，当看到孔板根部与钢管坡口边缘熔

合形成熔孔时，稍微拉长电弧，采用断弧法，做小幅度锯齿形摆动。打底层厚度最好控制在 3mm 左右。

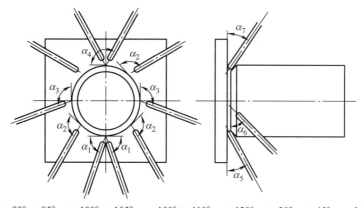

$\alpha_1=80°\sim85°$ $\alpha_2=100°\sim105°$ $\alpha_3=100°\sim110°$ $\alpha_4=120°$ $\alpha_5=30°$ $\alpha_6=45°$ $\alpha_7=35°$

图 2-6　焊条角度

由于钢管与孔板的板厚相差较大，所以焊接热量应向更厚的孔板倾斜，即电弧在孔板上应稍作停留，以保证孔板熔合良好，防止孔板侧出现未熔合现象。

在仰焊位置焊接时，焊条向焊件中心顶部送进强度要大一些，运条的间距需均匀，摆动与运条幅度要小，幅度和间距过大会使焊缝背部产生咬边和内凹缺欠。

在立焊位置焊接时，焊条的顶送难度要比仰焊难度低，需防止熔化金属由于重力作用下坠而在背部形成焊瘤或成形不良。

收弧时应将电弧向焊接反方向回焊 10mm 左右，缓慢拉长电弧并熄弧，以防止出现弧坑缩孔。

接头采用热接法或冷接法。热接法动作要快，应在熔池处于红热状态时在熔池前方 10mm 处引弧，焊条稍作摆动，填满弧坑，焊条向坡口内侧顶送，稍作停留，当听到击穿坡口声、形成新的熔孔时，再开始正常焊接。采用冷接法时，在施焊前先将熔渣清理干净，必要时应用角磨机将焊道磨成缓坡状，然后按热接法的引弧位置及操作方法进行焊接。焊接至 12 点位置并超出 5mm 处结束半圈焊接。清理干净 6 点钟处焊接熔渣及飞溅物，必要时将该处接头打磨成斜坡状，对于接头处成形不良可用角磨机打磨，然后开始另半圈的焊接。接头按前面所述的冷接头法开始焊接，其余操作要点与上半圈相同。封闭接头时一定要在 12 点处重叠 10mm 左右，以形成良好的接头。

②填充焊。填充焊的焊条角度、操作方法与打底焊相同，但焊条的摆动幅度要比打底焊大一些；同时，填充焊时要注意焊道的厚度，钢管一侧填满，孔板一侧要比钢管侧宽出 2mm，这样使焊道形成一个斜面，为盖面焊打好基础。由于钢管与孔板的位置关系，在焊条摆动过程中，锯齿的间距是不一样的，在孔板侧的间距应比钢管侧大 1/3 左右。

③盖面焊。盖面焊的焊条角度、操作方法与填充焊相同，但焊条摆动幅度要均匀，同时焊条要在两侧稍作停留，以免出现咬边，并形成良好且一致的焊脚尺寸。

4）工件清理。焊接完成后对焊缝区域进行彻底清理，要求对焊接附着物，如焊渣、飞溅物等彻底清除干净，必要时可用扁铲等工具清理大的飞溅物，但要注意不能留下扁铲剔过的痕迹。清理之前，焊件要经自然冷却，未经允许，不可将焊件放在水中冷却。清理过程中要注意安全，防止烫伤、砸伤以及异物入眼。

（3）注意事项

1）定位焊时由于工件本身温度低，且焊接时间短，所以一般定位焊电流均比正常焊接电流大 10% 左右。

2）定位焊完成后，管板之间的角度应该为 90° ± 0.5°。

3）焊接过程中焊道需经过定位焊焊道的，则不必熄弧，快速焊过即可。

2. 焊条电弧焊操作禁忌

1）多层焊缝焊接接头位置应错开。

2）采用酸性焊条焊接薄小工件时，应焊前在引弧板上进行引弧。

3）焊接缺欠应清除后再焊补。

4）在 3 点到 9 点位置焊接时，电弧一定要短，应压低电弧操作，避免焊缝厚度过高，当打底层和填充层焊缝余高较高时，焊后要用手动或电动工具进行处理，以便于后续的焊接。

2.2.2 水平固定管全位置单面焊双面成形

1. 实操讲解

（1）焊前准备

1）焊条 E4303，ϕ2.5mm，ϕ3.2mm。

2）钢管材质为 20 钢，规格为 ϕ57mm，L=100mm，壁厚 4mm，经机械加工的坡口尺寸如图 2-7 所示。

（2）操作步骤

1）组对。用直磨头磨光机打磨钢管内外壁焊接区的毛刺和氧化物直至见金属光泽，坡口钝边值应符合图 2-7 要求。装配间隙为 2.0 ～ 2.5mm，上部 12 点钟位置装配间隙为 2.5mm，下部 6 点钟位置装配间隙为 2.0mm，如图 2-8 所示。

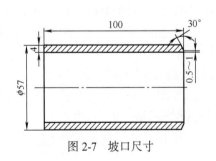

图 2-7 坡口尺寸

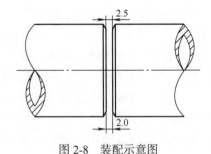

图 2-8 装配示意图

采用时钟位置标记法，一般小直径管定位焊一处，定位焊点在 1 点半或 10 点半位置，6 点钟位置不允许定位焊接，如图 2-9 所示。定位焊缝长度为 5 ～ 10mm，要求焊透，并不得有气孔、夹渣、未焊透等缺欠，错边量 ≤ 0.5mm。焊点两端应呈斜坡状，必要时可以修磨成斜坡状以利于接头。

图 2-9　定位焊缝位置

2）焊接准备。小直径管焊接采用两层两道方式，焊条直径与焊接电流的推荐值见表 2-21。

表 2-21　焊条直径与焊接电流的推荐值

焊接层次	焊条直径 /mm	焊接电流 /A
打底层	2.5	75 ～ 80
盖面层	3.2	70 ～ 75

开始焊接前，将工件按时钟位置固定到焊接支架上，根据自己的身高和习惯姿势调整好工件高度。

3）焊接。

① 打底焊。为了使坡口根部焊透，打底焊可采用断弧焊法，焊接时焊条角度应随着焊接位置的不断变化而随时调整。焊接前半部从 6 点钟后 5mm 处开始引弧，然后往 6 点钟位置开始焊接，按照仰 – 斜仰 – 立 – 斜立 – 平焊位的顺序进行焊接，焊接至 12 点钟位置后超出 5mm 左右收弧，焊条角度如图 2-10 所示。焊接前半部时，起弧位置焊缝应从薄到厚，形成一个斜坡；在收弧位置焊缝应从厚到薄，形成一个斜坡，以便于焊接后半部时接头。后半部采用相反方向焊接。

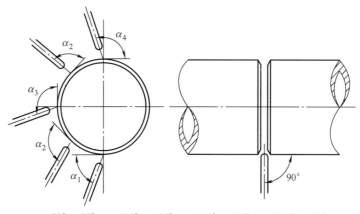

$\alpha_1=80° \sim 85°$　$\alpha_2=100° \sim 105°$　$\alpha_3=100° \sim 110°$　$\alpha_4=100° \sim 110°$

图 2-10　焊条角度

引弧后首先预热坡口两侧 1.5 ～ 2s，使其接近熔化状态，然后立即压低电弧进行搭桥焊接，使弧柱透过内壁熔化并击穿坡口根部，听到背面电弧的击穿声，立即熄弧，形成第一个熔池。当熔池降温颜色变暗时，再压低电弧向上顶，形成第二个熔池，如此反复均匀地点射给送熔滴，并控制熔池之间的搭接量向前施焊。灭弧动作应干脆，不得拉长弧，平焊、仰焊区段熄燃弧频率为 35 ～ 40 次 /min，立焊区段熄燃弧频率为 40 ～ 50 次 /min。焊接过程中要保持熔池尺寸形状、大小基本一致，熔孔深入两侧母材 0.5 ～ 1mm。打底层熔池间搭接量会影响焊件的背部成形，由于在仰焊和立焊位置，熔滴易下淌，故仰焊位、斜仰焊位置搭接量为 1/3，立焊位置的搭接量为 1/2；而斜平位、平焊位置的搭接量为 2/3。

需要注意的是，在与定位焊缝接头时，焊条向下压一下，若听到击穿坡口声后，则快速向前施焊，焊至定位焊缝另一端时，焊条在接头处稍停留，将焊条再向下压一下，又听到击穿坡口声后，表明根部已焊透，恢复原来的操作手法即可。

打底焊后半圈操作方法与前半圈相似，但是仰焊位接头时，应将起焊处的较厚焊道用电弧割成斜坡，有时也可以用角磨机或扁铲等工具修整成斜坡。仰焊位接头时，先拉长电弧预热（见图 2-11a），当出现熔化状态时立即拉平焊条（见图 2-11b），顶住熔化金属，通过焊条的推力和电弧的吹力形成一斜坡割槽（见图 2-11c）。当形成斜坡后马上将焊条角度调整为正常焊接的角度（见图 2-11d），进行仰焊位接头（切忌此时熄弧）。随后，将焊条向上顶一下，以击穿坡口根部形成熔孔，使仰焊位接头完全熔合，再转入正常的断弧法焊接操作。

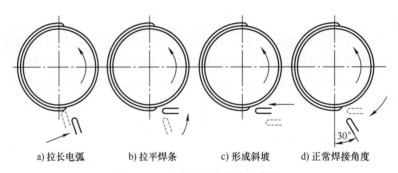

a) 拉长电弧　　b) 拉平焊条　　c) 形成斜坡　　d) 正常焊接角度

图 2-11　后半圈起头焊接示意图

平位接头时，运条至斜立焊位置，逐渐改变焊条角度，使之处于顶弧焊状态，即将焊条前倾，如图 2-12 所示。当焊至距接头 3 ～ 5mm 即将封闭时，绝不可熄弧，应将焊条向内压一下，待听到击穿声后，使焊条在接头处稍作摆动，填满弧坑后再熄弧。

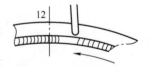

图 2-12　接头收尾示意图

② 盖面焊。清除打底焊熔渣及飞溅物，在打底焊道上引弧，采用月牙形或横向锯齿形运条法焊接。焊条角度比相同位置打底焊稍大 5° 左右。焊条摆动到坡口两侧时，要稍作停留，并熔化两侧坡口边缘各 1 ～ 2mm，以防咬边。前半部收弧时，对弧坑稍填一些液态金属，使弧坑呈斜坡状，以利于后半部接头；在后半部焊前，需将前半部两端接头部位渣壳去除约 10mm 左右，最好采用砂轮打磨成斜坡。

盖面层焊接前后两半部的操作要领基本相同，注意收弧时填满弧坑。

4）工件清理。焊接完成后对焊缝区域进行彻底清理，尤其是管内壁，要求对焊接附着物，如焊渣、飞溅物等彻底清除干净，必要时可用扁铲等工具清理大的飞溅物，但是要注意不得留下扁铲剔过的痕迹。清理之前，焊件需经自然冷却，未经允许，不可将焊件放入水中冷却。清理过程中要注意安全，防止烫伤、砸伤以及异物入眼。

（3）注意事项

1）管子装配要同心，内外壁要平齐。

2）工件上非焊道处不得有引弧痕迹。

3）水平固定管打底层接头易出现质量问题，必要时可修磨接头成斜坡状。

4）通球检验，检验球直径为 85% 管内径，通过即为合格。

2. 焊条电弧焊操作禁忌

1）进行打底层断弧焊时，熄弧动作应干脆，不得拉长弧。

2）打底层熄弧和燃弧时间要适宜，根据熔池温度状况调节，平焊、仰焊区段熄燃弧频率为 35 ～ 40 次 /min，立焊区段熄燃弧频率为 40 ～ 50 次 /min。

3）打底层熔池间搭接量会影响工件的背部成形，仰焊位、斜仰焊位处的搭接量为 1/3，立焊位的搭接量为 1/2，斜平位、平焊位的搭接量为 2/3。

4）由于盖面层仰焊、斜仰焊区段液态金属易下坠，因此要求焊接焊缝要薄，焊条前进的步幅要大，摆动速度要快；由于斜平焊、平焊区段熔池温度偏高，不易达到焊缝高度，因此要求焊缝要焊厚，焊条前进的步幅要小些。

第 *3* 章

CO₂ 气体保护电弧焊
操作技术

3.1 焊丝

3.1.1 实心焊丝

1. 实心焊丝的分类

实心焊丝是将轧制的线材经过拉拔工艺加工制成的。对于碳素钢和低合金钢线材，由于产量大而合金元素含量少，所以常采用转炉冶炼；对于产量小而合金元素含量多的线材，则多采用电炉冶炼，然后再分别经过开坯、轧制拉拔而成。为了防止焊丝表面生锈，除了不锈钢焊丝，其他焊丝都要进行表面处理。即在焊丝表面进行镀铜（多采用电镀、浸铜以及化学镀铜等方法）。不同的焊接方法需要不同的焊接电流，不同的焊接方法也需要不同的焊丝直径。例如，埋弧焊焊接过程采用的焊接电流较大，因此焊丝的直径也随之加大，焊丝直径多为 3.2 ~ 6.4mm；气体保护焊时，为了得到良好的保护效果，常采用细焊丝，焊丝直径为 0.8 ~ 1.6mm。

按适用的焊接方法气体保护焊焊丝有 TIG 焊用焊丝，MIG 和 MAG 焊用焊丝，CO_2 气体保护焊用焊丝，自保护焊用焊丝，气电立焊焊丝等。

（1）TIG 焊用焊丝　TIG 即非熔化极惰性气体保护焊。由于 TIG 焊在焊接过程中采用的保护气体是 Ar，所以焊接时无氧化，焊丝熔化后的成分基本上不变化，母材的稀释率也很低，焊丝的成分接近于焊缝的成分。也有的采用母材作为焊丝，使焊缝成分与母材保持一致。

（2）MIG 和 MAG 焊用焊丝　MIG 即熔化极惰性气体保护焊，MAG 即熔化极活性气体保护焊，以混合气为主。在焊接过程中，气体的成分直接影响到合金元素的烧损，从而影响到焊缝金属的化学成分和力学性能，因此焊丝成分应与焊接用的保护气体成分相匹配。对于氧化性较强的保护气体应采用高锰、高硅焊丝；对于氧化性较弱的保护气体，可以采用低锰、低硅焊丝。

（3）CO_2 气体保护焊用焊丝　在 CO_2 气体保护焊过程中，强烈的氧化反应使大量的合金元素烧损，因此 CO_2 气体保护焊用焊丝成分中应有足够数量的脱氧剂，如 Si、Mn、Ti 等元素。否则，不仅使焊缝的力学性能（特别是韧性）明显下降，而且由于脱氧不充分，还将导致焊缝中产生气孔。

（4）自保护焊用焊丝　为了消除从空气中进入焊接熔池内的氧、氮产生的不良影响，除了提高焊丝中的 C、Mn、Si 的含量，还要加入强脱氧元素 Ti、Al、Ce、Zr 等，以达到利用焊丝中所含合金元素在焊接过程中进行脱氧、脱氮的目的。

（5）气电立焊焊丝　气电立焊是由普通熔化极气体保护焊和电渣焊发展而形成的一种熔化极气体保护电弧焊方法。与窄间隙焊的主要区别在于焊缝一次成形，而不是多层多道焊。常用的焊丝直径为 1.6mm，2.0mm，2.4mm，用于焊接厚度为 10 ～ 100mm 的板材。

2. 实心焊丝的型号

（1）碳素钢、低合金钢焊丝的型号表示方法　根据 GB/T 8110—2020《熔化极气体保护电弧焊用非合金钢及细晶粒钢实心焊丝》标准，其型号由 5 部分组成。第一部分用字母 G 表示熔化极气体保护电弧焊用实心焊丝；第二部分表示在焊态、焊后热处理条件下，熔敷金属的抗拉强度代号；第三部分表示冲击吸收能量（KV_2）≥ 27J 时的试验温度代号；第四部分表示保护气体类型代号，保护气体类型代号按 GB/T 39255—2020《焊接与切割用保护气体》规定；第五部分表示焊丝化学成分分类。此外，还可以在型号中附加可选代号：字母 U 附加在第三部分之后，表示在规定的试验温度下，冲击吸收能量（KV_2）≥ 47J；无镀铜代号 N 附加在第五部分之后，表示无镀铜焊丝。具体表示如下：

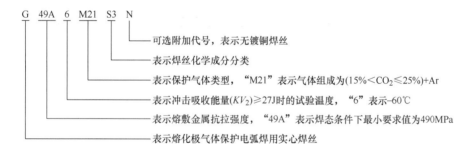

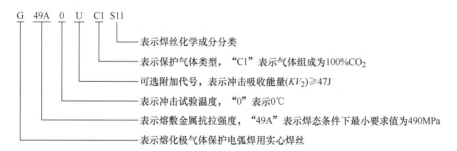

对于焊丝化学成分分类代号，如果用数字表示，通常用 1、2、3、4、5、6、7，表示不同的化学成分（主要包括 C、Mn、Si、S、P），现以碳素钢焊丝的 ER50 系列举例，其化学成分见表 3-1。

表 3-1　碳素钢焊丝的化学成分（GB/T 8110—2020）（质量分数）　　　　　　（%）

焊丝型号	C	Mn	Si	P	S	Ni	Cr	Mo	Ti	Zr	Al	Cu	V
ER50-2	0.07	0.90~1.40	0.40~0.70	0.025	0.025	0.15	0.15	0.15	0.05~0.15	0.02~0.12	0.05~0.15	0.50	0.03
ER50-3	0.06~0.15	1.40	0.45~0.75						—	—	—	—	
ER50-4	0.07~0.15	1.00~1.50	0.65~0.85										
ER50-5	0.06~0.19	0.90~1.40	0.30~0.60								0.50~0.90	—	
ER50-6	0.06~0.15	1.40~1.85	0.80~1.15								—		
ER50-7	0.07~0.15	1.50~2.00	0.50~0.80										

　　焊丝化学成分分类代号中，如果用字母表示通常有 B、C、D、B 代表铬钼钢的化学成分，C 代表镍钢的化学成分，D 代表锰钼钢的化学成分。

　　（2）不锈钢焊丝和焊带的型号表示方法　根据 GB/T 29713—2013《不锈钢焊丝和焊带》规定，其型号表示如下：

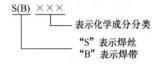

　　① 焊丝及焊带型号由以下两部分组成：

　　第一部分的首位字母表示产品分类，其中 "S" 表示焊丝 "B" 表示焊带。

　　第二部分为字母 "S" 或字母 "B" 后面的数字或数字与字母的组合，表示化学成分分类，其中 "L" 表示碳含量较低，"H" 表示碳含量较高，如有其他特殊要求的化学成分，该化学成分用元素符号表示放在后面。

　　② 焊丝型号表示方法举例如下：

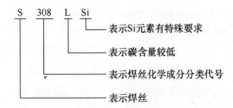

　　③ 焊丝化学成分分类代号（部分）见表 3-2。

表 3-2　焊丝化学成分分类表

化学成分分类代号	化学成分（质量分数，%）										
	C	Si	Mn	P	S	Cr	Ni	Mo	Cu	Nb	其他
209	0.05	0.9	4.0 ~ 7.0	0.03	0.03	20.5 ~ 24.0	9.5 ~ 12.0	1.5 ~ 3.0	0.75	—	N：0.10 ~ 0.30 V：0.10 ~ 0.30
308	0.08	0.65	1.0 ~ 2.5	0.03	0.03	19.5 ~ 22.0	9.0 ~ 11.0	0.75	0.75	—	—
308Si	0.08	0.65 ~ 1.00	1.0 ~ 2.5	0.03	0.03	19.5 ~ 22.0	9.0 ~ 11.0	0.75	0.75	—	—
308H	0.04 ~ 0.08	0.65	1.0 ~ 2.5	0.03	0.03	19.5 ~ 22.0	9.0 ~ 11.0	0.5	0.75	—	—
308L	0.03	0.65	1.0 ~ 2.5	0.03	0.03	19.5 ~ 22.0	9.0 ~ 11.0	0.75	0.75	—	—
309	0.12	0.65	1.0 ~ 2.5	0.03	0.03	23.0 ~ 25.0	12.0 ~ 14.0	0.75	0.75	—	—
309LMo	0.03	0.65	1.0 ~ 2.5	0.03	0.03	23.0 ~ 25.0	12.0 ~ 14.0	2.0 ~ 3.0	0.75	—	—
310	0.08 ~ 0.15	0.65	1.0 ~ 2.5	0.03	0.03	25.0 ~ 28.0	20.0 ~ 22.5	0.75	0.75	—	—
316	0.08	0.65	1.0 ~ 2.5	0.03	0.03	18.0 ~ 20.0	11.0 ~ 14.0	2.0 ~ 3.0	0.75	—	—
316L	0.03	0.65	1.0 ~ 2.5	0.03	0.03	18.0 ~ 20.0	11.0 ~ 14.0	2.0 ~ 3.0	0.75	—	—
347	0.08	0.65	1.0 ~ 2.5	0.03	0.03	19.0 ~ 21.5	9.0 ~ 11.0	0.75	0.75	10C ~ 1.0	—
410	0.12	0.5	0.6	0.03	0.03	11.5 ~ 13.5	0.6	0.75	0.75	—	—

（续）

化学成分分类代号	化学成分（质量分数，%）										
	C	Si	Mn	P	S	Cr	Ni	Mo	Cu	Nb	其他
430	0.10	0.5	0.6	0.03	0.03	15.5 ~ 17.0	0.6	0.75	0.75	—	—
630	0.05	0.75	0.25 ~ 0.75	0.03	0.03	16.00 ~ 16.75	4.5 ~ 5.0	0.75	3.25 ~ 4.00	0.15 ~ 0.30	—
2553	0.04	1	1.5	0.04	0.03	24.0 ~ 27.0	4.5 ~ 6.5	2.9 ~ 3.9	1.5 ~ 2.5	—	N：0.10 ~ 0.25

3.1.2 药芯焊丝

药芯焊丝也称粉芯焊丝、管状焊丝，药芯焊丝与实心焊丝一样，是由塑性较好的低碳钢或低合金钢等材料制成的。其制造方法是先把钢带轧制成 U 形断面形状，再把按剂量配好的焊粉添加到 U 形钢带中，用压轧机轧紧，最后经拉拔制成不同规格的药芯焊丝。

1. 药芯焊丝的分类

（1）按药芯焊丝横截面形状分类　按药芯焊丝的截面结构分为有缝焊丝和无缝焊丝两种。有缝焊丝又分为两类：一类是药芯焊丝的金属外皮没有进入到芯部粉剂材料的管状焊丝，即通常所说的"O"形截面的焊丝；另一类是药芯焊丝的金属外皮进入到芯部粉剂材料中间，并具有复杂的焊丝截面形状。

具有复杂截面形状的药芯焊丝，由于金属外皮进入到芯部粉剂材料中间，与芯部粉剂材料接触得更好，所以在焊接过程中，芯部粉剂材料的预热和熔化更为均匀，能使焊缝金属得到更好的保护。另外，药芯焊丝能够增加电弧起燃点的数量，使金属熔滴向焊缝熔池作轴向过渡。但是，这种焊丝制造工艺很复杂，故目前应用得不多。

（2）按芯部粉剂填充材料中有无造渣剂分类　药芯焊丝按芯部粉剂填充材料中有无造渣剂，可分为熔渣型（有造渣剂）和金属粉型（无造渣剂）两类。

1）熔渣型药芯焊丝中加入的粉剂，主要是为了改善焊缝金属的力学性能、抗裂性和焊接性。按照造渣剂的种类及碱度，可分为钛型、钛钙型和钙型等。经过使用表明，钛型渣系药芯焊丝焊缝成形美观，全位置焊接性优良，但焊缝的韧性和抗裂性稍差；钙型渣系药芯焊丝焊接的焊缝金属韧性和抗裂性优良，但焊缝成形和全位置焊接性稍差；钛钙型渣系的药芯焊丝性能介于二者之间。

2）金属粉型药芯焊丝几乎不含造渣剂，具有熔敷速度快、熔渣少和飞溅小的特点，在抗裂性和熔敷效率方面更优于熔渣型。因为造渣量仅为熔渣型药芯焊丝的1/3，所以多层多道焊焊接时，可以在焊接过程中不必清渣而直接进行多层多道焊接，同时，在焊接过程中，其焊接特性类似实心焊丝，但是，焊接电流比实心焊丝更大，使焊接效率进一步得到提高。

（3）按是否使用外加保护气体分类　用药芯焊丝焊接，按是否使用外加保护气体，可分为气体保护（有外加保护气体）和自保护（无外加保护气体）两种。气体保护药芯焊丝的工艺性能和熔敷金属冲击性能比自保护的好，但抗风性能较差；自保护药芯焊丝的工艺性能和熔敷金属冲击性能没有气体保护的好，但抗风性能优良，比较适合室外或高空环境下的现场焊接。

2. 药芯焊丝的型号、牌号

（1）药芯焊丝型号的表示方法

1）碳素钢（结构钢）用药芯焊丝型号。根据 GB/T 10045—2018《非合金钢及细晶粒钢药芯焊丝》规定，焊丝型号分类依据按力学性能、使用特性、焊接位置、保护气体类型、焊后状态和熔敷金属化学成分等进行划分。对于仅适用于单道焊的焊丝，其型号划分中不包括焊后状态和熔敷金属化学成分。

焊丝型号的表示方法如下。

第一部分：用字母 T 表示药芯焊丝。

第二部分：表示用于多道焊时焊态或焊后热处理条件下，熔敷金属的抗拉强度代号。或表示用于单道焊时焊态条件下，焊接接头的抗拉强度代号。

第三部分：表示冲击吸收能量（KV_2）≥ 27J 时的试验温度代号，对于仅适用于单道焊的焊丝无此代号。

第四部分：表示使用特性代号。

第五部分：表示焊接位置代号。

第六部分：表示保护气体类型代号，自保护的代号为 N，保护气体的代号按 ISO 14175：2008 规定，对于仅适用于单道焊的焊丝在该代号后添加字母 S。

第七部分：表示焊后状态代号，其中 A 表示焊条，P 表示焊后热处理状态，AP 表示焊态和焊后热处理两种状态均可。

第八部分：表示熔敷金属化学成分分类。

除以上强制代号外，可在其后依次附加可选代号：字母 U 表示在规定的试验温度下，冲击吸收能量（KV_2）≥ 47J；扩散氢代号 HX，其中 X 可为数字 15、10 或 5，分别表示每 100g 熔敷金属中扩散氢含量的最大值（mL）。

具体示例如下：

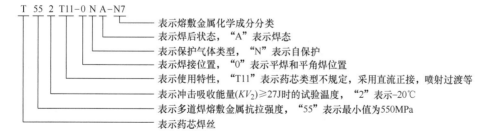

2）低合金钢药芯焊丝型号，根据 GB/T 17493—2018《热强钢药芯焊丝》规定，焊丝按药芯类型分为非金属粉型药芯焊丝和金属粉型药芯焊丝。焊丝型号按熔敷金属力学性能、使用特性、焊接位置、保护气体类型和熔敷金属化学成分等进行划分，具体由 6 部分

组成。

第一部分：用字母 T 表示药芯焊丝。

第二部分：表示熔敷金属的抗拉强度代号。

第三部分：表示使用特性代号。

第四部分：表示焊接位置代号。

第五部分：表示保护气体类型代号，保护气体的代号按 ISO 14175：2008 规定。

第六部分：表示熔敷金属化学成分分类。

除以上强制代号外，可在其后附加可选代号：扩散氢代号"HX"，其中 X 可为数字 15、10 或 5，分别表示每 100g 熔敷金属中扩散氢含量的最大值（mL）。

焊丝型号示例如下。

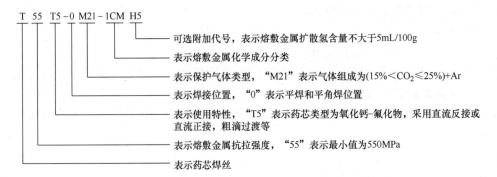

3）不锈钢药芯焊丝，根据 GB/T 17853—2018《不锈钢药芯焊丝》规定，焊丝根据熔敷金属化学成分、焊接位置、保护气体类型和焊接位置等进行划分。由 5 部分组成。

第一部分：用字母 TS 表示不锈钢药芯焊丝及填充丝。

第二部分：表示熔敷金属化学成分分类。

第三部分：表示哈斯类型代号。

第四部分：表示保护气体类型代号，自保护的代号为 N，保护气体的代号按 ISO 14175：2008 规定。

第五部分：表示焊接位置代号。

焊丝型号示例如下。

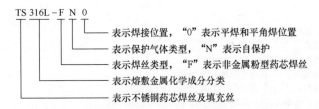

（2）药芯焊丝牌号的表示方法　《焊接材料产品样本》中规定，药芯焊丝牌号的编制方法为：Y □ ×××（□）-×，具体含义如下。

1）字母"Y"表示药芯焊丝，第二位字母及其后的 3 位数字的含义与焊条牌号表示方法相同。

2）字母"Y"后面的"□"是字母，表示该焊丝的主要用途，如"J"为结构钢；

"A""G"分别表示奥氏体型铬镍不锈钢和铬不锈钢；"R"为耐热钢；"D"为堆焊。

3）第一个"□"后面的 3 位数字中的前两位数字表示熔敷金属特性（力学性能或化学成分分类，对于碳素钢用熔敷金属最小抗拉强度表示，对于低合金钢、不锈钢和堆焊用化学成分分类表示），第三位数字表示渣系和电流种类。如"1"为金红石型，"2"为钛钙型，"7"为碱性渣系。

4）第二个"□"是字母或元素符号，是用起主要作用的元素符号或表示主要用途的字母表示，代表药芯焊丝有特殊性能与用途。

5）在短横"–"后的数字，表示焊接时的保护类型，见表 3-3。

表 3-3　保护类型的代号

牌号	保护类型
YJ×××–1	气保护
YJ×××–2	自保护
YJ×××–3	气保护与自保护双相保护
YJ×××–4	其他保护形式

例如，YJ501Ni–1 焊丝牌号表示含义如下：

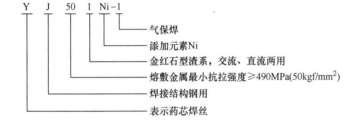

```
Y  J  50  1  Ni–1
              └── 气保焊
           └──── 添加元素Ni
        └─────── 金红石型渣系，交流、直流两用
     └────────── 熔敷金属最小抗拉强度≥490MPa(50kgf/mm²)
  └───────────── 焊接结构钢用
└──────────────── 表示药芯焊丝
```

3.1.3　焊丝的选用

1. 焊丝的选用原则

焊丝的选择，应根据被焊材料的种类、焊接质量要求、焊接施工条件（板厚、坡口形式、焊接位置、焊接作业性）及成本等因素，予以综合考虑。

（1）根据被焊结构的钢材材质选择焊丝　对于碳素钢及低合金钢，主要按"等强度"原则选择满足力学性能要求的焊丝；而对于低合金高强钢，主要侧重考虑焊缝金属与母材化学成分的一致或相近，以满足其耐热性和耐蚀性等方面的要求。

（2）焊接质量　焊接接头力学性能，尤其是冲击韧性的变化，与焊接条件、坡口形状、保护气体的混合比例等施工条件有关，应在确保焊接接头性能的前提下，选择较高的焊接效率及较低的焊接成本的焊接工艺方法。

（3）焊接位置　依据板厚选择焊丝直径，确定所使用的焊接参数，可参考各生产厂的产品说明资料及使用经验，选择适合于不同焊接位置及焊接参数的相应牌号的焊丝。

表示焊接操作难易程度通常用焊接工艺性能表述它包括电弧稳定性、飞溅颗粒大小及数量、脱渣性、焊缝的外观与形状等内容。对于碳素钢的焊接特别是半自动焊，主要是根据焊接工艺性能来选择焊接工艺方法及焊接材料。表 3-4 列出了采用实心焊丝和药芯焊丝进行 MAG 焊时的焊接工艺性对比。

表 3-4　各种 MAG 焊的焊接工艺性比较

焊接工艺性			CO_2 焊接实心焊丝	$Ar+CO_2$ 焊接实心焊丝	CO_2 焊接，药芯焊丝	
					熔渣型	金属粉型
操作难易	平焊	超薄板（$t \leq 2mm$）	稍差	优良	稍差	稍差
		薄板（$t \leq 6mm$）	一般	优良	良好	优良
		中板（$t>6mm$）	良好	良好	良好	良好
		厚板（$t>25mm$）	良好	良好	优良	良好
	横角焊	1 层	一般	良好	优良	良好
		多层	一般	良好	优良	良好
	立焊	向上	良好	优良	优良	稍差
		向下	良好	良好	优良	稍差
焊缝外观成形		平焊	一般	优良	优良	良好
		横角焊	稍差	优良	优良	良好
		立焊	一般	优良	优良	一般
		仰焊	稍差	良好	优良	稍差
其他		电弧稳定性	一般	优良	优良	优良
		熔深	优良	优良	优良	优良
		飞溅	稍差	优良	优良	优良
		脱渣性	—	—	优良	极少量渣
		咬边	优良	优良	优良	优良
耐裂纹性			优良	优良	优良	优良
耐气孔性			优良	优良	优良	优良
角焊缝抗油漆性			稍差	稍差	稍差	稍差
缺口韧性			一般	优良	优良	优良
熔敷金属扩散氢含量（甘油法）/（mL/100g）			<2	<2	<5	<3

（续）

焊接工艺性	CO_2 焊接实心焊丝	Ar+CO_2 焊接实心焊丝	CO_2 焊接，药芯焊丝	
			熔渣型	金属粉型
适用钢种	碳素钢、低合金钢、耐磨堆焊	碳素钢、低合金钢、耐磨堆焊	碳素钢、低合金钢、不锈钢、低温用钢、耐磨堆焊	碳素钢、低合金钢、不锈钢、低温用钢、耐磨堆焊
适用板厚 /mm	≥ 0.8	≥ 0.8	≥ 2.3	≥ 0.8
坡口精度要求	较敏感	较敏感	较敏感	较敏感
对母材污染的敏感性	敏感	敏感	敏感	敏感
对自动化焊接的适用性	适合	较适合	适合	适合
要求操作者水平	中、高	中、高	中、高	中、高
特点	短弧焊，适于薄板及全位置焊		适于全位置焊，焊缝外观好	焊厚板效率高，最适于平焊

从表 3-4 可以看出，中厚板全位置焊接最好采用熔渣型药芯焊丝，适用的钢种与实心焊丝同样广泛，但是抗裂性稍差。因此，对于抗裂性要求高的工件，最合适的选择是金属粉型药芯焊丝。

当采用实心焊丝焊接碳素钢或低合金高强钢时，一般均通过调整焊丝的化学成分来获得所要求的焊缝金属抗拉强度和冲击韧性。在抗拉强度 <550MPa 时，一般选用 Mn-S 型或 Mn-Si-Mo 型实心焊丝即可；而当焊接强度更高的低合金高强钢时，则应选用 Mn、Mo 含量更高的焊丝，或在 Mn-Mo 型基础上添加 Cr、Ni、V 等合金元素的焊丝。当对低温韧性有较高要求时，可以选用质量分数为 0.5% ～ 2% 的 Ni 的焊丝；也可以在 Mn-Mo 或 Mn-Mo-Ni 合金系的基础上，采用 Ti-B 系微合金化的焊丝，以提高针状铁素体含量，获得较高的低温韧性。

对于药芯焊丝，除非对接头的力学性能有特殊要求，一般很少选用碱性药芯焊丝。实际工程中，强度 >600MPa 的钢材或高铬、钼含量的耐热钢焊接时，才需要选择碱性药芯焊丝，以防止焊接裂纹，保证韧性。碱性药芯焊丝的熔渣流动性好，有助于对表面有涂层或表面被污染的钢板的焊接。

从操作简便、手感舒适的角度出发，尽管在平焊位置也可选用金属粉型焊丝，但多数情况下均首选金红石型药芯焊丝。金红石型药芯焊丝在很大的电流范围内，熔滴金属的过渡形式都不会发生变化。直径 1.2mm 焊丝的焊接电流从 140 ～ 300A 均能在喷射过渡形式下操作，焊缝光亮平滑，焊渣能自行脱落，热量和辐射水平也比金属粉型焊丝低，尤其适合大电流 CO_2 气体保护焊。对于机器人焊接或全位置焊接，电弧辐射不成问题，选择金属粉型焊丝更合适一些，因为金属粉型焊丝的熔渣极少，不需要逐道清理，并且比实心焊丝的飞溅更少。

此外，应尽量选择那些烟尘量或有害气体较少的焊丝，以保证操作人员的身体健康。

总之，焊丝的选择，应根据母材的化学成分、接头的力学性能、接头的拘束程度、焊后是否需要热处理，以及耐腐蚀、耐高温、耐低温等使用条件进行综合考虑，并经工艺评定试验符合要求后予以确定。

2. 碳素钢和低合金高强钢焊丝的选用

1）选用这类钢所用焊丝时，首先要满足焊缝金属与母材等强度以及其他力学性能指标（如低温冲击韧度等）符合规定的要求。焊接热轧钢、正火钢及焊态下使用的低碳调质钢时，首先考虑焊缝金属的力学性能与母材接近或相当，焊缝金属化学成分与母材的一致性则放在次要地位。在焊接某些大厚度、大拘束度的构件时，为防止出现焊接裂纹，可采用低匹配原则，即选用焊缝强度稍低于母材强度的焊丝。值得注意的是，当焊缝金属的强度超出母材过多时，可能引起不良后果，这一点往往容易被忽视。经验证明，如果焊缝强度超出母材过多，则在接头冷弯时，会使塑性变形不均匀，因而造成冷弯角小，甚至出现横向裂纹。因此，焊缝强度等于或稍高于母材即可。按等强度要求来选择焊丝强度等级时，应考虑板厚、接头形式、坡口形状及焊接热输入等因素的影响，这些因素对焊缝稀释率、冷却速度、焊缝金属的化学成分及接头的组织均有影响，并会影响到最终的焊缝金属力学性能。

2）中碳调质钢焊接后，一般应进行调质处理。因此，在选择焊丝时，力求保证焊缝金属主要合金成分与母材成分接近，以保证经过调质处理后，焊缝性能与母材一致。同时，应严格控制焊缝金属中 S、P 等杂质含量，以防止结晶裂纹和脆化。

值得指出的是，对同一钢种的焊接，当其板厚和坡口形式不同时，为了保证焊缝力学性能要求，选用的配套焊丝也不尽相同。对焊后进行正火或消除应力处理的构件，必须选择含较多合金元素的焊丝，以便补偿焊后热处理带来的强度损失；对于两种强度等级不同的结构钢之间的异种钢焊接，应根据强度等级低的母材选择焊丝，焊缝的塑性不应低于较低塑性的母材；焊接参数的确定，主要考虑适合于焊接性较差的母材。

3）在焊丝合金系的选择上，主要是在保证等强度的前提下，重点考虑焊缝金属冲击韧度的要求。对于强度等级 490MPa 以下的焊丝，只要保证焊缝含有质量分数为 1.2% ～ 1.6% 的 Mn 元素，而不再需要添加其他的合金元素就可满足强度要求。当要求低温下具有优良的冲击及断裂韧性时，也可添加质量分数为 0.5% 左右的 Ni 或微量 Ti、B（$w_{Ti} \approx 0.03\%$、$w_B \approx 0.003\%$）。对于强度等级 590 ～ 680MPa 的焊丝，其焊缝通常有两个成分系，即 Mn-Mo 系和 Mn-Ni-Mo 系。对低温韧性要求较高时，宜采用后者，通常 w_{Mn}=1.0% ～ 1.4%，w_{Mo}=0.2% ～ 0.4%；根据对低温韧性的要求，可加入不同数量的 Ni，一般 w_{Ni}=0.5% ～ 2.0%，也可以再加入少量的 Cr（$w_{Cr} \leq 0.4\%$）以得到良好的综合性能。对于强度等级在 780MPa 以上的焊丝，其焊缝成分多为 Mn-Ni-Cr-Mo 系，也有的是 Mn-Ni-Mo 系。在 Mn-Ni-Cr-Mo 系焊缝中，Mn、Mo 含量可适当减少，含有适量的 Ni（w_{Ni}=1.5% ～ 2.5%）和 Cr（w_{Cr}=0.2% ～ 0.6%）后，既可改善焊缝的低温冲击韧度，又可起强化作用。

4）至于药芯焊丝，其渣系对焊缝金属扩散氢含量及低温冲击韧度的影响，都不及药皮焊条那么大。碱性药芯焊丝的扩散氢含量通常都在 5mL/100g 以下。国外最新研制成功的钛型药芯焊丝的扩散氢含量也能控制到很低水平（低于 4mL/100g）。此外，为了保护环境，降低焊接时的污染物与废物，国外加快了金属粉型焊丝的发展，已有多种产品面市。这些产品具有"少熔渣"的特征，可使焊接飞溅量减少 30% ～ 40%，焊接烟尘也减少 30% ～ 35%，焊接性和焊缝金属力学性能均良好。

碳素钢和低合金钢用焊丝的选用参见表 3-5。

表 3-5　碳素钢和低合金钢焊丝的选用

类别或屈服强度 /MPa		牌号	气体保护焊用焊接材料		简要说明
			保护气体	焊丝	
低碳钢		Q235 Q275 15 20	CO_2	ER49-1 （H08Mn2SiA） ER50-1 ER50-4 ER50-6 YJ502-1 YJ502R-1 YJ507-1	低碳钢的碳当量 <0.3%，焊接性优良，是最容易焊接的钢种。CO_2 气体保护焊应用最广，实心焊丝大量使用 ER49-1、ER50-6，但 ER49-1 焊缝强度略偏高。药芯焊丝主要采用 E501T-1 或 E500T-1 自保护药芯焊丝，抗风能力较强，主要用于室外施工。对某些结构也使用 TIG 焊，如锅炉集箱、换热器等，用 ER50-6 焊丝进行封底焊
			自保护	YJ502R-2 YJ507-2 YJ507D-2 YJ507R-2	
中碳钢		35 45	CO_2 或 Ar+20%CO_2	ER49-1 ER50-2，3，6，7 YJ501-1 YJ501Ni-1 YJ507Ni-1 CHS-60	中碳钢的碳当量为 0.3% ～ 0.6% 焊接性稍差，仍可按低碳钢选用焊丝，但要采取适当的焊接工艺，如预热、后热、缓冷等。要严格控制焊接过程，避免热影响区产生马氏体组织和裂纹
热轧正火钢	295	09Mn2 09Mn2Si 08MnV	CO_2	ER49-1 ER50-2	熔化极气体保护焊，尤其是 CO_2 气体保护焊是焊接热轧正火钢最常用的焊接方法。TIG 焊可用于要求全焊透的薄壁管或厚壁管等焊件的封底焊，碳含量低的热轧正火钢（如 09Mn2 等），脆化和裂纹倾向小，对焊接热输入无严格要求。当碳含量偏高时，为降低淬硬倾向，防止冷裂纹，焊接热输入应偏大些。对含 V、Nb、Ti 的钢种，为降低热影响区粗晶区的脆化，应使用较小的热输入，一般 <45kJ/cm
	345	16Mn 16MnR 16MnCu 14MnNb	CO_2	ER50-2，6，7 CHS-50 YJ502-1 YJ502R-1 YJ507-1 YJ507Ni-1 YJ507TiB-1	

（续）

类别或屈服强度 /MPa		牌号	气体保护焊用焊接材料		简要说明
			保护气体	焊丝	
热轧正火钢	395	15MnV 15MnVCu 16MnNb	自保护	YJ502R-2 YJ507-2 YJ507R-12 YJ507G-2	对于碳及合金元素含量较高的正火钢，因淬火倾向大，应选用较大的热输入；若在预热条件下，则热输入可稍小，焊后应及时后热或去氢处理
	440	15MnVN 15MnVTiRE 15MnVNCu	CO₂ 或 Ar+20%CO₂	ER49-1 ER50-2 ER55-D2 CHS-60 YJ607-1 YJ607G-1	
	490	18MnMoNb 13MnNiMoNb	CO₂ 或 Ar+20%CO₂	ER55-D2 H08Mn2SiMoA CHS-60 CHS-60N CHS-70 YJ607-1 YJ602G-1 YJ707-1	这类钢因为碳及合金元素含量均较高，焊前一般应预热（150～180）℃，焊后应立即进行后热处理（250～350）℃，以避免产生冷裂纹
低碳调质钢	490	WCF60 WCF62	CO₂ 或 Ar+20%CO₂	ER55-D2 ER55-D2Ti CHS-60 YJ607-1 YJ602G-1	低碳调质钢产生冷裂纹的倾向较大，应严格控制焊缝金属的扩散氢含量。要注意焊件和焊丝的清理，不应有油污、水、锈等。对保护气体中的水分也应严格控制，采用纯度较高的CO₂气体，焊接热输入直接影响焊缝金属和热影响区的性能，一般不推荐大直径焊丝，应尽可能采用多层多道焊，最好采用窄焊道，以减小变形，以改善焊缝金属和热影响区的性能，可利用预热或后热，或低温预热＋后热的方法来防止冷裂纹；但不应采用过高的预热温度，否则会影响调质钢热影响区的性能，一般是在焊态下使用
	590	HQ70A HQ70B 15MnMoVN 15MnMoNRE QJ60		ER69-1 ER69-3 CHS-60N CHS-70 YJ707-1	
	685	12Ni3CrMoV 15MnMoVNRE QJ70 14MnMoNbB	Ar+20%CO₂ 或 Ar+（1%～2%）O₂	H08Mn2Ni2CrMoA H08MnNi2MoA ER76-1，ER83-1 CHS-80B，80C	
		T-1 T-1A，T-1B		ER76-1 ER83-1	
		WEL-TEN80 HQ80C		CHS-80B SQJ707CrNiMo	
	785	10Ni5CrMoV		H08Mn2Ni2CrMoA	
	880	HQ100		CHS-100	

（续）

类别或屈服强度 /MPa	牌号	气体保护焊用焊接材料		简要说明
		保护气体	焊丝	
中碳调质钢	D6AC	Ar	H08CrMoVA	由于碳含量高，合金元素较多，强度高（$R_{p0.2}$ 为 880～1176MPa），淬硬倾向大。在调质状态焊接时，易产生冷裂纹、软化区等，焊接性差，一般需预热及后热。宜采用热量集中的脉冲 TIG 焊，有利于减小热影响区的宽度，获得细晶粒组织，提高焊接接头的力学性能和抗裂性。 对需要焊后热处理的构件，选取的焊丝合金成分应与母材相接近，但碳含量应适当降低
			H10CrMoVA	
			H08MnNiMoA	
	30Cr3SiNiMoVA		H10Cr3MnNiMoVA	
	34CrNi3MoA		H20Cr3NiMoA	
	35CrMoA		H20Cr3MoA	
	35CrMoVA		SQJ807CrNiMo	

3. 耐热钢用焊丝的选用

1）Cr-Mo 耐热钢焊丝的选择，首先，要保证焊缝的化学成分和力学性能与母材尽量一致，使焊缝在工作温度下，具有良好的抗氧化性、耐蚀性和一定的高温强度。如果焊缝与母材化学成分相差太大，高温长期使用后，接头中某些元素发生扩散现象（如碳在熔合线附近的扩散），会使接头高温性能下降。其次，应考虑材料的焊接性，避免选用杂质含量较高或强度较高的焊丝。Cr-Mo 耐热钢焊缝的 w_C 一般控制在 0.07%～0.12%，碳含量过低会降低焊缝的高温强度；碳含量太高又易出现焊缝结晶裂纹。近年来开发了超低碳（$w_C \leq 0.04\%$）的 Cr-Mo 耐热钢焊丝（如 ER55-B2L、ER62-B3L 实心焊丝及 E500T5-B2L、E600T1-B3L 等药芯焊丝），这主要是为了提高焊缝的抗裂性能，以便降低焊前预热温度，甚至不预热。

2）在焊接大刚度构件、补焊缺欠、焊后不能热处理或焊接 12Cr5Mo 等焊接性较差的耐热钢时，可采用强度低、塑性好、溶氢量大的 Cr-Ni 奥氏体型焊丝进行不预热焊接，以释放焊接应力，提高接头强度，防止焊接裂纹。但是，对于承受循环加热和冷却条件下的结构，则不宜采用 Cr-Ni 奥氏体型焊丝，以免由于两种材料的热膨胀系数相差太大，在使用过程中因产生热应力而引起开裂。

3）随着技术的不断进步，气体保护焊方法的应用正在不断扩大。一些重要的高温、高压耐热钢管道，普遍采用 TIG 焊方法进行封底焊接。管子的全位置焊接，特别是大直径管道的安装焊接，多采用实心焊丝 MAG 焊。近年来，耐热钢药芯焊丝在国外已得到广泛应用。钛型 Cr-Mo 耐热钢药芯焊丝（如 E80T1-B2、E90T1-B3 等）具有飞溅小、脱渣容易、电弧燃烧稳定及熔滴为喷射过渡等优点，氧含量及扩散氢含量均较低，因此国内很多锅炉厂也在逐渐推广应用。

4）异种钢焊接时，焊丝的选择应按照"低匹配"原则，即耐热钢与低碳钢或低合金钢（如 16Mn）焊接时，按低碳钢或低合金钢选用焊丝；当不同 Cr、Mo 含量的耐热钢之间焊接时，按 Cr、Mo 含量低的耐热钢选用焊丝。但是，焊接参数的选择则相反，对这类异种钢接头，焊前准备、焊接参数及焊后热处理等，应按 Cr、Mo 含量高的，即通常认为焊接性较差的耐热钢来考虑，以减少异种钢接头的淬硬及冷裂倾向。

常用 Cr-Mo 耐热钢焊丝的选用见表 3-6。

表 3-6　常用 Cr-Mo 耐热钢焊丝的选用

牌号	气体保护焊用焊接材料		简要说明
	保护气体	焊丝	
16Mo（0.5Mo）	CO$_2$ 或 Ar+CO$_2$ 或 Ar+（1%～5%）O$_2$	TGE50ML H08MnSiMo YR102-1	大都采用 CO$_2$ 或 Ar+CO$_2$ 的熔化极气体保护焊，这种焊接方法具有较好的工艺适应性。可采用细丝（0.8mm，1.0mm）实现短路过渡，完成薄板结构和根部焊道；也可采用较粗直径焊丝（1.2mm）实现高熔敷速度的喷射过渡，完成厚板的焊接。利用喷射过渡深熔的特点，可改进坡口设计，减小坡口角度，增大钝边量，提高生产率。耐热钢焊接及焊丝使用的一般注意事项，基本上可参照低合金高强钢焊接施工注意要点，采用预热和焊后热处理
12CrMo（0.5Cr-0.5Mo） 15CrMo（1Cr-0.5Mo） ZG20CrMo		H08CrMnSiMo TGR55CM TGR55CML TGR50ML YR302-1 YR307-1	
12Cr1MoV ZG20CrMoV		ER55-B2-MnV H08CrMnSiMoVA	
Cr2Mo 12Cr2Mo1R 12Cr2Mo		YR402-1 YR407-1 H08Cr3MoMnSi	
12Cr2MoWVTiB		TGR59C2M TGR59C2ML H08Cr2MoWVNbB	
12Cr5Mo	Ar	H0Cr5MoA TGS-5CM（日本）	
12Cr9MoL		ER90S-B8，E8XT5-B8 E8XT5-B8L/B8LM TGS-9CM（日本）	
12Cr9Mo1V 12Cr9Mo1VNb		ER90S-B9 TGS-9Cb（日本）	

异种耐热钢焊接用焊丝的选用见表 3-7。

表 3-7　异种耐热钢焊接用焊丝的选用

钢种	焊丝	简要说明
5Cr-0.5Mo+碳素钢	MG49-1，MG50-6 E500T-1，501T-1 YJ501-1	预热温度 200～300℃ 回火温度 620℃
5Cr-0.5Mo+0.5Mo	TGR50Mo TGR50ML H08MnSiMo YR102，107-1	预热温度 200～300℃ 回火温度 620℃

（续）

钢种	焊丝	简要说明
5Cr-0.5Mo+ 1Cr-0.5Mo	TGR55CM TGR55CML H08CrMnSiMo YR302-1，307-1	预热温度 200～300℃ 回火温度 620℃
5Cr-0.5Mo+ 2.25Cr-1Mo	TGR59C2M TGR59C2ML H08Cr3MoMnSi YR402-1，407-1	预热温度 200～300℃ 回火温度 620℃
0.5Mo+ 碳素钢	MG49-1，MG50-6 E500T-1，501T-1 YJ501-1，507-1	预热温度 100℃ 回火温度 620℃
0.5Mo+ 1Cr-0.5Mo	TGE50M TGE50ML H08MnSiMo YR102-1，107-1	预热温度 150～225℃ 回火温度 620℃
0.5Mo+ 2.25Cr-1Mo	TGE50M TGR50ML H08MnSiMo YR102-1，107-1	预热温度 100～200℃ 回火温度 620℃
1Cr-0.5Mo+ 碳素钢	MG49-1，MG50-6 E500T-1，501T-1 YJ501-1，507-1	预热温度 150～225℃ 回火温度 620℃
1Cr-0.5Mo+ 2.25Cr-1Mo	TGR55CM TGR55CML H08CrMnSiMo YR302-1，307-1	预热温度 150～250℃ 回火温度 690℃
2.25Cr-1Mo+ 碳素钢	MG49-1，MG50-6 E500T-1，501T-1 YJ501-1，507-1	预热温度 100～200℃ 回火温度 620℃

4. 低温钢用焊丝的选用

1）低温钢是制造 -253～-20℃ 低温下工作的焊接结构的专用材料。作为低温用钢，最主要的要求是：在低温工作条件下，具有足够的强度、塑性和韧性；具有良好的制造工艺性能；对应变时效脆性和回火脆性的敏感性要小，以便所焊接构件母材和焊接区的脆性转变温度低于最低工作温度，因而具备足够的抗断裂能力，满足安全使用的要求。

2）根据液化气体生产工艺流程的特点，低温钢一般以使用温度分级，可分为 -40℃、-60℃、-70℃、-100℃、-196℃ 和 -253℃ 各等级。低合金铁素体型低温钢主要用于 -110～-20℃，该类低温钢往往采用 Ni 合金化，按照工作温度的不同，w_{Ni} 在 1.5%～4% 之间。例如，2.5Ni 钢一般用于 -60℃ 以上，3.5Ni 钢一般用于 -100℃ 以上。国内也曾开发出几种低合金无镍型低温钢，如 16MnR、06MnNb、06AlNbCuN 钢等。

3）在焊丝的选择上，无论是实心焊丝还是药芯焊丝，大都采用与母材 Ni 含量相当的镍合金的低合金钢焊丝，并尽量降低焊丝中 S、P 等杂质的含量。近年来开发了向焊缝中过渡微量 Ti 和 B 的焊丝，充分利用 Ti 和 B 细化晶粒的效果，与以往采用向焊丝中添加 Ni 或 Mo（或者同时添加 Ni、Mo）并利用焊道重叠再热效果以确保冲击韧性的方法相比，加 Ti 和 B 的方法可以在不受后续焊道影响的条件下，保证焊缝结晶的细粒化，从而得到稳定的高韧性焊缝。这种效果在采用大的焊接热输入进行焊接时尤为明显。就药芯焊丝而言，一方面，钛型低温钢药芯焊丝具有良好的全位置焊接操作性，焊道美观；但扩散氢量偏高，韧性及抗裂性不及碱性渣系。另一方面，碱性渣系的低温钢药芯焊丝，其低温韧性和抗裂性好，但焊接工艺性较差。近年来，通过在钛型药芯焊丝的药粉中加入强脱氧元素和去氢组分，加强脱氧和去氢效果，控制焊缝金属的氧含量在 0.06% 左右、扩散氢含量在 5mL/100g 以下，开发出一种既具有钛型药芯焊丝的焊接工艺性能，又具有碱性药芯焊丝抗裂性能的钛型低温钢用药芯焊丝。低温钢用焊丝的选用见表 3-8。

表 3-8　低温钢用焊丝的选用

牌号	焊接材料		简要说明
	保护气体	焊丝	
16MnDR 0.9MnTiCu–ReDR	CO_2 或 Ar+20%CO_2	ER55-C1 ER55-C2 YJ502Ni-1 YJ507Ni-1	低温钢碳含量低，淬硬倾向小，焊接性良好。关键是保证焊缝及粗晶区的低温韧性，焊接热输入不宜太大。焊接时应尽量避免焊接缺欠和应力集中
3.5Ni	Ar+5%CO_2 或 Ar+2%O_2	ER55-C3	

5. 耐候钢用焊丝的选用

即耐大气腐蚀钢，是介于普通钢和不锈钢之间的低合金钢系列，耐候钢由普碳钢添加少量 Cu、Ni 等耐腐蚀元素而成，具有优质钢的强韧性、塑延性、成形好、焊割性、耐腐蚀性、高温、抗疲劳等特性；耐腐蚀性为普碳钢的 2 ～ 8 倍，涂装性为普碳钢的 1.5 ～ 10 倍。同时，其具有使构件耐锈蚀、耐腐蚀、延长使用寿命、降低消耗，以及焊接省工、节能等特点。耐候钢主要用于铁道、车辆、桥梁、塔架、光伏及高速工程等长期暴露在大气中使用的钢结构，用于制造集装箱、铁道车辆、石油井架、海港建筑、采油平台及化工石油设备中含硫化氢腐蚀介质的容器等结构件。耐候钢用焊丝选用见表 3-9。

表 3-9　耐候钢用焊丝选用

钢种级别或类别	焊丝
490 级别	AT–YJ502D
588N 级别	AT–YJ602D
CO_2 焊、钛钙型渣系、铁道车辆、集装箱等	PK–YJ502CuCr

6. 不锈钢用焊丝的选用

（1）奥氏体不锈钢焊接时焊丝的选用　奥氏体不锈钢焊丝的选用原则是在无裂纹的前提下，为了保证焊缝金属的耐腐蚀性能及力学性能与母材基本相当或略高，因此要求焊丝的合金成分尽可能与母材基本相同或相近。

1）应选用超低碳型焊丝，或选用含有足够的稳定化合金元素的焊丝。焊缝金属中 Ti 或 Nb 含量取决于焊缝中的碳含量，它们的关系满足 $w_{Ti}/(w_C-0.02)>8.5$ 的关系。同时注意焊缝金属铌的含量不能太高，以防止热裂纹的形成。

2）选用合金成分适当的焊材，目的是为调整焊缝金属的成分和焊缝金属的镍含量（$w_{Ni}<15\%$），这样将焊缝金属中 δ 铁素体（体积分数）控制在 3%～8%。或选用 w_{Mn} 为 4%～6% 的焊接材料，可防止纯奥氏体焊缝金属热裂纹的产生。常见奥氏体不锈钢焊接时焊丝的选用见表 3-10。

表 3-10　常见奥氏体不锈钢焊接时焊丝的选用

牌号	焊丝		牌号	焊丝	
	实心焊丝	药芯焊丝		实心焊丝	药芯焊丝
022Cr18Ni10	H03Cr21Ni10	YA002-1	10Cr25Ni13	H12Cr24Ni13	YA302-1
022Cr18Ni12Mo2 022Cr17Ni12Mo2 022Cr17Ni12Mo3	H03Cr19Ni12Mo2Si H03Cr19Ni14Mo3Si	YA022-1	10Cr25Ni18 26Cr18Mn11Si2N 22Cr20Mn10Ni2Si2N	H12Cr26Ni21 H12Cr21Ni10Mn6	E310T-×
06Cr19Ni9 10Cr18Ni9	H08Cr21Ni10	YA102-1 YA107-1	06Cr18Ni9Ti 10Cr18Ni9Ti	H08Cr20Ni10Nb H08Cr20Ni10Ti	YA132-1 YA002-1 YA002-2
06Cr18Ni12Mo2Ti 10Cr18Ni12Mo2Ti	H08Cr19Ni12Mo2Ti H08Cr19Ni12Mo2Nb	YA202-1	06Cr18Ni12Mo3Ti 10Cr18Ni12Mo3Ti	H08Cr19Ni14Mo3	E317L×-×
022Cr22Ni13Mo2	H03Cr24Ni13Mo2	—	022Cr18Ni3Mo3Si2 022Cr18Ni6Mo3Si2Nb	H03Cr19Ni12Mo2 H03Cr20Ni12Mo3Nb H03Cr25Ni13Mo3	—

（2）马氏体型不锈钢焊接时焊丝的选用　马氏体型不锈钢焊丝的选用原则是选用与母材成分相近的焊丝，但此时焊缝金属和热影响区会同时硬化变脆。为防止产生冷裂纹，可通过预热和焊后热处理来提高接头性能。当不允许预热或热处理时，宜选用奥氏体焊缝组织的焊丝。

1）对于 Cr13 马氏体型不锈钢：①一般采用与母材化学成分、力学性能相当的同材质焊接材料。②对于碳含量较高的马氏体钢，或在焊前预热、焊后热处理难以实施以及接头拘束度较大的情况下，也常采用奥氏体型焊接材料，以提高焊接接头的塑性、韧性，防止焊接裂纹的发生。应注意的是，在采用奥氏体型焊接材料时，应根据对焊接接头性能的要求严格选择焊接材料，并进行焊接接头性能评定。③有时还采用镍基焊接材料，使焊缝金属的线膨胀系数与母材接近，尽量降低焊接残余应力及在高温状态使用时的热应力。

2）对于低碳以及超低碳马氏体型不锈钢，一般采用同材质焊接材料，通常不需要预热或仅需低温预热，但须进行焊后热处理，以保证焊接接头的塑性、韧性。在接头拘束度较大、焊前预热和后热难以实施的情况下，也采用其他类型的焊接材料，如奥氏体型的焊接材料 022Cr23Ni12、022Cr18Ni12Mo 等。常见马氏体型不锈钢焊接时焊丝的选用见表 3-11。

表 3-11　常见马氏体型不锈钢焊接时焊丝的选用

钢牌号	焊丝		钢牌号	焊丝	
	实心焊丝	药芯焊丝		实心焊丝	药芯焊丝
12Cr13 20Cr13	H12Cr13 H20Cr13 H12Cr24Ni13 H12Cr26Ni21	YA102 YA107 YG207-2 YA302-1	14Cr17Ni2	H12Cr13 H12Cr24Ni13	E410T-× E309T-×
06Cr13Ni5Mo	ER410NiMo	E410NiMoT-×			

（3）铁素体型不锈钢焊接时焊丝的选用　铁素体型不锈钢的焊接材料选用原则：一般应选用合金含量与母材相近的焊丝，同时要求焊丝有害元素（如 C、N、S、P 等）含量低，以保证焊接接头的均质性；只有在焊前无法预热、焊后难以热处理的情况下，才选用合金成分较高（高 Cr、Ni）的奥氏体型不锈钢填充金属。

1）同材质焊接材料：除 Cr16 ~ Cr18 铁素体型不锈钢有标准化的 H1Cr17 实心焊丝外，其他类型的同材质焊接材料还缺乏相应的标准，一些与母材成分相当或相同的自行研制的 TIG 焊的焊丝经常用于同材质材料的焊接。

2）当采用奥氏体型焊接材料焊接时，焊前预热及焊后热处理可以免除，有利于提高焊接接头的塑性、韧性，但对于不含稳定化元素的铁素体不锈钢来说，热影响区的敏化难以消除。对于 Cr25 ~ Cr30 型铁素体不锈钢，目前常用的奥氏体型不锈钢焊接材料有Cr25Ni13 型、Cr25Ni20 型超低碳气体保护焊丝。对于 Cr16 ~ Cr18 型铁素体型不锈钢，常用的奥氏体型不锈钢焊接材料有 Cr19-Ni10 型、Cr18-Ni12Mo 型超低碳气体保护焊丝。

3）采用铬含量基本与母材相当的奥氏体 + 铁素体双相（组织）焊接材料也可以焊接铁素体型不锈钢，如采用 Cr25-Ni5-Mo3 型和 Cr25-Ni9-Mo4 型超低碳双相（组织）焊接材料焊接 Cr25 ~ Cr30 型铁素体型不锈钢时，焊接接头不仅具有较高的强度、塑性及韧性，焊缝金属还具有较高的耐蚀性。

4）目前，超纯高铬铁素体型不锈钢仍没有标准化的焊接材料，一般采用与母材同成分的焊丝作为填充材料。在缺乏超纯铁素体型不锈钢的同材质焊接材料时，如果耐蚀性不受影响，也可采用纯度较高的奥氏体型焊丝或铁素体 + 奥氏体双相（组织）焊丝。常见铁素体型不锈钢焊接时焊丝的选用见表 3-12。

表 3-12　常见铁素体型不锈钢焊接时焊丝的选用

钢牌号	焊丝		钢牌号	焊丝	
	实心焊丝	药芯焊丝		实心焊丝	药芯焊丝
06Cr13	H06Cr14 H06Cr21Ni10 H12Cr24Ni13	YA302-1 YA102-1	10Cr17	H10Cr17	YA102-1 YA107-1
			10Cr17Ti	H12Cr24Ni13	
			10Cr17Mo	H06Cr21Ni10	
022Cr18Ti	H03Cr17Ti	YA062-1	13Cr13MoTi	H12Cr13MoTi	YA202-1
10Cr25Ti 10Cr28	H08Cr26Ni21 H12Cr26Ni21 H12Cr24Ni13	YA302-1	022Cr18MoTi	H03Cr18MoTi H03Cr19Ni12Mo2	YA022-1

（4）双相组织不锈钢焊接时焊丝的选用　双相组织不锈钢用的焊接材料，其特点是焊缝组织为奥氏体占优势的双相组织，主要耐蚀元素（Cr、Mo 等）含量与母材相当，从而保证与母材相当的耐腐蚀性能。为了保证焊缝中的奥氏体含量，通常提高 Ni、N 含量，也就是提高 2%～4% 的镍当量（Nieq）。在双相不锈钢母材中，一般都有一定的 N 含量；在焊接材料中也希望有一定的 N 含量，但一般不宜太高，否则会产生气孔。这样，Ni 含量的高低就成了焊接材料与母材的一个主要区别。常见典型双相不锈钢焊接时焊丝选用见表 3-13。

表 3-13　典型双相不锈钢焊接时焊丝的选用

类型	母材钢牌号	焊接方法	焊丝牌号（中国）	焊丝型号（美国）
Cr18	022Cr18Ni5Mo3Si2 3RE60	TIG MIG	H03Cr24Ni13 H03Cr19Ni12Mo2	ER309MoL
	022Cr18Ni5Mo3Si2Nb	TIG	H03Cr19Ni12Mo2 H03Cr25Ni13	ER309MoL
Cr22	06Cr23Ni4N SAF2304	TIG MIG	H03Cr22Ni8Mo3N	ER2209
	022Cr22Ni5Mo3N SAF2205	TIG MIG	H03Cr22Ni8Mo3N	ER2209
		FCAW	—	ER2209T
Cr22	022Cr25Ni6N SAF2507	TIG MIG	H03Cr25Ni8MoN	—
	022Cr25Ni6Mo3CuN UR52N Ferralium255	TIG MIG	H04Cr25Ni8Mo3N	ER2553
	022Cr25Ni7Mo3WCuN ZERON100	TIG MIG	H03Cr25Ni8Mo3N	—

7. 异种钢焊接用焊丝的选用

（1）碳素钢、低合金钢与铬不锈钢（异种钢）焊接时焊丝的选用　碳素钢、低合金钢与铬不锈钢焊接时，既可以选用铬不锈钢焊丝，也可以选用铬镍不锈钢焊丝。当低合金钢与 Cr12 型钢焊接时，如果采用低合金钢焊丝，就容易在热影响区产生裂纹，而采用铬不锈钢焊丝就能基本防止这类裂纹的产生。由于电弧的强烈搅拌作用，这种焊接接头的过渡层在焊后冷却过程中产生淬硬的马氏体组织，所以这类异种钢焊接时，不但需要预热，而且需要焊后缓冷或及时进行回火处理。当不能进行预热或回火处理时，宜选用奥氏体不锈钢焊丝。碳素钢、低合金钢与铬不锈钢焊接时不锈钢焊丝的选用见表 3-14。

表 3-14　碳素钢、低合金钢与铬不锈钢焊接时不锈钢焊丝的选用

母材组合	实心焊丝		药芯焊丝	
	型号	牌号	型号	牌号
低碳钢 +Cr13 不锈钢	ER410	H12Cr13	ER410T- ×	YG207

（续）

母材组合	实心焊丝		药芯焊丝	
	型号	牌号	型号	牌号
低合金钢 +Cr13 不锈钢	ER309L ER309	H03Cr24Ni13 H12Cr24Ni13	ER309LT-× ER309T-×	YA062-1 YA302-1
低碳钢 +Cr17 不锈钢	ER430	H10Cr17	ER430T-×	YG317
低合金钢 +Cr17 不锈钢	ER309L ER309	H03Cr24Ni13 H12Cr24Ni13	ER309LT-× ER309T-×	YA062-1 YA302-1

（2）铬不锈钢与铬镍不锈钢（异种钢）焊接时焊丝的选用　铬不锈钢与铬镍不锈钢焊接时的焊接工艺，基本上同低合金钢与铬镍不锈钢焊接时的焊接工艺相同。其焊丝的选用，原则上既可采用铬不锈钢焊丝（如 H06Cr14 等），也可采用各种铬镍奥氏体不锈钢焊丝。由于奥氏体不锈钢焊丝对焊接工艺适应性较强，即使有较大的熔合比，过渡区仍能保持与熔敷金属相近的微观组织，有较好的抗裂性能和较好的塑韧性，因此，实际生产中一般都采用奥氏体不锈钢焊丝。为防止碳的扩散迁移，还可以采用镍基合金焊丝。

铬不锈钢与铬镍不锈钢焊接时，按照其母材组合，可参照表 3-15 选用不锈钢焊丝。

表 3-15　铬不锈钢与铬镍不锈钢焊接时不锈钢焊丝的选用

母材组合	实心焊丝		药芯焊丝	
	型号	牌号	型号	牌号
Cr13 不锈钢 + 奥氏体耐蚀钢	ER309	H12Cr24Ni13	ER309T-×	YG207
	ER309L	H03Cr24Ni13	ER309LT-×	YA062-1
Cr13 不锈钢 + 奥氏体耐热钢	ER316	H08Cr19Ni12Mo2Si	ER316T-×	YA202-1
	ER317	H08Cr19Ni14Mo2Si	ER317T-×	—
	ER347	H08Cr20Ni10Nb	ER347T-×	YA132-1
Cr13 不锈钢 + 普通双相不锈钢	ER2209	H03Cr22Ni18Mo3N	—	DW-329M
	ER309Mo	H12Cr24Ni13Mo2	ER309MoT-×	
Cr17 不锈钢 + 奥氏体耐蚀钢	ER309	H12Cr24Ni13	ER309T-×	YA302-1
	ER309Mo	H12Cr24Ni13Mo2	ER309MoT-×	
Cr17 不锈钢 + 奥氏体耐热钢	ER308H	H06Cr21Ni10	ER308T-×	TA102-1
	ER316	H08Cr19Ni12Mo2Si	ER316T-×	YA202-1
	ER317	H08Cr19Ni14Mo2Si	ER317T-×	—
	ER309Mo	H12Cr24Ni13Mo2	ER309MoT-×	—
	ER347	H08Cr20Ni10Nb	ER347T-×	YA132-1
Cr17 不锈钢 + 普通双相不锈钢	ER2209	H03Cr22Ni18Mo3N	—	DW-329M
	ER309Mo	H12Cr24Ni13Mo2	ER309MoT-×	—
Cr11 热强钢 + 奥氏体耐热钢	ER316	H08Cr19Ni12Mo2Si	ER316T-×	YA202-1
	ER309	H12Cr24Ni13	ER309T-×	YA302-1
	ER309Mo	H12Cr24Ni13Mo2	ER309MoT-×	—
	ER347	H08Cr20Ni10Nb	ER347T-×	YA132-1

（3）碳素钢、低合金钢与奥氏体不锈钢（异种钢）焊接时焊丝的选用　碳素钢、低合金钢与奥氏体不锈钢焊接时焊丝的选用见表 3-16。

表 3-16　碳素钢、低合金钢与奥氏体不锈钢（异种钢）焊接时焊丝的选用

母材组合	实心焊丝		药芯焊丝	
	型号	牌号	型号	牌号
低碳钢 + 奥氏体耐酸钢	ER309	H12Cr24Ni13	ER309T−×	YA302−1
	ER309Mo	H12Cr24Ni13Mo2	ER316T−×	YA202−1
	ER316	H08Cr19Ni12Mo2Si	ER309LT−×	YA062−1
低碳钢 + 奥氏体耐热钢	ER316	H08Cr19Ni12Mo2Si	ER316T−×	YA202−1
	ERNiCr−3	NiR82	ENiCrT−×	
中碳钢、低合金钢 + 奥氏体不锈钢	ER309Mo	H12Cr24Ni13Mo2	ER310T−×	YA202−1
	ER310	H08Cr19Ni12Mo2Si	ER316T−×	
	ER316	H08Cr19Ni12Mo2Si	ER317LT−×	
	ER317	H08Cr19Ni14Mo2Si	ER309MoT−×	
	ERNiCr−3	NiR82	—	
碳素钢、低合金钢 + 普通双相不锈钢	ER2209	H03Cr22Ni18Mo3N	—	DW−329M

（4）不锈钢复合板焊接时焊丝的选用，要分别根据基层、覆层及交界处选用。交界处选用的不锈钢焊丝，必须考虑基层金属对焊缝成分的稀释作用，因此一般要选用 24−13 型等高铬镍焊丝。不锈钢复合板焊接用焊丝的选用见表 3-17。

表 3-17　不锈钢复合板焊接用焊丝的选用

复合板的组合	基层	交界处	覆层
0Cr13+Q235	ER506 ER50−G E50×T−×	H12Cr24Ni13Si ER309 E309T−×	H08Cr21Ni10Si ER308 E308T−×
0Cr13+16Mn			
0Cr13+15MnV			
0Cr13+12CrMo	ER55−B2 E55×T×−B2		
1Cr18Ni9Ti+Q235	ER506 ER50−G E50×T−×		H08Cr21Ni10Nb ER347 E347T−×
1Cr18Ni9Ti+16Mn			
1Cr18Ni9Ti+15MnV			
Cr18Ni12Mo2Ti+Q235	ER506 ER50−G E50×T−×	H12Cr24Ni13Mo2 ER309Mo E309MoT−× E309LNbT−×	H03Cr19Ni12Mo2Si ER316L E316LT−×
Cr18Ni12Mo2Ti+16Mn			
Cr18Ni12Mo2Ti+15MnV			

不锈钢实心焊丝和药芯焊丝型号、牌号对照见表 3-18。

表 3-18 不锈钢实心焊丝和药芯焊丝型号、牌号对照

不锈钢实心焊丝			不锈钢焊条牌号	不锈钢药芯焊丝	
型号（AWS-93）	牌号（旧 1984）	牌号（新 2004）		型号（1999）	牌号
ER2209	H00Cr22Ni8Mo3N	H03Cr22Ni8Mo3N	AF2209	E2209T-X	DW-329M
ER307	H1Cr21Ni10Mn6	H09Cr21Ni9Mn4Mo	A172	E307T-X	YA172
ER308	H0Cr21Ni10	H08Cr21Ni10Si	A102	E308T-X	YA102
ER308L	H00Cr21Ni10	H03Cr21Ni10Si	A002	E308LT-X	YA002
ER309	H1Cr24Ni13	H12Cr24Ni13Si	A302	E309T-X	YA302
ER309L	H00Cr24Ni13	H03Cr24Ni13Si	A062	E309LT-X	YA062
ER309Mo	H1Cr24Ni13Mo2	H12Cr24Ni13Mo2	A312	E309MoT-X	YA312
ER309MoL	H00Cr24Ni13Mo2	H03Cr24Ni13Mo2	A042	E309MoLT-X	YA042
ER310	H1Cr26Ni21	H12Cr26Ni21Si	A402	E310T-X	YA402
ER312	H1Cr30Ni19	H15Cr30Ni9	AF312	E312T-X	YA312
ER316	H0Cr19Ni12Mo2	H08Cr19Ni12Mo2Si	A202	E316T-X	YA202
ER316L	H00Cr19Ni12Mo2	H03Cr19Ni12Mo2Si	A022	E316LT-X	YA022
ER317	H0Cr19Ni14Mo3	H08Cr19Ni14Mo3	A242	E317T-X	YA242
ER317L	H00Cr19Ni14Mo3	H03Cr19Ni14Mo3	—	E317LT-X	
ER318	—		A212	—	YA212
ER321	H0Cr20Ni10Ti	H08Cr19Ni10Ti	—	—	
ER347	H0Cr20Ni10Nb	H08Cr20Ni10Nb	A132	E347T-X	YA132
ER347L	H00Cr20Ni10Nb	H03Cr20Ni10Nb	—	E347LT-X	
ER410S	H0Cr13	—	—	—	
ER410	H1Cr13	H12Cr13	G202	E410T-X	YG202
ER420	H2Cr13	H20Cr13	—	—	
ER420J	H3Cr13	H30Cr13	—	—	
ER430	H1Cr17	H10Cr17	G302	E430T-X	YG302

3.2 CO_2 气体保护焊操作技巧与禁忌

3.2.1 CO_2 气体保护焊两板并拼

1. 实操讲解

（1）焊前准备

1）设备准备型号：不同厂家焊机面板及功能如图 3-1 ～图 3-3 所示。

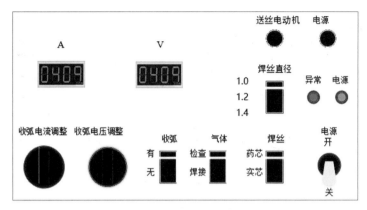

图 3-1　焊机面板示意图

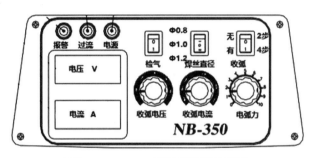

图 3-2　NB-350 型焊机面板示意图

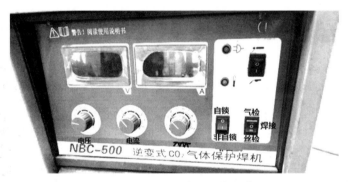

图 3-3　NBC-500 型焊机面板示意图

① 焊丝直径转换功能。焊机可使用不同直径的焊丝（常见不同直径的焊丝为 0.8mm、1.0mm、1.2mm、1.4mm、1.6mm），焊接电流相同时，不同的焊丝直径对应不同的送丝速度。当丝径选定后，必须将焊机前面板上的焊丝直径开关置于对应的位置。

② 焊丝性质功能。焊丝性质常见为药芯焊丝和实心焊丝两种，电流相同时，两种焊丝对应不同的送丝速度。当使用药芯焊丝时，必须将焊机前面板上的焊丝开关置于"药芯"的位置。

③ 收弧功能。收弧功能常见为"收弧有"（或自锁、4 步、4T）和"收弧无"（或非自锁、2 步、2T）两种功能。

设置到"收弧无"（非自锁、2步、2T）功能，先设置好焊接电流和电弧电压参数，这2个参数一般在送丝机上进行设置（数字焊机除外），必须要匹配合适。操作方式为：按下焊枪上的开关，开始引弧和正常焊接，松开焊枪上的开关，电弧熄灭和停止焊接，具体操作如图3-4所示；"收弧无"适用于工件的定位焊，短焊缝等场合。

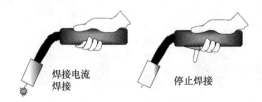

焊接电流　　　　　　停止焊接
焊接

图3-4　"收弧无"操作示意图

当设置到"收弧有"（自锁、4步、4T）功能，先设置好焊接电流和电弧电压参数，这2个参数一般在送丝机上进行设置（数字焊机除外）；然后再设置好收弧电流和收弧电压参数，这2个参数一般在焊机面板上进行设置，也要匹配合适，收弧电流为 $0.6 \sim 0.7$ 倍的焊接电流，操作方式为：按下焊枪上的开关，开始引弧；松开焊枪上的开关，正常焊接；再次按下焊枪上的开关，开始收弧焊接操作；当填满弧坑后，再次松开焊枪上的开关，熄弧停止焊接。具体操作如图3-5所示。"收弧有"一般是大电流焊接结束时可变为小电流以填满弧坑，或长时间连续焊接，为防止手指疲劳而设置。

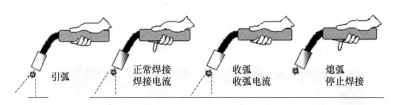

引弧　　　正常焊接　　　收弧　　　熄弧
　　　　　焊接电流　　　收弧电流　　停止焊接

图3-5　"收弧有"操作示意图

④ 气体检查功能。一般该选择键有检气（气检）和焊接功能，当设置为检气时，是对保护气体流量进行设置，首先连接好供气系统，打开气瓶阀门，将焊机前面板上气体开关置于"检气"位置，通过流量计上的流量调节旋钮设定气体流量（见图3-6）。设定完毕或焊接时此开关应置于焊接位置，否则即使不焊接，气体也会不断输出，造成气体的浪费和存在安全隐患。个别焊接设备还有丝检功能，此功能是相当于手动送丝功能。

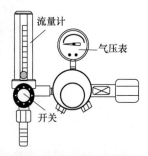

流量计

气压表

开关

图3-6　CO_2 气表示意图

⑤ 手动送丝功能。该功能一般在送丝机上，用于快速、安全地安装或更换焊丝。具体操作是电源开关闭合，并将焊丝在送丝机上装好，按动送丝机上遥控盒的手动送丝按钮，送丝电动机转动，将焊丝输送到焊枪。可通过调整焊接电流旋钮控制送丝速度，此时焊机无空载电压输出，焊丝不带电。在手动送丝时应注意将焊枪电缆伸直，以减小送丝阻力，同时焊枪喷嘴不应对准人体任何部位，尤其是脸部。

⑥ 电弧力功能。该功能常见标注"电弧力""电弧特性"等名称和符号。该功能主要指电弧的软硬（电弧吹力大小），一般选择在中间的位置，当选择电弧力较小时，电弧吹

力较弱，适合薄板焊接，但在实际工作中不要选择太小，而是通过靠增加焊丝的伸出长度和提高焊接速度来进行薄板的焊接；当选择电弧力较大时，电弧吹力强，适合厚板焊接，但电弧太软或太硬，熔滴飞溅都比较大。

⑦ 焊接方法功能。焊接方法主要有焊条电弧焊功能和气体保护焊功能，当转换键设置为"焊条"图标时，表示焊接方法为焊条电弧焊功能，当转换键设置为"焊枪"图标时，表示焊接方法为气体保护电弧焊功能。

2）焊接材料：型号 ER50–6，直径 1.2mm。CO₂ 保护气体，纯度 ≥ 99.5%。

3）焊接试件：Q235 钢板　规格尺寸为 500mm × 50mm × 10mm，数量 3 块，焊前将焊缝周围 20mm 范围内铁锈、油污等清理干净。

4）辅助工具和用品：气体流量计、角磨机、钢丝刷、扁铲、尖嘴钳、活口扳手、手锤、焊接操作架、定位胎具、护目镜及防堵膏等。

（2）操作步骤

1）读图，分析图样：4 个角焊缝，1 个对接焊缝，如图 3-7 所示。

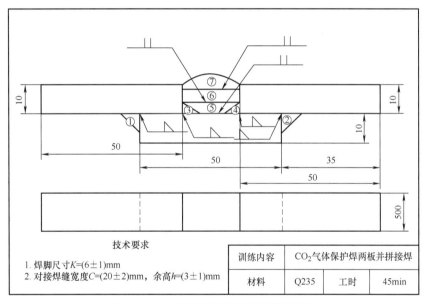

图 3-7　CO₂ 气体保护焊两板并拼焊接图

2）装配定位。调整焊机并调节焊接电流、电弧电压和气体流量：使焊机为气体保护焊功能，直流反接，I=150A，U=22V，气体流量 Q=12 ～ 15L/min，将焊接工件放在组对胎具上并装配定位，焊接 4 个定位焊点，定位焊长度 10mm 左右，并对 4 个定位焊点进行修磨处理，便于后面的焊接，具体如图 3-8 所示。

3）焊接。

第一步：将装配好的工件装夹到操作架上，使搭接角焊缝①、②处于平焊位置，先焊接角焊缝①、②，然后将工件翻转

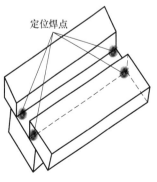

图 3-8　定位焊示意图

使对接焊缝处于平焊位置,焊接对接焊缝底部两侧角焊缝。

第二步:调整焊机并调节焊接电流、电弧电压和气体流量,使焊机为气体保护焊功能,直流反接,$I=300A$,$U=26V$,气体流量 $Q=20L/min$,收弧电流 $=150A$,收弧电压 $=22V$。

第三步:调整好焊枪角度和焊丝位置,如图 3-9 所示,左焊法,直线运枪进行第①、②角焊缝的焊接,焊完后将工件翻转过来,再进行③、④根部角焊缝的焊接,焊接同①、②角焊缝。

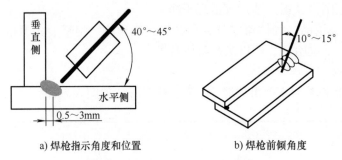

a) 焊枪指示角度和位置   b) 焊枪前倾角度

图 3-9　焊枪角度和焊丝位置

第四步:采用左焊法,月牙形运枪,焊接焊缝⑤、⑥、⑦,并在板的边缘稍作停顿,调整焊枪角度,如图 3-10 所示。

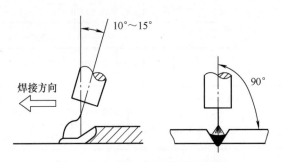

图 3-10　左焊法焊枪角度及示意图

4)清理。焊后对焊缝进行清洁和清理飞溅

2. 操作禁忌

1)焊接中肯定会出现变形问题,因此焊接顺序十分重要。在对接焊中,为防止变形,角焊缝①、②最先焊,之后再进行内部开口焊接,即③、④、⑤、⑥、⑦。

2)第⑥⑦层最容易出现熔合不良的缺欠,焊接时,焊枪摆到两边需停顿 0.5 ~ 1s 达到完全熔合。

3)焊接角焊缝时,焊丝的位置不要处在夹角处,而是偏向下板水平侧 1mm 左右。

4)每道焊缝在焊到板边前 10mm 处,采用收弧电流焊接,避免尾端金属温度过高,金属下淌, 造成金属流失。

5) 每焊完一道焊缝都要清理喷嘴、导电嘴, 浸蘸防堵膏。

3.2.2　板厚 10mmV 形坡口对接 CO_2 气体保护立焊

1. 实操讲解

(1) 焊前准备

1) 设备准备: 采用 NB-350 型焊机。

2) 焊接材料: 型号 ER50-6、直径 1.2mm。采用 CO_2 保护气体, 纯度 ≥ 99.5%。

3) 焊接试件: Q235 钢板, 规格尺寸为 300mm × 150mm × 10mm, 数量 2 块, 单边坡口角度 30°, 焊前将焊缝周围 20mm 范围内毛刺、铁锈、油污等清理干净, 坡口处理成钝边高度为 0 ~ 0.5mm。

4) 辅助工具和用品: 气体流量计、角磨机、钢丝刷、扁铲、锋钢锯条、尖嘴钳、活口扳手、手锤、焊接操作架、组对平台、护目镜及防堵膏等。

(2) 操作步骤

1) 读图, 分析图样, 如图 3-11 所示。

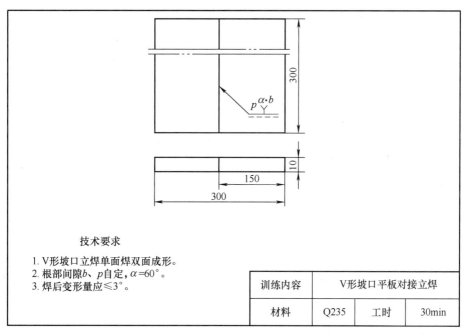

技术要求

1. V 形坡口立焊单面焊双面成形。
2. 根部间隙 b、p 自定, $\alpha = 60°$。
3. 焊后变形量应 ≤ 3°。

训练内容	V 形坡口平板对接立焊		
材料	Q235	工时	30min

图 3-11　CO_2 气体 V 形坡口平板对接立焊图

2) 装配定位、反变形。

① 调整焊机并调节焊接电流、电弧电压和气体流量: 使焊机为气体保护焊功能, 直流反接, 焊接电流 $I=120A$, 电弧电压 $U=20.5V$, 气体流量 $Q=12 \sim 15L/min$。

② 在组对平台上调整好间隙: 起焊端 3.0mm, 终焊端 3.5mm, 然后板两端正面坡口

内焊接定位焊点，长度 10mm 左右。

③ 对两个定位焊点进行修磨处理：采用角磨机或扁錾、锋钢锯条将定位焊点修成斜面，便于接头。

④ 预制反变形，如图 3-12 所示，反变形角为 2°

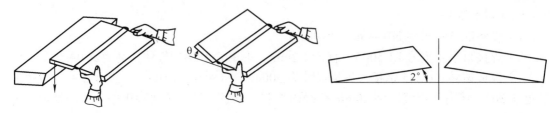

图 3-12　反变形方法和角度

3）焊接

① 打底焊。将装配好的工件装卡到操作架上，小间隙在下，大间隙在上。调节焊接电流、电弧电压和气体流量，焊接电流 I=120A，电弧电压 U=20.5V，气体流量 Q=12～15L/min。调整好焊枪角度，如图 3-13 所示。采用灭弧操作法，从下往上焊，焊丝在坡口间隙处作小幅摆动，控制熔孔和灭弧频率。

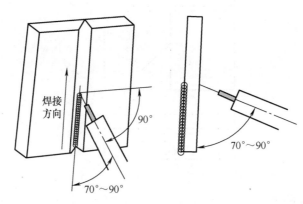

图 3-13　焊枪角度

② 盖面焊。盖面焊前应对打底层焊道仔细清理和处理，高点要用扁錾或角磨机修平。调节焊接电流、电弧电压和气体流量，焊接电流 I=100A，电弧电压 U=20V，气体流量 Q=12～15L/min。盖面焊的运枪形式为锯齿形连弧焊，如图 3-14 所示。焊枪与焊接方向反向的夹角为 70°～80°，收尾采用反复断弧填满弧坑。

4）清理。焊后对焊缝进行清洁和清理飞溅

2. 操作禁忌

1）气体流量计需要加热电源，如图 3 15 所示。如果表标注是 36V，则电线插头应插在焊机前面板或后面板上相应的位置，如果标注的是 220V，则电线插头应插在照明电源插线板相应位置。

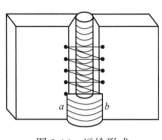

图 3-14　运枪形式

图 3-15　CO_2 气体流量计

2）在组对板材时，需注意间隙大小，若间隙不合理则会影响焊接质量和焊缝成形。

3）打底焊时要特别注意熔池和熔孔的变化，控制灭弧频率，不能使熔池太大。

4）打底向上摆动时要始终保持焊丝在熔池内部，否则容易穿丝。

5）打底焊时，如果中间停弧，再焊接前一定要对接头位置进行打磨削薄处理，这样才能保证接头质量。

6）盖面焊时熔池两侧超过坡口边缘 0.5 ～ 1mm，注意不要咬边。

7）盖面收尾采用反复断弧填满弧坑。

第 *4* 章

钨极氩弧焊操作技术

4.1 钨极

4.1.1 电极材料

1.对电极材料的要求

1）电弧引燃容易、可靠。

2）熔点高，工作中产生的熔化变形及耗损对电弧特性不构成大的影响。

3）电弧的稳定性好，电弧产生在电极前端，焊接过程中不出现阴极斑点的上爬。

2.电极材料的成分

钨及钨合金，因为钨的熔点达 3400℃，而且还具有良好的电子发射性能。

4.1.2 钨极种类

1.钨极化学成分

由于钨极氩弧焊要求钨极具有电流容量大、施焊损耗小、引弧和稳定性好等特性，常用的钨极有纯钨极、铈钨极、钍钨极、锆钨极、镧钨极和钇钨极等。

常见钨极化学成分见表 4-1。

表 4-1　常见钨极化学成分（质量分数）　　　　　　　　　　　　（%）

名称	牌号		添加的氧化物		杂质含量	钨含量
	国外	中国	种类	含量		
纯钨极	WP	W1	—	—	—	99.92
	WP	W2	—	—	—	99.85
铈钨极	WC10	WCe-5	CeO_2	0.8～1.2	<0.20	余量
	WC15	WCe-13	CeO_2	1.3～1.7	<0.20	余量
	WC20	WCe-20	CeO_2	1.8～2.2	<0.20	余量
钍钨极	WT10	WTh-10	ThO_2	0.8～1.2	<0.20	余量
	WT20	WTh-20	ThO_2	1.7～2.2	<0.20	余量

（续）

名称	牌号		添加的氧化物		杂质含量	钨含量
	国外	中国	种类	含量		
钍钨极	WT30	WTh–30	ThO_2	2.8 ～ 3.2	<0.20	余量
	WT40	WTh–40	ThO_2	3.8 ～ 4.2	<0.20	余量
锆钨极	WZ3	WZr–3	ZrO_2	0.2 ～ 0.4	<0.20	余量
	WZ8	WZr–8	ZrO_2	0.7 ～ 0.9	<0.20	余量
镧钨极	WL10	WLa–10	La_2O_3	0.8 ～ 1.2	<0.20	余量
	WL15	WLa–15	La_2O_3	1.3 ～ 1.7	<0.20	余量
	WL20	WLa–20	La_2O_3	1.8 ～ 2.2	<0.20	余量
钇钨极	WY20	WY–20	Y_2O_3	1.8 ～ 2.2	<0.20	余量

2. 钨极的特点与识别

不同种类的钨极，各有特点；不同种类和不同成分的钨极，尾端钨极涂层颜色不同。

（1）纯钨电极　是使用历史最长、价格低廉的一种非熔化电极。不添加任何稀土氧化物，其有一些缺点：一是电子发射能力较差，要求电源有较高的空载电压；二是抗烧损性差，使用寿命较短，需要经常更换重、磨钨极端头，只适合于交流条件下的焊接。钨极尾端色标涂层为绿色。

（2）钍钨电极　引弧容易，电弧燃烧稳定，尤其是能承受过载电流，是目前美国和其他一些国家应用最广泛的钨极。但其具有微量放射性，广泛应用于直流电焊接。WT10钨极端头色标为黄色，WT20钨极端头色标为红色，WT30钨极端头色标为紫色，WT40钨极端头色标为桔黄色。

（3）铈钨电极　铈钨电极是目前国内普遍采用的一种。电子发射能力较钍钨电极高，是非放射性材料。铈钨是低电流焊接环境下钍钨的最好代替品。铈钨并不适合于高电流条件下的应用，因为在这种条件下，氧化物会快速移动到高热区，即电极焊接处的顶端，这样对氧化物的均匀度造成破坏，在小电流下对有轨管道、细小精密零件、断续焊接和特定项目的焊接效果最佳。WC10钨极端头色标为粉红色，WC15钨极端头色标为橙色，WC20钨极端头色标为灰色。

（4）镧钨电极　镧钨最接近钍钨的导电性能，不需改变任何焊接参数就能方便快捷地替代钍钨，可发挥最大综合使用效果。中大电流的直流电和交流电都适用镧钨电极。WL10钨极端头色标为黑色，WL15钨极端头色标为金黄色，WL20钨极端头色标为天蓝色。

（5）锆钨电极　锆钨电极的各种性能介于纯钨极和钍钨极之间，主要用于交流电焊接，在焊接时，锆钨电极的端部能保持呈圆球状而减少渗钨现象，因此在需要防止电极污染焊缝金属的特殊条件下使用。在高负载电流下，表现依然良好，是其他电极不可替代的。WZ3钨极端头色标为棕色，WZ8钨极端头色标为白色。

（6）钇钨电极　在焊接时，钇钨电极弧束细长，压缩程度大，在中大电流时其熔深最大。可以进行塑性加工制成厚1mm的薄板和各种规格的棒材和线材。WY20钨极端头色标为蓝色。

4.1.3　钨极的规格

钨极规格：常见的直径有 1.0mm、1.2mm、1.6mm、2.0mm、2.4mm、2.5mm、3.0mm、3.2mm、4.0mm、4.8mm、5.0mm、6.0mm、6.4mm、8.0mm 和 10.0mm，选择钨极时应与钨极夹配套；盒装钨棒的长度有 150mm、175mm，178mm，每盒 10 支钨棒，如图 4-1 所示；黑杆钨极长度有 450mm、1000mm 等，每盒通常 1kg，如图 4-2 所示。

图 4-1　盒装钨棒

图 4-2　黑杆钨极

4.1.4　钨极的选择与应用

1. 钨极的选择

钨极氩弧焊（TIG）时，选用钨极的种类要综合考虑如下几个因素：各种钨极的电弧特性（引弧与稳弧）、载流能力、被焊金属的材质、焊件厚度、电流类型及电源极性。此外，还要考虑电极的来源、使用寿命及价格等。

2. 钨极的应用

常见钨极的应用见表 4-2。

表 4-2　常见钨极的应用

种类	电流	应用
纯钨极	交流	适合对焊接要求不高的镁铝及其合金的焊接
钍电极	直流	通常用于碳素钢、不锈钢、镍合金和钛金属的直流正接焊接
铈钨极	直流	适于低电流直流焊接，尤其用于管道和细小部件的焊接、断续或点焊，是在低电流直流下焊接替代钍钨极的理想材料
锆钨极	交流	适用于镁铝及其合金的交流焊接
镧钨极	直流 / 交流	镧钨电极主要用于直流的中大电流焊接，是替代钍钨极的理想材料，但用于交流焊接时也表现良好
钇钨极	直流 / 交流	主要用于军工和航空航天工业

4.1.5　钨极的使用

（1）钨极直径的选择　钨极直径应根据焊接电流大小而定，以 1mm 允许电流 55A 为基数，再乘以钨极直径，即等于许用电流，具体选择见表 4-3。

表 4-3　不同电源极性和不同钨极直径对应的许用电流

电极直径 /mm	直流 DC/A		交流 AC/A
	电极接负极（−）即正接	电极接正极（+）即反接	
1.0	15 ～ 80	—	10 ～ 80
1.6	60 ～ 150	10 ～ 18	50 ～ 120
2.0	100 ～ 200	12 ～ 20	70 ～ 160
2.4（2.5）	150 ～ 250	15 ～ 25	80 ～ 200
3.2	220 ～ 350	20 ～ 35	150 ～ 270
4.0	35 ～ 500	35 ～ 50	220 ～ 350
4.8	420 ～ 650	45 ～ 65	240 ～ 420
6.4	600 ～ 900	65 ～ 100	360 ～ 560

若钨极直径与电流不匹配，则会出现以下情况：

1）钨极粗、电流小时，会出现钨极端部温度低，电弧飘移，电弧不稳，破坏保护区，熔池被氧化，成形差，以及易产生气孔等现象。

2）钨极细、电流大时，会出现钨极端部温度高，易熔化，小尖端逐渐变大熔滴，电弧随熔滴尖端漂移、不稳定，以及熔化的钨滴落入熔池形成夹钨等现象。

（2）钨极的修磨

1）钨极在使用前端头需要修磨出一定形状，如图 4-3 所示。

a) $\alpha=30°\sim50°$　　b) $\alpha=60°\sim90°$　　c) 平台状　　d) 圆形

图 4-3　钨极修磨形状图

钨极的端部形状是一个重要工艺参数，应根据所用电流种类和大小选用不同的端部形状，钨极尖端角度 α 即锥角，如图 4-4 所示。锥角的大小会影响钨极的许用电流、引弧和稳弧性能。小电流焊接时，小的钨极直径和锥角可使引弧容易，电弧稳定。大电流焊接时，增大锥角可避免尖端过热熔化，减少损耗，并防止电弧往上扩展影响阴极斑点的稳定性。锥角对焊缝熔深和熔宽也有一定的影响，减小锥角，焊缝熔深增

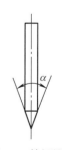

图 4-4　钨极锥角

大、熔宽减小，反之熔深减小、熔宽增大。

直流正接：200A 以下，锥角 α 为 30° ~ 50°（见图 4-3a）；电流超过 200A，锥角 α 为 60° ~ 90°（见图 4-3b）；电流超过 250A 后，把电极前端磨出一定尺寸的平台（见图 4-3c）；直流反极性和交流焊接，电极前端形状磨成圆形（见图 4-3d）或大平台。

2）钨极的磨削方法。钨极磨削方法对电弧的稳定性、电极寿命、焊缝成形有重要影响。钨极的磨削方法有纵向磨削和横向磨削两种，实践证明，纵向磨削效果优于横向磨削，主要体现在纵向磨削可以延长钨极的寿命，改善引弧质量并获得较稳定的电弧。钨极磨削方式如图 4-5 所示，磨削纹理对电弧的影响如图 4-6 所示。

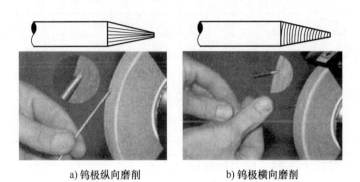

a) 钨极纵向磨削　　　　b) 钨极横向磨削

图 4-5　钨极磨削方式

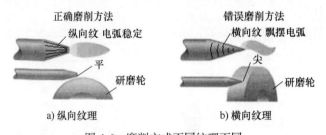

a) 纵向纹理　　　　b) 横向纹理

图 4-6　磨削方式不同纹理不同

4.2　钨极氩弧焊操作技巧与禁忌

4.2.1　钨极氩弧焊堆焊

1. 实操讲解

（1）焊前准备

1）设备介绍：目前焊机主要有 3 种操作面板。

第一种焊机面板如图 4-7 所示，其功能介绍如下。

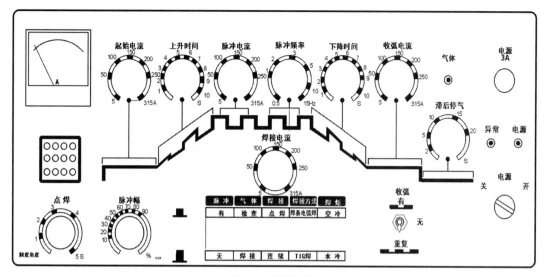

图 4-7 焊机面板

① 焊接方法转换功能

焊接方法为焊条电弧焊和 TIG 焊，当该功能键处于按下状态时为焊条电弧焊功能，当该功能键处于弹起状态时为 TIG 焊功能，即直流 TIG 焊（焊接母材是除了铝镁及其合金以外的金属），TIG 焊功能有点焊、连续焊（收弧有、收弧无、收弧重复）操作方式和脉冲功能的设置。

② 焊接功能（焊接操作方式）

焊接操作方式有点焊方式和连续焊方式，当该功能键处于按下状态时为点焊功能，当该功能键处于弹起状态时为连续焊功能。

当设置为"点焊"方式时，设置焊接电流和滞后停气时间，同时还需要设置"点焊"旋钮，对点焊的时间进行设置。钨极氩弧点焊的工作原理：用焊炬端部的喷嘴将被焊的两块母材压紧，保证结合面密合，靠钨极和母材之间的电弧将金属熔化形成焊点。焊机进行点焊时需配置点焊喷嘴和点焊附加器，如图 4-8 所示。

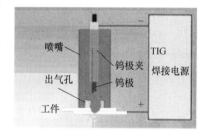

图 4-8 点焊示意图

当设置为"连续"焊方式时，若为收弧"有"，即采用小电流引弧，以防止引弧时烧穿工件，焊接结束时变为小电流收弧以填满弧坑，用收弧"有"方式焊接时，需设定起始电流、上升时间、焊接电流、下降时间、收弧电流和滞后停气等参数；若为收弧"无"，适用于工件的点固、短焊缝焊接等场合，用收弧"无"方式焊接时，只需设定焊接电流和滞后停气旋钮；若为收弧"重复"，工作过程和各旋钮的设定与收弧"有"基本相同，区别在于收弧结束松开焊枪开关后又变为焊接电流，以后按下焊枪开关再变为收弧电流，松开停止焊接，周而复始，焊接结束需提起焊枪拉断电弧，此功能可适用于焊缝间隙大小不均匀等场合。

"起始电流"（或起弧电流或引弧电流），一般情况设置此电流值比焊接电流值要小，特殊情况下尤其是焊接大厚度铝板等散热好的材料时起弧电流比焊接电流大些。

"收弧电流"，一般情况设置此电流值要比焊接电流要小，目的是填满弧坑进行收尾工作。

当"上升时间和下降时间"，TIG焊时，对一些热敏感材料，为了保证焊接质量，需要使工件的温度缓慢上升或下降，即在焊接开始时由起弧电流缓升到焊接电流，焊接结束时由焊接电流缓降到收弧电流，其缓升、缓降的速率可通过上升时间或下降时间旋钮进行设定。当被焊材料不是热敏感材料时，上升时间和下降时间一般选择 0.5 ～ 1s；当被焊材料是敏感材料时，上升时间和下降时间可适当增加。

③ 收弧功能

收弧功能包括收弧"有"、收弧"无"、收弧"重复"三种模式。

④ 脉冲功能

有脉冲功能的钨极氩弧焊与无脉冲功能的钨极氩弧焊的主要区别在于脉冲功能是采用低频调制的直流或交流脉冲电流加热工件。电流幅值按一定频率周期性变化，脉冲电流时在工件上形成熔池，基值电流时熔池凝固，焊缝由许多焊点相互重叠而成。交流脉冲氩弧焊用于铝镁及其合金等表面易形成高熔点氧化膜的材料，直流脉冲氩弧焊用于其他金属。调节脉冲的功能，可对焊接热输入进行控制，从而更精确地控制焊缝及热影响区的尺寸和质量，如精确控制工件的热输入和熔池尺寸，提高焊缝抗烧穿和熔池的保持能力，更适合全位置焊接和单面焊双面成形。脉冲电弧可用较低的热输入获得较大的熔深，同样条件下可减小焊接热影响区和焊件变形。脉冲电流对点状熔池有强烈的搅拌作用，熔池金属冷凝速度快，焊缝金属组织细密，树枝状结晶不明显，焊接热敏感金属时不易产生裂纹。脉冲焊接时焊缝由连续均匀的点状熔池凝固后重叠而成，因此焊缝成形美观。每个焊点加热和冷却速度快，因此适合厚度差较大或导热性能差别大的工件。

当该功能键处于按下状态时为有脉冲功能，处于弹起状态时为无脉冲功能。

当设置成有"脉冲"功能时，需要增加设置脉冲电流、基值电流（即调节焊接电流旋钮）、脉冲频率及脉冲幅（脉宽比或占空比 $=(t_p/t_b) \times 100\%$），其他设置与连续焊设置相同，具体参数如图4-9所示。

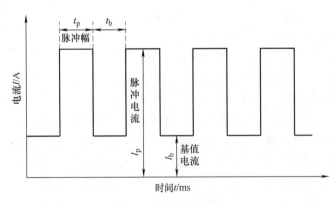

图 4-9　脉冲电流参数

"脉冲电流" I_p，主要起到熔化金属作用，随着脉冲电流和脉冲幅的增大，焊缝熔深和熔宽都会增大，脉冲电流过大时易产生咬边缺欠。脉冲电流的选定主要取决于工件的材质和厚度，以及对熔滴过渡的要求。

"基值电流" I_b，为充分发挥脉冲焊的特点，一般选用较小的基值电流，只要能维持电弧稳定燃烧即可。脉冲焊接时，调节焊接电流旋钮可改变基值电流的大小。在基值电流期间熔池和钨极得到冷却。但基值电流也不宜过小，否则熔池冷却速度过快，易在焊点中部形成下凹火口并出现火口裂纹。

"脉冲频率" f，脉冲频率的选择是保证焊接质量的重要因素，一般在几十至几百的范围内，频率过低时，焊丝易插入熔池、焊接过程不稳定；而频率过高时，则失去了脉冲焊的特点。脉冲频率通常根据脉冲电流的大小来选择，脉冲电流较大时，脉冲频率应选得大一些；脉冲电流较小时，频率应选得小一些。同时不同的场合要求选择不同的脉冲频率范围，选择时必须与焊接速度相匹配。脉冲频率范围分为：低频脉冲 TIG 焊：$0.5 \sim 25Hz$，适用全位置焊接各种板厚和单面焊双面成形的焊接；中频脉冲 TIG 焊：$25 \sim 500Hz$，适用薄板的高速焊接，但是噪声较大；高频脉冲 TIG 焊：$1 \sim 20kHz$，电弧集中、挺直性好、小电流电弧燃烧稳定，可焊接超薄板，高速焊，更适合于大坡口焊缝。直流钨极氩弧焊时，如果填充焊丝多，则会造成熔池与坡口侧面的熔合不良、焊道凸起并偏向一侧。在焊接下一个焊道时，焊道两侧的熔化不良，易于导致熔合不良或未焊透，高频脉冲焊所形成的焊道，即使焊丝填充量很多时仍然显凹形表面，可很好地克服这种缺欠。脉冲频率变化如图 4-10 所示。

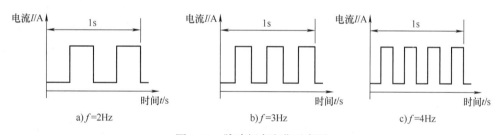

a) f=2Hz　　　　b) f=3Hz　　　　c) f=4Hz

图 4-10　脉冲频率变化示意图

"脉冲幅"（脉宽比、占空比）增大，焊缝熔深和熔宽都会增大，但影响不如改变脉冲电流显著，一般脉冲幅取 $25\% \sim 50\%$。全位置焊接、薄板及热敏感材料的焊接均要求脉宽比小一些（即空脉冲）。脉冲幅变化如图 4-11。

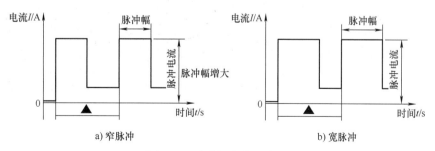

a) 窄脉冲　　　　　　　　b) 宽脉冲

图 4-11　脉冲幅变化示意图

不锈钢薄板脉冲 TIG 焊参数举例，参见表 4-4。

表 4-4　不锈钢薄板脉冲 TIG 焊推荐参数

板厚 /mm	电流 /A		频率 /Hz	速度 / (cm/min)
	脉冲	基值		
0.3	20 ~ 22	5 ~ 8	8	50 ~ 60
0.5	55 ~ 60	10	7	55 ~ 60
0.8	85	10	5	80 ~ 100

⑤ 焊炬选择功能

焊炬有空冷焊炬和水冷焊炬两种形式，当该功能键处于按下状态时为空冷焊炬，处于弹起状态时为水冷焊炬。当设置为水冷焊炬时，必须检测到有循环冷却水，否则焊机会报警停用。

⑥ 气体检查功能

气体检查有检查（检气）和焊接功能，当该功能键处于按下状态时为检查功能，可进行气体的检测和流量的设置，当该功能键处于弹起状态时为焊接功能。

⑦ 滞后停气功能

滞后停气是对焊后金属进行保护，滞后停气时间可以通过"滞后停气"旋钮进行设置，滞后停气时间长短主要根据焊接电流大小和焊接材料不同来选择不同滞后停气时间，当电流 <150A 时，滞后停气时间 5s 左右；当电流 150 ~ 250A 时，滞后停气时间 10s 左右；当电流 >250A 时，滞后停气时间 15 ~ 20s。碳素钢材料的滞后停气时间可以选择短些，不锈钢和铝合金材料的滞后停气时间比碳素钢的要长些，钛合金材料的滞后停气时间要 20s 以上，而且焊缝焊面需要加特殊保护。

第二种焊机面板如图 4-12 所示，其功能介绍如下。

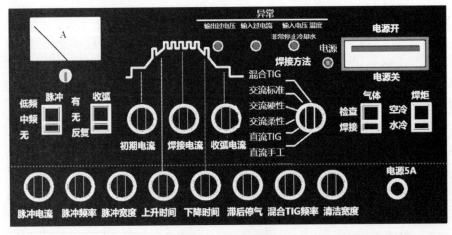

图 4-12　焊机面板

① 焊接方法转换功能

焊接方法有直流手工焊、直流 TIG 焊、交流柔性焊、交流硬性焊、交流标准焊和混合 TIG 焊功能，当选择某一方法时只需将旋钮旋转到相应的位置即可。

第一，"直流手工"即直流焊条电弧焊功能。只需根据需要设置"焊接电流"即可。

第二，"直流 TIG"功能设置与"面板一"的 TIG "连续"焊接设置的收弧"有"（包括设置"起始电流"、"焊接电流""收弧电流"、"上升时间和下降时间"、"滞后停气"）、收弧"无"（只设置"焊接电流"和"滞后停气"）、收弧"重复"设置相同。

第三，"交流柔性"。交流柔性 TIG 焊接时，电弧柔和、熔深浅，最适合薄板及有间隙的对焊。焊机的输出电流波形为正弦波，如图 4-13 所示。

图 4-13　交流柔性示意图

"交流柔性"设置除了与"直流 TIG"相同之外，还需设置"清洁宽度"。

第四，"交流硬性"。交流硬性 TIG 焊接时，电弧热量高、集中性好，熔深大，最适合角焊及有根部间隙的对焊等。焊机的输出电流波形是脉冲重叠形状，如图 4-14 所示。

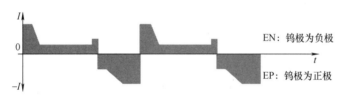

图 4-14　交流硬性示意图

"交流硬性"设置与"交流柔性"设置相同。

第五，"交流标准"，即普通的交流 TIG 焊，其特点是焊接范围广，薄板到厚板均可。"交流标准"设置同"交流柔性设置"，但在焊接厚板和薄板接头等热容量差别较大的金属时可加低频脉冲进行焊接。不加脉冲和加低频脉冲焊接时的焊接电流波形如图 4-15 所示。

第六，"混合 TIG"。混合 TIG（MIX TIG）焊接时，电弧集中性好，钨极损耗小，最适合铝薄板角焊。焊接时焊机交替输出交流电流和直流电流（直流输出时电弧声音低，交流输出时电弧声音高），波形如图 4-16 所示，交 / 直流转换的频率。可通过焊机前面板上混合 TIG 频率调整旋钮进行设定（0.5 ～ 10）Hz。填充焊时频率应调整为（1 ～ 2）Hz，并在交流时填入，效果最佳。注混合 TIG 焊接时需将脉冲频率开关切换至"无"的位置。

第七，其他功能。"脉冲"功能、"收弧"功能、"气体"检查功能、"焊炬"选择功能和"滞后停气"功能设置与"面板一"的设置相同。

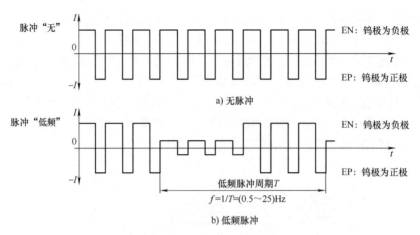

a) 无脉冲

b) 低频脉冲

图 4-15 无脉冲和低频脉冲下的焊接电流波形图

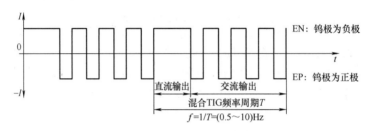

图 4-16 混合 TIG 焊接电流波形图

② 清洁宽度

交流 TIG 焊接时通过对清洁宽度的调整，可有效地消除氧化膜。清洁宽度加宽可增大对氧化膜的清洁力度。洁宽度变窄可加速母材的熔化，以利进行深熔透的焊接。清洁宽度的影响见表 4-5，清洁宽度变化和效果如图 4-17 所示。

表 4-5 清洁宽度的影响

清洁宽度	熔深	钨极消耗	负载持续率（%）	直流成分
窄	深	少	35	多
宽	浅	多	40	少

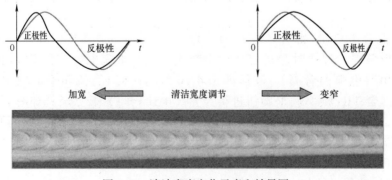

图 4-17 清洁宽度变化示意和效果图

第三种焊机面板如图 4-18 所示。面板图标及功能见表 4-6。

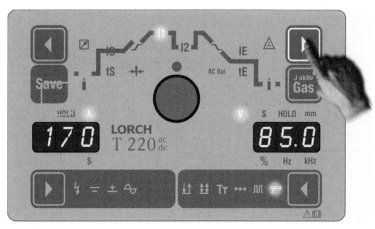

图 4-18　焊机面板

表 4-6　面板图标及功能

图标	功能	图标	功能
焊条电弧焊符号	焊条电弧焊	IS	起始焊接电流数值
氩弧焊两步符号	氩弧焊两步（即收弧无）操作	➝┼➝	焊条或钨极直径数值
氩弧焊四步符号	氩弧焊四步（即收弧有）操作	I1	主焊接电流数值
●●●	氩弧点焊	I2	副焊接电流数值
ЛЛ	氩弧脉冲	电流上升符号	电流上升时间
Tr	程序调用	电流下降符号	电流下降时间
±	直流反接	IE	收弧电流数值
▬	直流正接	tE	收弧电流存在时间
∿	交流	J aktiv Gas	气体检查
⚡	高频引弧	●	各类数值调整钮
i	提前或滞后停气时间	◄、►	功能选择调整键
tS	起始焊接电流存在时间	AC Bal	清洁宽度

当焊条电弧焊、氩弧焊两步（即收弧无）操作、氩弧焊四步（即收弧有）操作、氩弧点焊、氩弧脉冲、程序调用、直流反接、直流正接、交流、高频引弧等图标灯点亮时，代表有该功能，当提前或滞后停气时间、起始焊接电流存在时间、起始焊接电流数值、焊条或钨极直径数值、主焊接电流数值、副焊接电流数值、收弧电流存在时间、收弧电流数值、电流上升时间、电流下降时间等图标灯点亮时，用各类数值调整钮进行该参数的设

置。按气体检查灯点亮，可以进行气体流量调节，调节好后，按灭气体检查灯，代表气体流量设置好，可以焊接了。

① 功能选择与设置

功能选择与设置如图 4-19 所示。

a) 左侧功能　　　　　　　　　　b) 右侧功能

图 4-19　功能选择与设置

左侧功能有：直流正接、交流、直流反接、高频直流正接、高频交流。

右侧功能有：焊条电弧焊、氩弧两步、氩弧四步（收弧有）、氩弧点焊、氩弧脉冲两步、氩弧脉冲四步、程序调用。

当设置焊条电弧焊功能后，左侧功能，可以选择交流、直流正接、直流反接。

当设置氩弧功能后，可以选择直流正接、交流、高频直流正接、高频交流。

② 参数选择与设置

参数选择与设置如图 4-20 所示。

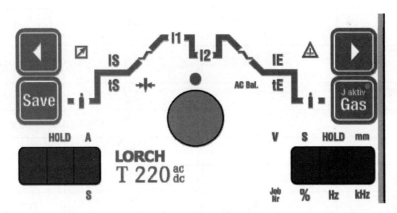

图 4-20　参数选择与设置

第一，焊条电弧焊功能的参数设置：

当直流正（反）接时，可设置 tS 起弧电流时间、IS 起弧大小、I1 焊接电流大小、焊条直径等参数。

当交流时，设置参数是在直流正（反）接设置的基础上再增加交流频率（FAC）、清洁宽度（AC Bal）的设置

第二，钨极氩弧焊功能的参数设置：

a. 高频直流正接氩弧焊四步。可设置提前送气时间、IS 起弧大小、钨极直径、电流上升时间、I1 焊接电流大小（主）、I2 焊接电流大小、电流下降时间、IE 收弧电流大小、滞后停气时间、气体流量调节（Gas）等参数，采用非接触起弧方式。

b. 高频直流正接氩弧焊两步。设置参数是在氩弧焊四步基础上增加、tS 起弧电流时

间、tE 收弧电流时间的设置，主要适用于机器人的操作设置，采用非接触起弧方式。

c. 直流正接氩弧焊四步。与高频直流正接氩弧焊四步相近，不设置高频，采用接触引弧方式。

d. 直流正接氩弧焊两步。与高频直流正接氩弧焊两步相近，不设置高频，采用接触引弧方式。

e. 高频交流氩弧焊四步。

f. 高频交流氩弧焊两步。是在高频直流正接氩弧焊两步的基础上在增加交流频率（FAC）、清洁宽度（AC Bal）的设置。

g. 高频直流正接氩弧焊脉冲四步。是在高频直流正接氩弧焊四步的基础上增加占空比（bPU）、脉冲频率（FPU）的设置，I1 脉冲电流大小（主）、I2 基值电流大小。

h. 高频直流正接氩弧焊脉冲两步。是在高频直流正接氩弧焊两步的基础上增加占空比（bPU）、脉冲频率（FPU）的设置。

i. 高频交流氩弧焊脉冲四步。是在高频交流氩弧焊四步的基础上在增加占空比（bPU）、脉冲频率（FPU）的设置。

j. 高频交流氩弧焊脉冲两步。是在高频交流氩弧焊两步的基础上在增加占空比（bPU）、脉冲频率（FPU）的设置。

k. 直流正接氩弧焊脉冲四步。是在直流正接氩弧焊四步的基础上在增加占空比（bPU）、脉冲频率（FPU）的设置。

l. 直流正接氩弧焊脉冲两步。是在直流正接氩弧焊两步的基础上在增加占空比（bPU）、脉冲频率（FPU）的设置。

m. 直流正接氩弧点焊（或高频）。可设置提前送气时间、钨极直径、I1 焊接电流大小（主）、I2 焊接电流大小、滞后停气时间、气体流量调节（Gas）、点焊时间（tsp）等参数。

n. 交流氩弧点焊（或高频）。可设置提前送气时间、钨极直径、I1 焊接电流大小（主）、I2 焊接电流大小、交流频率（FAC）、清洁宽度（AC Bal）、滞后停气时间、气体流量调节（Gas）、点焊时间（tsp）等参数。

2）焊接材料：采用 ER308 型焊材，直径 2.0mm；采用铈钨极，直径 2.5mm；Ar 气，纯度 ≥ 99.99%。

3）焊接试件：Q235 钢板，规格尺寸为 200mm × 160mm × 10mm，数量 1 块，焊前将工件表面铁锈、油污等清理干净。

4）辅助工具和用品：气体流量计、角磨机、钢丝刷、扁铲、克丝钳、活口扳手、焊接操作架、划线平台、护目镜、划针、样冲、手锤及划线胎具等。

（2）操作步骤

1）读图，分析图样，如图 4-21 所示。

2）划线。在划线平台上用胎具和划针划出轮廓线，用手锤和样冲在轮廓线上打边界点。

3）焊接。

其一，将划好线的工件装夹到操作架上，并调整好高度。

其二，调整焊机（7220），设置高频直流正接、氩弧焊四步直流正接高频收弧有，并调节焊接电流为 150A，起始焊接电流为 20A，收弧电流为 60A，气体流量为 10L/min，提前 5s 送气，滞后 20s 停气。

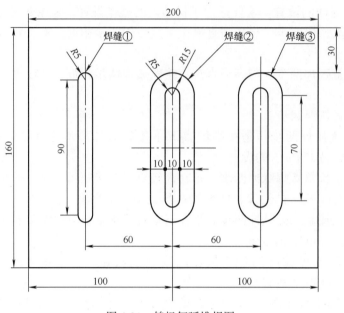

图 4-21　钨极氩弧堆焊图

其三，焊接顺序：先焊中间的"0"，然后焊第二个"0"，最后焊"1"。"0"分两个半圈进行焊接。

其四，采用摇把方式进行焊接，焊枪角度如图 4-22 所示。

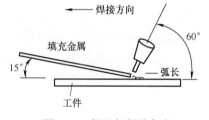

图 4-22　焊丝与焊枪角度

2. 操作禁忌

1）工件用角磨机打磨出金属光泽，焊丝用砂纸打磨并用酒精擦拭。

2）工件用大力钳夹紧在划线平台再划线，防止尺寸产生误差。

3）焊接时注意操作顺序，接头时不要填充太多金属。

4）焊缝表面保持焊后状态，盖面焊缝严禁化学清理、钢丝刷打磨。

5）摇把焊时注意喷嘴到工件的距离，防止因钨极熔化而产生夹钨。

4.2.2　钨极氩弧焊水平固定管的焊接

1. 实操讲解

（1）焊接准备

1）设备型号：采用 WS-400 型焊机。

2）焊接材料：氩弧焊丝 ER50-6，直径 2.5mm；Ar 气，纯度 ≥ 99.99%。

3）焊接试件：20g 钢管 ϕ57mm × 5mm，长 100mm 两节，单边坡口角度 30°，焊前将管子内外壁焊缝周围 20mm 范围内毛刺、铁锈、油污等清理干净，坡口处理成钝边高度为 0 ～ 0.5mm。

4）辅助工具和用品：气体流量计、角磨机、直磨机、钢丝刷、扁铲、锋钢锯条、克丝钳、活口扳手、手锤、焊接操作架、组对胎具、护目镜等。

（2）操作步骤

1）读图，分析图样，如图 4-23 所示。

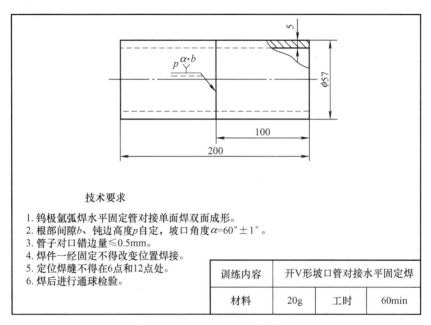

技术要求

1. 钨极氩弧焊水平固定管对接单面焊双面成形。
2. 根部间隙 b、钝边高度 p 自定，坡口角度 α=60°±1°。
3. 管子对口错边量≤0.5mm。
4. 焊件一经固定不得改变位置焊接。
5. 定位焊缝不得在6点和12点处。
6. 焊后进行通球检验。

训练内容	开V形坡口管对接水平固定焊		
材料	20g	工时	60min

图 4-23　钨极氩弧焊开 V 形坡口管对接水平固定焊

2）焊件的装配定位。

其一，调整焊机，设置高频直流正接、收弧有，并调节焊接电流为 85A，起始焊接电流为 20A，收弧电流为 60A，气体流量为 8 ～ 10L/min，提前 1s 送气，滞后 5s 停气。

其二，在组对胎具上调整好间隙：定位焊缝两点，如图 4-24 所示。

其三，对定位焊点进行修磨处理：采用角磨机或扁錾、锋钢锯条修磨定位焊点，将定位焊点修成斜面，便于起头和接头。

其四，预制反变形：起焊点间隙 2.0mm，终焊点间隙 2.5mm。

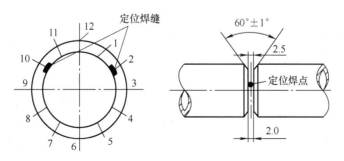

图 4-24　装配定位示意图

其五，设置好焊接参数，见表 4-7。

表 4-7　打底层、填充层、盖面层焊接参数

焊接层次	焊枪摆动运条方法	钨极直径/mm	喷嘴直径/mm	钨极伸出长度/mm	氩气流量/(L/min)	焊丝直径/mm	焊接电流/A	电弧电压/V
打底层	小月牙形	2.5	8～12	6～8	8～12	2.5	90～100	12～16
填充层	月牙形或锯齿形	2.5	8～12	4～6	8～12	2.5	95～110	15～17
盖面层	月牙形或锯齿形	2.5	8～12	4～6	8～12	2.5	95～110	15～17

3）焊接。

打底层：焊接时要分两半圈进行焊接，起头和收尾的位置要有搭接，如图 4-25 所示。

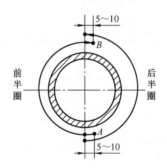

图 4-25　焊缝两半圈示意图

打底焊时，6 点～ 7 点位置采用内填丝方式，如图 4-26a 所示，其余位置采用外填丝方式，如图 4-26b、c 所示。

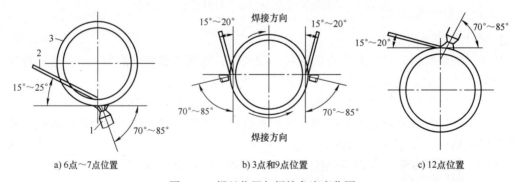

a) 6 点～7 点位置　　　b) 3 点和 9 点位置　　　c) 12 点位置

图 4-26　焊丝位置与焊枪角度变化图

焊接打底层要控制钨极、喷嘴与焊缝的位置，即钨极应垂直于管子焊接处的切线，喷嘴至两管的距离要相等。焊丝与焊枪角度的关系如图 4-27 所示。

前半圈在图 4-25 所示 A 点位置引弧起焊，引弧时将钨极对准坡口根部并使其逐渐接近母材引燃电弧。引弧后控制弧长为 1 ～ 2mm，对坡口根部两侧加热，待钝边熔化形成熔池后，即可填丝，要轻轻地将焊丝向熔池里推一下，并向管内摆动，使熔化金属送至坡口根部。采用摇把焊始焊时焊接速度应慢些，并多填焊丝加厚焊缝，以达到背面成形和防止裂纹的目的。在焊接过程中，电弧应交替加热坡口根部和焊丝端部，使坡口两侧熔透均匀，以保证背面焊缝的成形。焊丝端均应始终处于氩气保护范围内，以避免焊丝氧化，且不能直接插入熔池，应位于熔池的前方，边熔化边送丝。送丝动作应干净利落，使焊丝端

头呈球形。在图 4-25 所示 B 点位置灭弧，且在灭弧前应送几滴填充金属，以防止出现冷缩孔，并将电弧移至坡口一侧，然后收弧。

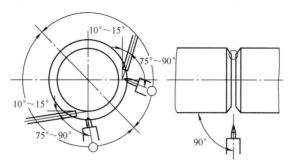

图 4-27　焊丝与焊枪角度关系图

后半圈焊接从仰焊位置引弧，焊至平焊位置结束，操作时的注意事项及要点同前半圈。

填充层：焊接时也分两半圈进行，焊枪应在 6 点左右的位置起焊，摆动幅度应稍大，待坡口边缘及打底焊道表面熔化并形成熔池后，可加入填充焊丝。在仰位置焊接时每次填充的液态金属应少些，以免熔敷金属下坠。在立焊部位，焊枪的摆动频率应适当加快，以防止熔液下滴。在焊至平焊位置时，应稍多加填充金属，以使焊缝饱满，同时应尽量使熄弧位置前靠，以利于后半圈收弧时接头。

盖面层：同填充层。

4）焊后对焊缝进行清理。

2. 操作禁忌

1）打底焊接时，每半圆应一气呵成，中途尽量不停顿。若中断时，应将原焊缝末端重新熔化，使起焊焊缝与原焊缝重叠 5～10mm

2）打底层焊道厚度一般为 3mm 左右，太薄容易导致在盖面焊时将焊道焊穿，且使焊缝背面内凹或剧烈氧化。

3）填充层或盖面层焊前对前一层焊道采用钢丝刷清理氧化物。

4）送丝时焊丝应始终不脱离电弧保护区。

5）焊接位置不同，填丝量也不同。

6）不同位置和不同层摆动的速度和前进速度也不同。

第 *5* 章

MIG 焊操作技术

5.1 MIG 焊工作原理

5.1.1 MIG 焊定义

熔化极惰性气体保护焊（Melt Inert-gas Welding，MIG），是以 Ar 等惰性气体作为主要保护气体，包括纯 Ar 或 Ar 气中混合少量活性气体（如 2% 以下的 O_2 或 5% 以下的 CO_2 气体）进行熔化极电弧焊的焊接方法。MIG 焊丝以层绕方式成卷或盘状供货。这种焊接方法是利用连续送进的焊丝与工件之间燃烧的电弧作热源由焊炬嘴喷出的气体来保护电弧进行焊接。MIG 焊的工作原理如图 5-1 所示。

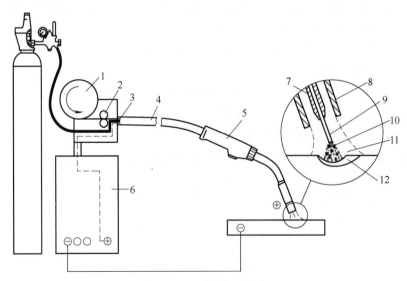

图 5-1　MIG 焊的工作原理

1—焊丝盘　2—送丝轮　3—送丝导管　4—送丝软管　5—焊枪　6—电源　7—导电嘴　8—保护气体喷嘴
9—焊丝　10—电弧　11—保护气体　12—焊接熔池

5.1.2　MIG 焊优点

在 MIG 焊的所有优点中，最突出的优点是具有效率高、对工件的热输入低，以及很容易实现自动焊接等特点。

1）焊接质量好。由于采用惰性气体作为保护气体，因此保护效果好，焊接过程稳定，变形小，无飞溅。焊接铝及铝合金时可采用直流反接，具有良好的阴极破碎作用。

2）焊接生产率高。由于是用焊丝作为电极，因此可采用大电流密度焊接，母材熔深大，焊丝熔化速度快，焊接大厚度铝、铜及其合金时比钨极惰性气体保护焊的生产率高。与焊条电弧焊相比，能够连续送丝，节省材料加工时间，焊缝不需要清渣，因而生产效率更高。

3）适用范围广。既可以焊接碳素钢、低合金钢、高合金钢，也可以焊接有色金属合金（如铝及铝合金、铜及铜合金、钛合金）等容易被氧化的非铁金属。

4）焊丝中不需含有特殊的脱氧剂，可以使用与母材相同成分的焊丝即可进行焊接。

5）采用明弧焊接，便于观察电弧和熔池情况，同时易于实现自动化和机械化。

5.1.3　MIG 焊缺点

1）生产成本较高。由于惰性气体价格贵，所以目前 MIG 焊主要用于有色金属及其合金、不锈钢及某些合金钢的焊接。

2）焊缝质量对水汽、油污、锈渍等杂质敏感，易形成缺欠，因此对焊接材料表面清理要求特别严格。

3）MIG 焊抗风能力差，不适于野外焊接作业。

4）焊接设备较复杂，由焊接电源、送丝机构、焊枪、控制系统、供水系统及供气系统等部分组成。

5.1.4　MIG 焊熔滴过渡

MIG 焊可以采用的熔滴过渡形式有：短路过渡、大熔滴过渡、射流过渡及亚射流过渡。这些过渡方式是由焊接电流、电弧电压等工艺参数确定的，如图 5-2 所示。熔滴形式在实际生产中依据工件材质、厚度、焊接位置选择采用。

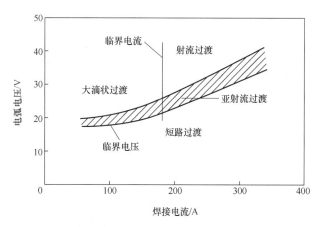

图 5-2　熔滴过渡方式与电流、电压的关系

（1）短路过渡　MIG 焊时反复形成熔滴与母材的短路、电弧产生的过渡状态称为"短路过渡"，如图 5-3 所示。由于熔滴过渡在很低的电压下进行，所以过渡过程稳定、飞溅少，适合于薄板焊接，以及立焊、仰焊及全位置焊。

（2）大熔滴过渡　在临界电流以下焊接时发生大滴状过渡，熔滴将变得与焊丝直径一样大或比焊丝直径大，这种状态的熔滴过渡称为"大滴状过渡"，如图 5-4 所示。与其他熔滴过渡状态相比，大滴状过渡的飞溅量大。这种过渡形式一般出现在电弧电压较高、焊接电流较小的情况下。由于利用这种过渡工艺所形成的焊缝易出现熔合不良、未焊透、余高过大等缺欠，因此在实际焊接中一般不采用。

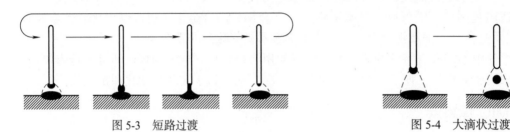

图 5-3　短路过渡　　　　　　　　　　　　图 5-4　大滴状过渡

（3）射流过渡　钢质焊丝前端在电弧中被削成铅笔状，如图 5-5 所示。熔滴从其前端流出，以很细小的颗粒进行过渡，其过渡频率最大可达 500 个 /s，将这种过渡称作射流过渡。熔滴射流过渡中电弧形态变化过程如图 5-6 所示。

在射流过渡形成过程中，会产生一种"跳弧"现象，即电弧从熔滴的下部突然跃过熔滴缩颈部位，跳到缩颈上部，形成对下部液态金属的大面积覆盖，此时等离子气流突然增强，对焊丝前端金属有强烈的摩擦作用，将液态金属削成铅笔形，细小熔滴从尖端一个接一个地射入熔池。

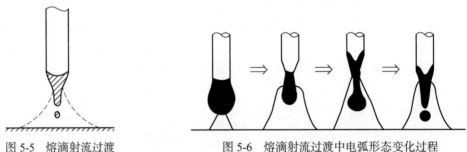

图 5-5　熔滴射流过渡　　　　　图 5-6　熔滴射流过渡中电弧形态变化过程

（4）亚射流过渡　对于铝合金 MIG 焊，还有一种亚射流过渡方式可以利用。这是介于短路过渡与射滴过渡之间的一种过渡形式，其特征是弧长较短，可视弧长在 2 ～ 8mm 之间（视电流大小而取不同的数值），带有短路过渡特征，当弧长取上限值时，也有部分自由（射滴）过渡。

铝合金亚射流过渡中的短路与正常短路过渡的差别是缩颈在熔滴短路之前形成并达到临界脱落状态。在短弧情况下，熔滴尺寸随燃弧时间的增长而逐步长大，并在焊丝与熔滴间产生缩颈，在熔滴即将以射滴形式过渡时与熔池接触短路，由于缩颈已经提前出现在焊丝与熔滴之间，所以在熔池金属表面张力和颈缩部位电磁收缩力作用下，缩颈快速断开，熔滴过渡到熔池中并重新引燃电弧。因此，熔滴过渡平稳，基本没有飞溅发生。

在 MIG 焊接时，理想的熔滴过渡方式是射流过渡，但由于需要大电流，因此没法适应薄板的焊接。另外，即使采用短路过渡方式，在焊接铝、铜合金或特殊钢材时也会有困难，在这种情况下可以使用"脉冲焊接法"。

5.1.5　熔滴过渡与熔深形状

在 MIG 焊接中，各种溶滴过渡方式的焊接熔深不同，如图 5-7 所示。

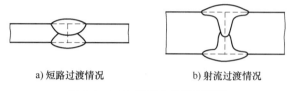

a) 短路过渡情况　　　　　　　b) 射流过渡情况

图 5-7　MIG 焊接中的熔深情况

与 CO_2 电弧焊接及焊条电弧焊接一样，MIG 焊短路过渡时的熔深形状是接近半圆形（见图 5-7a）。射流过渡（或亚射流过渡）时由于等离子气流速度变高，焊接熔深变成独特的指形熔深（见图 5-7b），具有指状熔深的焊缝的熔深根部宽度与焊缝宽度相比较窄，所以焊接时要注意对中。

5.1.6　脉冲 MIG 焊

近几十年来，MIG 焊焊接电源不断进步，可以实现对焊接电流的动态控制，并使用脉冲过渡模式来进行焊接。脉冲主要有两个作用：第一，提供热量以熔化焊丝；第二，每产生一个脉冲，过渡一个熔滴。也就是说，当送丝速度增加时，脉冲频率也会随之提高，这样，在所有的焊接时间内，熔滴的体积将保持恒定。基值电流较低，以维持脉冲之间的电弧燃烧。每个脉冲电流的幅值较高，但脉冲平均电流则较低，因而焊接接头的热输入也较低。

焊接电流周期性地在高电流与低电流之间转换，在高电流时熔滴以脉冲过渡的模式过渡到焊接熔池，但其总的热输入比射流（喷射）过渡的热输入要低一些，如图 5-8 所示。微型信息处理器可以根据实际的焊丝直径、材料种类、保护气体及维持特定长度电弧所需的脉冲频率来计算所需的脉冲参数。

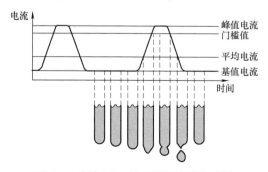

图 5-8　脉冲 MIG 焊对熔滴过渡的控制

脉冲 MIG 焊时，产生大颗粒过渡的平均焊接电流值要比产生射流电弧的临界电流值低得多。

在焊丝以同样的送丝速度送进并使用脉冲焊接时，焊接电源产生的脉冲可以通过颈缩作用拉断焊丝端部的熔滴，避免短路及飞溅的产生。脉冲 MIG 焊是焊接不锈钢及铝合金时最好的焊接方法。

脉冲 MIG 焊的优点：

1）焊接过程可控，无飞溅产生。

2）可以焊接薄板，也可以全位置焊接，与短弧焊相比，接头质量更好。

3）焊接参数比较低时可产生喷射电弧，特别适合于焊接不锈钢及铝合金。

4）可以使用直径较粗的焊丝，其价格更为便宜，更容易送丝。

5）为获得熔深形貌良好的焊接接头，有时也可在产生喷射电弧焊接参数范围内使用脉冲 MIG 焊。

6）脉冲过渡熔滴的效应可以减轻熔滴过热的现象，同时减少焊接烟尘。

脉冲 MIG 焊广泛应用于不锈钢及铝合金的焊接。由于在低电流焊接范围内，焊接过程稳定，脉冲 MIG 焊是替代短弧焊的一种很好的焊接方法。

5.1.7 MIG 钎焊

熔化极脉冲氩弧钎焊（MIG–Brazing），即在氩气保护下，采用熔化极脉冲氩弧焊电源系统和特制的钎焊焊丝，在焊丝与工件间形成电弧，焊丝连续送进并熔化，形成填充金属，将母材连接起来的新型焊接工艺。MIG 钎焊兼有钎焊和电弧焊的特点，MIG 钎焊可用于表面未镀敷或表面已镀敷了金属层的钢板焊接，其最重要的应用是焊接镀锌板，但镀锌板的最大厚度不超过 3mm。为提高焊接接头质量，焊前必须去除钢材表面的油、污等。另外，MIG 钎焊在渗铝板、超薄板等连接上得到了广泛的应用。

MIG 钎焊时，为保持热输入最低，通常使用短弧焊过渡方式或脉冲电弧焊过渡方式。热输入低意味着锌的蒸发量少，对母材的影响小。脉冲弧焊时具有低飞溅的特点，但热输入则要稍高一些。MIG 钎焊时，易实现对过渡材料的控制，搭接接头的间隙小也适宜填充。此外，MIG 钎焊接头比短弧焊的焊接接头要平整一些。

MIG 钎焊焊接镀锌板时，焊枪的位置是很重要的。如果使用左焊法，那么镀锌层受到预热，在填充金属进入焊接熔池之前，锌层蒸发。由于熔滴的热作用，锌也会烧损，有一部分锌可溶解在钎料中。因此，锌必须要有足够的蒸发时间，否则就会造成气孔。

MIG 钎焊使用的焊接接头与 MIG 焊的接头类似，平角搭接接头是最常用的接头形式，不推荐使用对接接头。钎焊接头的间隙应小一些，以方便钎焊。间隙太宽或间隙大小不同，钎焊接头的深度也不同。

MIG 钎焊与普通脉冲 MIG 焊方法相比，有以下优点：

1）焊接镀锌板时，镀锌层烧损少，焊后腐蚀保护效果好。

2）变形小，易实现单面焊双面成形。对薄板及薄壁容器进行钎焊时变形量很小，操作简便，焊接热影响区小，不易产生烧穿等焊接缺欠。

3）焊后不用清洗。由于电弧特有的去除氧化膜作用，以及带电粒子的冲击活化作用，可避免钎剂对母材的腐蚀。

4）可以实现异种金属之间的连接。如铜与钢、铜与不锈钢、普通钢与特种钢等。

5.2 MIG 焊设备

现今多为 MIG/MAG/CO_2 焊多功能焊机，统称熔化极气体保护焊机。专用的 MIG 焊机与通用的熔化极气体保护焊机构成大致相同。

MIG 焊机主要包括：电源及控制系统、焊枪及送丝机构、供气系统和冷却系统（水冷装置）等几部分。

5.2.1 焊接电源

MIG 焊接电源大致分为直流焊接电源与直流脉冲电源两类。这两种焊接电源各有特点，可按用途不同分别使用。

1. 直流焊接电源

MIG 焊接电源根据其外特性可分为平特性电源及垂直下降电源两类。一般 MIG 焊使用平特性电源，只要设定好焊接电源，则在此焊接电流下的送丝速度将保持一定等速送丝。

（1）平特性电源电弧的自身调节 电源平特性与电弧静特性的关系如图 5-9 所示。假定交点 K_0 及焊接电流 I_0、电弧长度 L_0 的焊接状态 A_0 为稳定的焊接状态。假设由于焊枪的抖动等原因移动到 A_1 的状态。电弧长度将从 L_0 增加到 L_1，电弧发生点将转移到 K_1，焊接电流将减小到 I_1。由于电流的减小，焊丝的熔化将降低，但送丝速度不变，所以电弧可以自动回到原先的稳定状态 A_0；相反，如果电弧变短到 A_2 状态，则电流将增加，同样可以自动回到原先的稳定状态 A_0，这就是平特性电源的弧长自身调节功能。即使有抖动，也能保持得到稳定电弧的平特性电源。

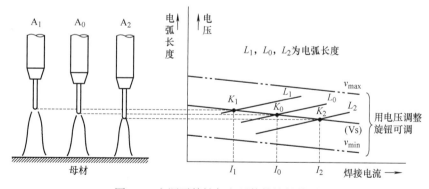

图 5-9 电源平特性与电弧静特性的关系

（2）垂直下降外特性电源电弧的自身调节功能 在 MIG 焊接电源中也使用有垂直下降特性的直流电源。电源的垂直下降外特性如图 5-10 所示，即使电弧电压有变化，焊接电流也能保持稳定。电弧的发生点为电源的外特性曲线与电弧静特性曲线的交点。使用垂直下降外特性电源时，即使电弧电压有变化也可以得到均匀的焊接熔深，因此适合于厚板大电流的 MIG 焊接。

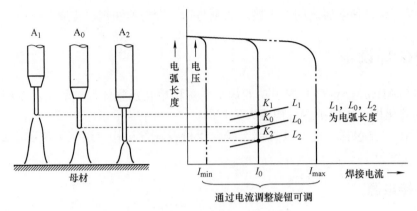

图 5-10　电源垂直下降外特性与电弧静特性

2. 脉冲电源及控制技术

目前，逆变电源在脉冲 MIG 焊电源中占有统治地位，它们可以控制电流快速输出，产生所期望的脉冲波形。脉冲 MIG 焊设备中可使用晶闸管弧焊整流器或增加晶闸管器件，这些都是最基本的动作单元。先进的逆变设备纳入了对电弧电流及电弧电压的快速反馈。焊丝送丝机对电动机转速也有反馈控制。

（1）脉冲参数　原则上，脉冲 MIG 焊有 4 个主要的构成参数，即脉冲电流、基值电流、脉冲时间及基值时间，如图 5-11 所示。基值电流是维弧电流，期间只产生焊丝前端的加热和少量熔化的热量。脉冲电流大于临界电流，在此期间，电磁拘束力增大，使熔滴产生强制过渡。根据脉冲电流各参数值的不同，熔滴过渡将产生如下三种过渡形式。

1）多个脉冲一滴过渡：其脉冲持续时间很短，其中脉冲峰值电流值有可能低于喷射过渡临界电流值，经过多个脉冲的积累作用才能过渡一个熔滴。

2）一个脉冲一滴过渡：就是在一个脉冲期间只过渡一个熔滴。其脉冲峰值电流或脉冲持续时间大于多个脉冲一滴过渡情况。

3）一个脉冲多滴过渡：其形成的条件是脉冲峰值电流较大或者是脉冲持续时间较长。

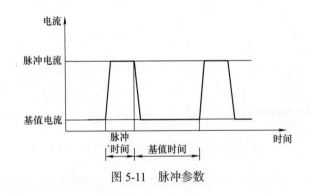

图 5-11　脉冲参数

在实际焊接中，脉冲 MIG 焊希望达到一个脉冲过渡一滴或 2～3 滴。这样便于实现稳定的焊接，也有利于控制过渡金属量和焊缝成形。

此外，脉冲 MIG 焊的参数还有脉冲电流的上升斜率及下降斜率。这两个参数影响焊接的噪声。斜率越陡，噪声越大。另外，在恶劣的条件下，过陡的斜率还会影响到脉冲拉断熔滴的能力。

（2）参数集成　使用焊接设备焊接时，参数集成可以帮助焊工选择正确的设置参数。合适的焊接参数预先设置在焊接设备中。通过选择正确的填充材料、保护气体和焊丝直径，焊接设备的控制单元便可以自动调节参数，以优化电弧电压及所有的脉冲参数。这些参数通常经过测试，并集成在一起以供选择，并适应预先设置的送丝速度，改变送丝速度即可自动调节其他参数。送丝速度与其他参数之间的关系称为参数集成。

（3）正确操作脉冲 MIG 焊的基本条件　如果要保证焊接过程稳定，必须满足两个基本条件：一是每一个脉冲的夹断力必须能够夹断一个熔滴；二是焊接电流能够以一定的速度熔化填充材料，以使电弧维持特定的长度。

1）熔滴的脱落：在脉冲电流的作用下，熔滴受到向下的作用力，可以促使熔滴脱落。但是，表面张力会试图阻止熔滴脱离焊丝的端部。为使熔滴脱离焊丝，作用在熔滴上的力必须存在足够长的时间。脉冲电流越高，作用在熔滴上的力存在的时间越短。如果所有的参数设置正确，那么一旦脉冲停止作用后，熔滴便会迅速脱落，并且不会产生飞溅。

2）焊丝的熔化：如果电弧长度具有自调节作用，那么焊接电源一定具有恒压特性。但是，这个特性与能够控制脉冲参数的要求发生冲突。理想情况下，希望既能够控制脉冲电流，又能够控制基值电流（也就是说，能够对电流进行稳定的控制）。然而，这势必又不能使焊接电弧具有自调节作用。解决这个问题的方法：一是维持恒定的脉冲电压与基值电流，脉冲电流可以发生改变，但要取决于电弧的长短；二是反向控制，即基本电流可以发生改变，而脉冲电压与脉冲电流维持不变。

这些操作原理可以恢复对电弧长度的控制，但在一定程度上是以损失对脉冲参数的控制为代价的。解决这个问题的办法是既要能够维持电弧长度的自调节作用，又要控制所使用的脉冲参数。因此这需要焊接设备在脉冲及两个脉冲之间的基值电流期间，要维持恒定的焊接电流。在脉冲电流即将结束时，测量电弧电压，以提供显示电弧长度的信号。

如果电弧长度太短，那么就提高脉冲频率，在实际操作中，可以通过维持脉冲宽度、同时减少基值电流的持续时间来实现，如图 5-12 所示。这种控制方法可以实现熔滴脱落的必要条件（脉冲电流及持续时间不变），同时还可以控制电弧长度。在基值电流期间，对焊接电流的恒定控制可以保证在电流最低值时电弧也不熄灭。

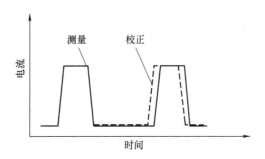

图 5-12　脉冲电流即将结束时对电弧电压的测量

5.2.2 送丝机构

送丝机构是焊接设备的一个重要组成部分，必须保证焊丝能穿过 3m 长的送丝软管。焊丝的送进及停止必须非常迅速，并且必须保证送丝顺畅、稳定，否则会影响焊接质量。焊丝轴放在制动轮毂上，其摩擦力可调，如图 5-13 所示。制动轮毂的作用是停止送丝时，轮毂停止转动，以保持焊丝处于恰当的位置。驱动轮推动焊丝送进送丝软管，即使是在正常使用的情况下，焊丝所受的摩擦力也是变化的，例如，当送丝软管的曲率发生变化时，或是送丝软管内有小颗粒或脏物堵塞时均会引起摩擦力的改变。送丝速度变化不应太大，否则会引起焊接参数的变化。如果电动机上安装有脉冲振荡器及反馈系统，那么就可以实现对送丝速度的良好控制。送丝软管内的金属一般为螺旋状，但对于铝焊丝来说，为降低摩擦力，推荐使用塑料制品（尼龙管或石墨管）。

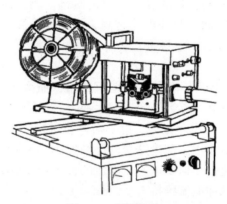

图 5-13　送丝机构

为在焊丝上施加送丝力，送丝轮必须啮合在一起。送丝力必须能够维持焊丝稳定送进，但又不能使焊丝变形过大。为增大焊丝与送丝轮的接触面，可以在送丝驱动轮上加工出沟槽并与焊丝相匹配，如图 5-14 所示。此外，驱动轮的数量及其直径均会影响送丝，几种不同的解决办法如下。

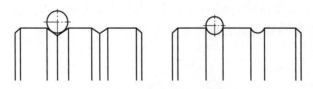

图 5-14　不同轮廓类型的驱动轮

1）一个驱动轮，两个送丝轮，其中一个轮为驱动轮，另一个为从动轮，驱动轮靠弹簧施加载荷。通常驱动轮上会加工出一些沟槽，钢质焊丝选用 V 形槽，而软焊接材料如铝及药芯焊丝，推荐使用 U 形槽，从动轮表面则是平面，如图 5-15 所示。

2）两个驱动轮，如图 5-16 所示。

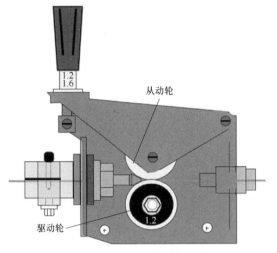

图 5-15　一个驱动轮送丝机构

图 5-16　两个驱动轮送丝机构

3）四个驱动轮，如图 5-17 所示。

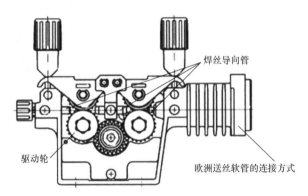

图 5-17　重型四轮驱动机构

送丝机构有推丝式、拉丝式和推拉式。但由于 MIG 焊较多用于有色金属，尤其是材质较软的铝合金，所以多采用拉丝式或推拉式送丝。

焊丝送丝机构带有推动轮，这是最标准的解决方法，在大多数情况下均可以满足要求。举例来说，推拉送丝系统中，送丝机构及焊枪中均设有送丝器，如图 5-18 所示。推丝或拉丝送丝系统中，导管拐角处的摩擦力增大，推 – 拉送丝系统可避免此缺欠。这种系统减少了摩擦，可以增加送丝软管在拐角处的送丝能力，从而获得稳定的送丝性能。使用这种送丝系统，送丝软管的长度可达到 15m，扩大了焊工的操作范围。最好的送丝系统可能会在焊枪内部装有送丝电动机，这样送丝机上的推力电动机便成为焊枪内部电动机的一个从动机构。推力电动机的扭矩有一定的限制。

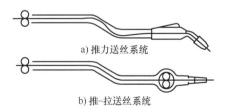

图 5-18　推力送丝系统与推 – 拉送丝系统的区别

送丝稳定性是保证 MIG 焊过程稳定的关键因素。影响送丝稳定性的因素：①焊丝刚性及表面粗糙度。②送丝导管的材质、直径、长度及弯曲度。③送丝滚轮结构。④导电嘴阻力。

5.2.3　焊枪

焊枪是焊接设备的一个重要组成部分。焊接时，要通过焊枪送进保护气体、输送焊丝及传导电流。焊枪导电部分的外侧采用耐电弧高温的绝缘材料，焊枪在提高操作性能、保护性能、送丝性能上都受到了很大的重视。

MIG 焊焊枪有空冷焊枪与水冷焊枪，在用中小电流焊接时使用空冷焊枪，大电流焊接时用水冷焊枪。图 5-19 所示为焊枪种类。MIG 焊枪的形状与 CO_2/MAG 焊枪的形状相似，但是两种焊枪也有区别。MIG 焊枪的主要不同之处如下：

1）在使用比较软的铝焊丝时，为了保证顺利送丝，使用铝专用的 MIG 焊枪。

2）在使用不锈钢、镍基合金、高强钢等硬质焊接材料时，为了保证顺利送丝、气体保护良好，使用专用的 MIG 焊枪。

总之，MIG 焊接时根据不同的使用目的、用途，焊枪的构造也不同。

a) 焊铝用空冷焊枪　　b) 水冷鹅颈焊枪　　c) 水冷手枪式焊枪

图 5-19　焊枪的种类

5.2.4　导电嘴

导电嘴是焊枪中使用条件最恶劣的部分。一般焊枪的导电嘴内孔应比焊丝直径大 $0.13 \sim 0.25mm$，对于铝焊丝则应更大一些。导电嘴必须牢固地固定在枪体上，并使其定位于喷嘴中心。导电嘴与喷嘴之间的相对位置取决于熔滴过渡形式。对于短路过渡，导电嘴常伸出喷嘴以外；而对于喷射过渡，导电嘴应缩到喷嘴内，最多可缩进 3mm。

长期使用的导电嘴磨损后一般呈椭圆形，焊接过程中焊丝与导电嘴电接触点的位置会变来变去，引起焊接过程不稳。由于焊丝与导电嘴的电接触取决于它们之间的角度，正常情况下，焊丝的挠度足够产生电接触，如图 5-20 所示。推荐导电嘴使用 CuCrZr 系特种合金，而不是纯铜。这种特种合金材料硬度较高，高温时耐用性也好。实践表明，由于飞溅容易黏附在表面粗糙的地方或锐边边缘，因此导电嘴应具有倒角及低的表面粗糙度值。

图 5-20　焊丝与导电嘴之间的电接触

焊接起弧时，由于引弧性能不良，或者是送丝管内带有脏物或金属屑而使送丝受阻，焊接电流波动大，导电嘴内的焊丝与导电嘴会产生微焊点。受焊丝送丝管长度及其表面粗糙度的影响，不能马上产生送丝力，使其因不能及时送进焊丝而产生回烧现象。

5.2.5　供气（供水）装置

供气装置包括高压气瓶、减压流量计、电磁气阀等。MIG 焊所用的氩气瓶为灰色，配氩气专用的减压流量计。水冷机构仅用于大电流自动焊机及焊枪，普通焊机上不设置。大电流焊（300～500A）时，通常使用水冷焊枪。冷却水可冷却软管内的铜导线、气体喷嘴及导电嘴，并在冷却装置内循环。冷却装置可设置在弧焊电源内部，也可与弧焊电源分开。水冷装置通常包括冷却水箱、泵及风扇冷却散热器。

5.3　MIG 钎焊焊接设备

MIG 钎焊的焊接电源与 MIG 焊电源相同。使用 MIG 脉冲焊时，基值电流应小一些，以得到稳定的焊接过程。MIG 钎焊的电源功率不需要很高。有些制造商还可以提供特殊的参数集成功能，以适用于常用钎焊材料的焊接。送丝机必须能够传送比普通钢焊丝稍软的焊丝，并且具有稳定的送丝速度。推荐使用四轮送丝系统及带有半圆形沟槽的送丝轮。如果送丝软管需要很长，那么还需要再增加一个二级送丝器。

送丝软管应不导电，可由聚四氟乙烯或塑料 – 石墨材料制成。否则，容易磨损软的钎焊焊丝。

5.4　MIG 焊焊接材料

MIG 焊可焊接的材料种类繁多，如镁、铝、不锈钢、铜及铜合金、镍、钛、蒙乃尔合金（镍铜基合金）等所有金属的焊接。其中最有代表性的有铝及铝合金、不锈钢、镍及镍基合金的焊接。这里主要介绍有关铝及铝合金的焊接材料及 MIG 钎焊焊接材料。

5.4.1　铝及铝合金焊接材料

铝合金焊接中的焊缝金属成分决定了焊缝的强度、塑性、抗裂性及耐蚀性等，因此，焊前合理选择焊丝是非常重要的。应根据母材的成分、产品的具体要求及施工条件来选择焊丝，主要从以下几个方面来考虑。

1）焊接接头的裂纹敏感性要低。

2）焊接接头的力学性能要好。

3）焊缝产生的气孔倾向要低。

4）焊缝及焊接接头在使用环境条件下的耐蚀性要好。

5）焊缝表面颜色与母材表面颜色应相互匹配。

不是每种焊丝都能满足上述各项要求。例如，强度和韧性难以兼得，抗裂性与焊缝颜色匹配也难以兼顾。Al–Si 焊丝的液态流动性好、抗热裂能力强，但韧性不足，特别是用于焊接 Al–Mg 合金，Al–Zn–Mg 合金时，焊缝脆性较大。此外，由于 Si 含量高，焊缝表面颜色发乌，与母材颜色难以匹配。

焊丝的性能及其适用性需与用途联系起来，以便针对不同的材料和性能要求来选择焊丝。特殊要求下填充焊丝的选择见表 5-1。

表 5-1　特殊要求下填充焊丝的选择

基体金属型号	推荐的填充焊丝型号			
	要求强度	要求塑性	要求阳极处理后颜色一致	要求抗海水腐蚀
1100	SAl 4043	SAl 1100	SAl 1100	SAl 1100
2219	SAl 2319	SAl 2319	SAl 2319	SAl 2319
3003	SAl 5356	SAl 1100	SAl 1100	SAl 1100
5052	SAl 5356	SAl 5356	SAl 5356	SAl 4043
5086	SAl 5556	SAl 5356	SAl 5356	SAl 5183
5083	SAl 5183	SAl 5356	SA15356	SAl 5183
5454	SAl 5356	SAl 5356	SAl 5554	SAl 5554
5456	SAl 5556	SAl 5356	SA15556	SAl 5556
6061	SAl 5356	SAl 5356	SAl 5154	SAl 4043
6063	SAl 5356	SAl 5356	SAl 5356	SAl 4043
7039	SAl 5039	SAl 5356	SAl 5309	SAl 5039

用于铝及铝合金气体保护焊的气体主要有 Ar（氩气）、He（氦气）、Ar+He 二元混合气体及 Ar+He+N_2 三元混合气体等。目前，用得较多的是 Ar（≥ 99.999%）和 Ar（余量）+He（30%）+N_2（150ppm）。高纯氩气多用于薄板或中等厚板的焊接，而三元混合气多用于中厚板的焊接。

气体流量应根据焊接电流、电弧电压（弧长）、焊接速度、焊丝干伸长及喷嘴直径等选择。通常使用 ϕ1.2mm 焊丝时，气体流量为 18 ～ 20L/min；使用 ϕ1.6mm 焊丝时，气体流量为 20 ～ 22L/min。

流量过大时，气体冲击熔池，冷却作用加强，并使保护气流紊乱而破坏了保护作用，使焊缝容易产生气孔，同时增加了保护气体的消耗量；流量过小时，气体挺度不够，降低了对熔池的保护作用，且容易产生气孔等缺欠。

5.4.2　MIG 钎焊焊接材料

与 MIG 焊不同，MIG 钎焊使用的是铜基合金填充材料，其熔点比 MIG 焊常用填充材料的熔点要低得多。铜基合金中含有少量的 Si、Al、Mn、Ni、Sn 等合金元素。适用于 MIG 电弧钎焊焊接镀层及非镀层薄板结构的铜基焊丝有多种，包括 CuSi3、CuAl8、CuSiMn、CuAl8Ni、CuSn 及 CuSn6 等。钎料的熔化范围应该比较小，以避免热裂纹的产生。常用的有以下两种焊丝。

1）硅青铜焊丝 CuSi3（S211）：其材料熔点为 1027℃，该焊丝熔敷金属的表面张力小，流动性好，润湿性强，可以满足小间隙的接头要求；焊缝无气孔、未熔合、裂纹等焊接缺欠；焊缝抗拉强度 ≥ 309MPa，焊缝外观呈凹形，熔合区圆滑过渡，焊缝平整美观；焊缝硬度低，焊后机加工容易。

2）铝青铜焊丝 CuAl8（S214）：其材料熔点为 1046℃，直流反接能够清除铝的表面氧化膜，焊缝内外质量好，外形美观。该焊丝适于涂铝、渗铝层及非镀层薄板的 MIG 钎焊。

另外，A207M 焊丝也可用来焊接镀锌板，焊丝中 $w_{Mn}=1\%$，主要是提高焊缝的硬度，焊后焊缝加工相对困难些。这种焊丝主要用在焊后无需处理的场合。

MIG 钎焊用保护气体可以保护钎焊过程及钎焊材料免受空气的影响。保护气体有氩气及添加少量活性气体的氩 – 氧混合气体。混合气体的选择取决于实际焊接条件，如果是首次使用，还需对其进行工艺评定。

与纯氩相比，在氩气中添加 1% ～ 2% 的 O_2 或 2% ～ 3% 的 CO_2 气体可以稳定电弧，降低镀锌板的飞溅。此外，也可以减少气孔的产生。采用 CuSi3 钎焊材料时尤为明显。

混合气体中添加少量的氢可以提高焊接速度、增加焊接电压，生成的热量也更多。氢可以还原接头表面的氧化物，焊后焊缝表面成形光滑，但气孔敏感性增加。

MIG 钎焊还可以使用一些其他的特殊保护气体。保护气体中添加不同的气体成分，可有不同的钎焊效果。

5.5　MIG 焊操作技巧与禁忌

MIG 焊时，为了保证焊接质量，通常在没有穿堂风的环境下进行焊接。焊接之前应将母材的焊接部位清理干净，正确选择合适的填充材料，以及合理的焊接电流、电弧电压、焊接速度和焊枪角度等参数。另外，在采用 MIG 焊实际操作时，引弧、熄弧及焊缝接头的基本操作对保证焊接质量至关重要。

5.5.1　MIG 焊操作技巧

（1）引弧　引弧时，最好在引弧板上引弧，也可在焊件上引弧，但引弧部位最好选在正式焊接的起始点前方约 20mm 处。引弧有三种方法，一是爆断引弧，使焊丝接触焊件，接通电流，使接触点熔化，焊丝爆断，实现引弧；二是慢送丝引弧，使焊丝缓慢送进，与焊件接触后引燃电弧，再提高送丝速度至正常值；三是回抽引弧，使焊丝接触焊件，通电后回抽焊丝，引燃电弧。

采用慢送丝引弧时，首先应将喷嘴与焊件保持正常焊接时的距离，且焊丝端头距焊件表面 2 ～ 4mm。随后按动焊枪开关，待送气、供电和送丝后，焊丝将与焊件接触短路引弧。此时，焊工在引弧时应握紧焊枪并保持喷嘴距焊件的距离，引弧过程如图 5-21 所示。

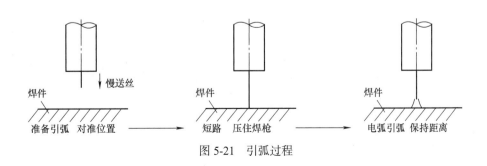

图 5-21　引弧过程

铝及铝合金引弧时常易引起未焊透或未熔合，为此最好是热启动，引弧电流应稍大，有些设备甚至在引弧时提供一个 700A 的脉冲电流，或者引燃电弧后停留片刻，然后再过渡到正常焊接速度。

（2）熄弧　熄弧是焊接操作过程的一个重要环节，熄弧时容易产生弧坑及焊缝过热，甚至由此产生裂纹。熄弧过程的始点可在距焊缝终点前方约 30mm 处，熄弧处的焊缝应高出焊缝表面，余高过高时再将其磨平。熄弧最好是在引出板上进行。

操作时可以采用以下措施进行收弧。

1）划圈收弧法。划圈收弧法常用于中厚板焊缝收弧。此收弧法是在收尾时，随着焊接电流减小，焊丝做圆圈运动，直至弧坑填满后，将按下的焊枪开关松开熄灭电弧。在 MIG 焊焊接铝及铝合金时，一般应开启焊机的"焊铝特殊四步开关模式"功能键，其功能键有起弧电流、焊接电流、收弧电流的设置。

2）反复填充收弧法。此收弧法是焊枪在收弧处停止前进，手指松开焊枪开关后，待熔池温度稍微降低，在熔池未凝固时，迅速按下焊枪开关引燃电弧。如此反复断弧、引弧几次，直到弧坑填满为止。

熄弧时焊枪在停止前进后，要让焊枪在弧坑处停留几秒钟才能移开，滞后停气可以保证熔池凝固时能得到可靠的保护。即便电弧已熄灭、弧坑已填满，也不能抬高喷嘴，否则会因保护气体的移开而引起收弧处产生缺欠。

（3）焊缝接头　焊缝的接头也是容易出现焊接缺欠的部位，如操作不当，极易产生外观接头过高、气孔、未熔合等缺欠。焊缝在接头前，用直磨机将焊缝弧坑修磨成缓坡状，缓坡长度 25 ～ 30mm，如图 5-22 所示；设置提前送气时间，继续使用已设定好的焊接参数。接头方法根据焊缝的宽度不同来选择。

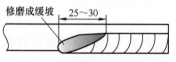

图 5-22　焊缝接头前的准备

接头方法有以下两种：

1）不摆动的接头。在修磨好的缓坡中前部位置 1 处引弧，并快速移至缓坡近高处 2，再迅速向左折返，然后转入正常施焊，如图 5-23 所示。此方法适用于薄板和对接坡口的打底层焊缝的接头。

2）横向摆动的接头。此方法适用于多层焊填充或盖面焊缝的接头。具体操作是，在修磨好的弧坑前端 10 ～ 20mm 位置 1 引弧，并快速移至缓坡近高处，再从位置 2 逐渐增大横向摆动，然后转入正常施焊，如图 5-24 所示。

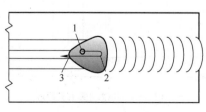

图 5-23　不摆动的接头

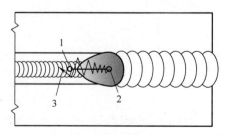

图 5-24　横向摆动的接头

（4）焊接摆动方式　在实际焊接过程中，视具体情况及操作者习惯，焊枪可摆动或不摆动。焊接角焊缝及中厚板（8 ～ 12mm）盖面焊道时，焊枪可不摆动。

焊接过程中如有摆动时，可有以下几种摆动方式。

1）小幅度起伏摆动。有人称之为"小碎步"，在电流较大时，此种摆动方式可使打底焊不致焊穿，同时熔深较大，焊道饱满；当焊枪起伏向下时，电弧将发出"沙沙"的节奏。

2）较大幅度地前后摆动。适用于厚板，但焊丝摆动幅度不能超越熔池，其程序是：前进→回拉→停留→再前进→再回拉…。采用这种方式可避免焊穿，同时能加大熔深。

3）划圈摆动。适用于焊接时温度过高而需避免过热，此法可使焊接热扩散，但熔深将有所降低。

4）"八字步"摆动。适用于立焊和爬坡焊，这种摆动方式可防止熔池铝液下坠，也可避免焊穿。

熄弧时，当焊丝运行到上部坡口边缘时，应再回焊 20mm 长度以上，以防产生弧坑，并避免坡口边缘或铝板端头未焊满。焊枪也不要马上抬起，以便氩气流继续保护尚未凝固的熔池。

（5）焊接参数

1）焊接电流：焊接电流的大小应根据焊件厚度、坡口形式、焊丝直径、焊接位置及熔滴过渡形式等条件来确定。在铝合金焊接时，如焊接电流过小，则焊缝易产生未熔合、未焊透、熔深不足等缺欠；如焊接电流过大，则易导致焊件焊穿、焊缝成形不良、咬边等缺欠。

焊接电流主要与"焊丝的熔化速度""母材的熔深"有关，如图 5-25 所示，焊接电流越大送丝速度越大。在同一焊接电流时，焊丝直径越小熔化越快。另外，当焊接电流增大时，焊缝宽度、熔深及余高都有增大的倾向。

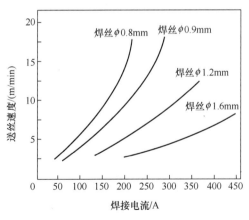

图 5-25　送丝速度与焊接电流的关系

2）电弧电压：电弧电压主要与"电弧长度""熔深的状态"有关。随着电弧电压的增高，电弧将变长，焊缝余高将变得很平坦，如图 5-26 所示。相反，如果电弧电压变低，则电弧将变短，焊缝形状将变得凸起。另外，电弧电压还与焊丝成分、焊丝直径、保护气体和焊接技术有关。电弧电压是在电源的输出端子上检测的，它还包括焊接电缆和焊丝伸出长度上的电压降。当其他参数保持不变时，电弧电压与电弧长度成正比关系。

其实，电弧电压对"电弧的稳定性""焊接飞溅的产生"影响很大。根据熔滴过渡的状态保持合适的电弧电压非常重要。

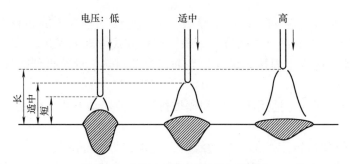

图 5-26　电弧电压与焊缝形状的关系

3）焊接速度：焊接速度主要与"熔深状态"（焊缝宽度、熔深深度及余高）有关。在一定的焊接电流、电弧电压（弧长）、板厚和焊接位置等条件下，随着焊接速度的提高，焊缝宽度、熔深深度、余高高度都呈现减小的倾向，如图 5-27 所示。操作过程中，当焊接速度过快时，其焊缝的宽度和厚度减小，同时焊缝易产生咬边等缺欠；当焊接速度较慢时，其焊缝的宽度和厚度增大，焊缝易产生未熔合、焊穿等缺欠。

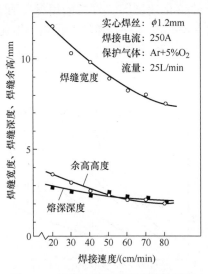

图 5-27　焊接速度与焊缝形状的关系

4）焊接角度：为避免将空气卷入保护气体中，MIG 焊接时一般采用左焊法，如图 5-28 所示。其特点是易观察焊接方向及焊丝在熔池的位置，焊枪在一定的焊接角度和保护气体流的吹力作用下，有利于避免高温熔池周围的氧化物卷入熔池形成焊缝夹杂等缺欠。铝合金手工 MIG 焊不宜采用右焊法。

MIG 焊接时电弧的挺度大，如图 5-29 所示。在焊丝的送出方向上作用有很大的电弧力，如果焊枪前进角度过大，则熔溶金属向焊枪前方推出的力将增加，有造成飞溅增多、未焊透的危险。

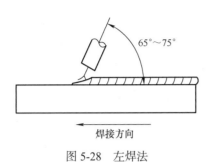

图 5-28　左焊法

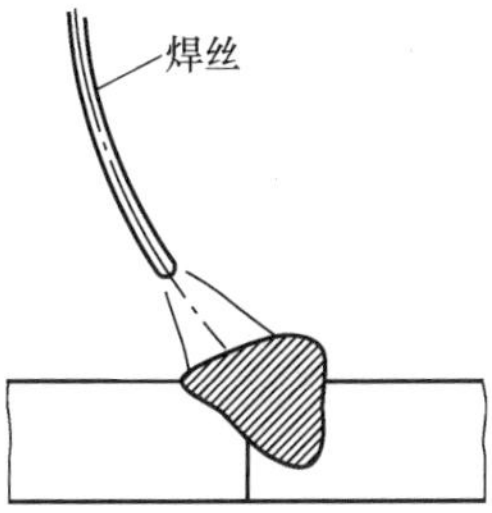

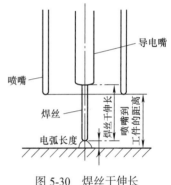

图 5-29　电弧的挺度

5）焊丝干伸长：关于焊丝干伸长的参考标准是导电嘴到母材间的距离，如图 5-30 所示。干伸长取决于焊丝直径，一般为焊丝直径的 10～15 倍。从气体保护效果的观点出发，焊丝伸出长度越小越好。但是，实际焊接时如果焊丝伸出长度过短，则会造成由焊接飞溅引起的焊枪喷嘴堵塞，从而影响保护效果，导致焊缝易产生气孔，也影响焊工视线，焊接熔池观察困难。干伸长过大时，保护效果变差，因此，要保持合适的焊丝伸出长度。短路过渡焊接时焊丝伸出长度一般情况下较短（6～15mm），大电流焊接时应增大焊丝伸出长

图 5-30　焊丝干伸长

度，实际生产中需根据焊接材料、电弧的稳定性、焊接作业环境进行调整。一般情况下焊丝干伸长为 15～25mm。

5.5.2　铝及铝合金板 Y 形坡口对接板 3G 位置 MIG 焊操作案例

（1）焊前准备　试件采用 B209 5083–O 铝合金板，规格 300mm×100mm×18mm 2 件，采用 Y 形坡口，坡口角度为 70°，如图 5-31 所示。焊接材料选用 ϕ1.2mm 的 ER5183 铝合金焊丝，保护气体为 99.99% 纯氩。焊接要求背部清根。焊接设备采用 TPS–5000 型号全数字化逆变半自动熔化极焊接电源。

（2）装配及定位焊　铝及铝合金焊件在装配前应对其表面进行清理，目的是去除氧化膜和油污，以防止在焊缝中产生气孔和夹渣。具体做法是将试板和焊接衬垫表面的油污、灰尘等污物用丙酮或异丙醇等有机溶剂进行清洗，擦拭时不得使用棉纱，宜采用清洁白布蘸上溶剂清理，并使之自然挥发干燥；将试板坡口两侧 20mm 范围内的 Al_2O_3 薄膜用机械清理，可以采用刮刀、锉刀、不锈钢丝轮或不锈钢丝刷去除，直至打磨区域的铝合金呈亮白色。清理后最好立即施焊，如停放时间超过 4h，应重新清理。

装配时，两试板对接平齐，错边控制在 0.5mm 以下。由于背部进行清根，始端和终端根部端间隙可以均为 2mm，装配两端实施定位焊长度 10～15mm，如图 5-32 所示。

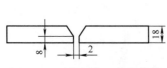

图 5-31　试板规格及装配参数

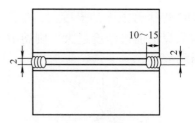

图 5-32　间隙和定位焊尺寸

　　定位焊后用直磨机对起弧端和收弧端的端头进行坡度较缓修磨。需要注意的是，为防止在焊接过程中焊缝收缩使两侧坡口相互挤压产生错边，其间隙不能过大，否则易焊穿无法成形。另外，需将试件预留 4～5mm 反变形，如图 5-33 所示。

　　（3）焊接操作　铝及铝合金 MIG 焊焊接薄板时，一般不需预热，中厚板预热温度为 60～100℃。焊接层间温度最高不超过 100℃。应尽量选取较大的焊接电流，但以不致烧穿焊件为度，这样既能提高生产效率，也有助于防止焊缝产生气孔。

　　焊接过程中焊工应能够判断焊接参数是否合适，可依靠在焊接过程中电弧的稳定性、熔池的大小和形状、飞溅的大小以及焊缝成形的优劣来调整焊接参数。焊缝层次和顺序如图 5-34 所示，焊接参数参见表 5-2。

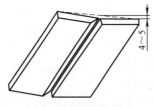

图 5-33　预留反变形

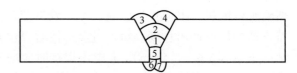

图 5-34　焊缝层次和顺序

表 5-2　B209 5083-O 铝合金板 3G 位置 MIG 焊接参数

焊道	填充金属		保护气体	气体流量 /（L/min）	焊接电流		电弧电压 /V	焊接速度 /（mm/min）	送丝速度 /（m/min）	热输入 /（kJ/mm）	层间温度 /（℃）
	直径 /mm	型号			极性	电流 /A					
1	1.2	ER5183	氩气	16	直流反接	228～240	27	361	15～20	1.08	30
2	1.2	ER5183	氩气	16	直流反接	235～245	27	259	15～20	1.53	35
3	1.2	ER5183	氩气	16	直流反接	197～211	26	297	15～20	1.11	30
4	1.2	ER5183	氩气	16	直流反接	200～203	26	280	15～20	1.13	30
5	1.2	ER5183	氩气	16	直流反接	211～220	25	270	15～20	1.22	35
6	1.2	ER5183	氩气	16	直流反接	203～225	25	300	15～20	1.11	30
7	1.2	ER5183	氩气	16	直流反接	214～220	26	319	15～20	1.08	33

　　1）第一道打底层焊接。由于根部相当于 I 形焊缝的立向上焊接，因此焊接过程中应控制好喷嘴高度，并使电弧始终对准根部间隙，采用直线停顿形运条方式摆动焊枪。焊接

角度和喷嘴高度立向上均匀移动。沿焊接方向的前倾角度 15° ～ 25°；焊枪与两侧试板的
角度保持 90°。焊接电流 238 ～ 240A，焊丝干伸长 10 ～ 15mm，如图 5-35 所示。

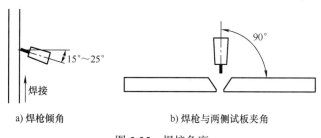

a) 焊枪倾角　　　　　　　　　　b) 焊枪与两侧试板夹角

图 5-35　焊接角度

2）第二道填充层焊接。先将打底层起头和收弧处修磨平整，焊枪角度如同打底层，
焊接电流 235 ～ 245A，焊接时焊枪可作大幅度的前后摆动。采用往前走 3mm，再往后退
1mm，退的时候稍作停顿，停顿的时间根据焊缝的饱满程度来决定。为保证两侧熔合好，
焊丝始终在熔池上端 1/3 处，防止熔池铝液下坠。

需要说明的是，由于铝合金散热较快，因此在平焊和横焊位置焊接时，焊丝应处于熔
池前端 1/3 位置，确保母材表面获得足够的电弧热量，促使焊缝金属与母材充分熔合，如
图 5-36 所示。如焊丝位于熔池后端部位，熔池中的液态铝则容易"跑"在熔池前端，造
成电弧难以穿透到母材表层而形成未熔合缺欠。

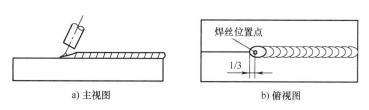

a) 主视图　　　　　　　　　　　b) 俯视图

图 5-36　焊丝位置点

3）第三、第四道盖面层的焊接。第三层采用大幅度前后摆动。焊缝熔池压住填充层
的 1/2，第三层电流为 197 ～ 211A，盖面第二道焊缝压住盖面第一道焊缝最高点，采用与
第一道焊缝相同的操作方法均匀地往复运条，始终保持熔池大小厚度一致将焊缝焊接完。

4）第五道是背部清根后的填充焊缝。清根时可以采用角磨机进行清理，需要说明的
是，角磨机不能使用磨削普通碳素钢的砂轮片，而是采用合金钢锯片，打磨成 U 形坡口，
根部深度至少 6mm，宽度要适合焊接，必须确保打底焊出现的未焊透、未熔合、气孔等
缺欠被彻底清除，并采用渗透检测，确认无缺欠后，再采用与第二层焊接相同的操作方法
进行填充焊接。

5）第六、第七道盖面层焊接与正面盖面层焊接相同。

需要说明的是，每焊完一条焊道，必须清理焊道表面。熔敷焊道宽而浅，以使气孔逐
层逸出。为此，可采用焊枪摆动方式，控制焊道成形及使气孔逸出，对于铝合金，焊缝层
道之间焊接的间隔时间应适当安排，以便加强散热冷却。

5.5.3 MIG 焊操作禁忌

1）MIG 焊通常使用直流反接。在一些特殊情况下，也可以使用交流或直流正接。如极性接错，会造成引弧困难、电弧阴极清理（阴极雾化）作用不足等问题。

2）导电嘴必须牢固地连接在枪体上，应定期检查导电嘴，如发现导电嘴内孔因磨损而变大或由于飞溅而堵塞时，则应立即更换或清理，因磨损或粘污的导电嘴将破坏电弧的稳定性。

3）铝合金手工 MIG 焊时，常采用左焊法，手工 MIG 焊不宜采用右焊法焊接铝合金。

4）在 MIG 焊焊接铝合金时，由于铝合金 MIG 焊烟尘会对人体造成损害（尘肺、老年痴呆症、骨软化症及贫血症等），因此焊工在这些施工场合必须使用过滤式防毒口罩和有效合理的通风设施。

第 6 章

MAG 焊操作技术

6.1 MAG 焊原理

6.1.1 MAG 焊的概念

（1）定义　MAG（Metal Active Gas Arc Welding）焊即熔化极活性气体保护焊，利用活性气体作为保护性气体的熔化极气体保护电弧焊方法，通常称为混合气体保护焊。

（2）混合气体　通常采用惰性气体加入少量氧化性气体（CO_2、O_2 或其他混合气体）混合而成，如 $Ar+O_2$、$Ar+CO_2$、$Ar+CO_2+O_2$ 等。

6.1.2 保护气体成分对 MAG 焊过程的影响

混合气体的成分比例不同，其电弧特性、熔滴过渡形式、飞溅大小以及焊缝成形等也不同。MAG 焊采用的电流极性通常为直流反接，即工件接负极、焊丝接正极。

（1）气体成分对熔滴过渡形态的影响　简单来讲，通常所说的"富氩混合气体"（80%Ar+20%CO_2）可实现喷射过渡，当其中的 CO_2 超过 30% 时，采用常规 MAG 焊机很难实现喷射过渡；当混合气体中的 CO_2 超过 50% 时，便不再具有富氩混合气体保护焊的特征，而逐渐向 CO_2 气体保护焊的特点转化。

（2）气体成分对焊接飞溅的影响　向 CO_2 中加入 Ar 气，则随着 Ar 气的增加，焊接飞溅逐渐减少。例如，采用 $\phi1.2mm$ 的 H08Mn2Si 焊丝，焊接电流为 135A，电弧电压为 20V，若进行短路过渡焊接，当 Ar 气加入量达到 50% 时，其飞溅较 CO_2 气体保护焊已大有改观；如 Ar 气的加入量达到 80%，其飞溅很少。

$Ar+O_2$ 的混合气体保护焊，与纯 CO_2 气体保护焊相比，飞溅也明显减小。在相同的焊接参数下，以 95%Ar+5%O_2 的混合气体保护焊为例，当焊接参数处于 CO_2 气体保护焊的中等电流区域（半短路过渡区）时，CO_2 气体保护焊的飞溅率高达 10%，而 $Ar+O_2$ 的混合气体保护焊却在 2% 以下。

（3）气体成分对焊缝成形的影响　如前所述，采用富氩混合气体（CO_2 含量不超过 20%）保护焊焊接时，可实现喷射过渡，焊缝形成指状熔深（见图 6-1a）。如气体成分发生变化，则将影响熔滴过渡形态，进而影响焊缝成形。$Ar+CO_2$ 的混合气体保护焊，当

CO_2 含量超过 20% 时，则其熔滴过渡形式便由喷射过渡变为射滴（滴状）过渡，即喷射过渡将变得很不稳定，相应地其熔透形状也由指状熔深转变为盆底状熔深（图 6-1b）。随着 CO_2 含量的继续增加，则盆底状熔深将进一步增加。如采用短路过渡焊接参数，熔深也是随着 CO_2 含量的增加而增加。例如，当气体为 80%Ar+20%CO_2 时，熔深较浅；当 CO_2 达到 50%，其熔深与 CO_2 气体保护焊时相当。也就是说短路过渡焊接时，采用 Ar 和 CO_2 各占 50% 的混合气体，可以使得熔深较大而飞溅较小。

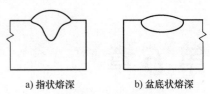

a) 指状熔深　　　b) 盆底状熔深

图 6-1　气体成分对焊缝成形的影响

综上所述，可以得出如下结论：

1）在 Ar+CO_2 混合气体保护焊中，气体配比对焊缝成形有明显影响，随氩气比例的增加，焊缝表面成形越来越好，熔宽加宽，焊缝余高和熔深略有降低，尤其是氩气含量大于 20% 时，效果更明显。

2）在 Ar+CO_2 混合气体保护焊中，随氩气含量的增加，熔池底部由圆弧状逐渐变成指状，尤其是氩气含量为 80% 时，指状更为明显。

3）在 Ar+CO_2 混合气体保护焊中，随氩气含量及焊接电流和电弧电压的增加、熔池过渡形式由短路过渡至滴状过渡到射流过渡。

4）通常在 80%Ar+20%CO_2 的混合比时，具有最宽的焊接参数范围和最好的焊缝成形，因此这种富氩混合气体保护焊方法焊接低碳钢和低合金钢应用最为广泛。

6.1.3　MAG 焊特点

MAG 焊因保护性气体具有氧化性，所以常用于黑色金属材料的焊接。MAG 焊可采用喷射过渡、脉冲喷射过渡和短路过渡进行焊接，能获得稳定的焊接工艺性能和良好的焊接接头，可用于各种位置的焊接，尤其适用于碳素钢、合金钢和不锈钢等黑色金属材料的焊接。

（1）MAG 焊熔滴过渡形式

1）喷射过渡通常在 Ar 气中加入 <5%O_2 或 <25%CO_2 的混合保护气体焊接碳素钢时获得，这些混合保护气体特性是平稳的等离子弧，通过其每秒钟有数百个很细小的熔滴向焊缝熔池过渡。在 Ar+O_2 或 Ar+CO_2 保护气体中的喷射过渡，主要与电流密度、极性和焊丝的电阻热有关。当电流超过临界值（每种规格的焊丝不同）时，会突然发生高的熔滴形成速率（约 250 滴 /s）。当低于临界电流值时，金属一般以大于焊丝直径的粗熔滴过渡，速率为 10 ～ 20 滴 /s（颗粒过渡）。电流临界值通常取决于焊丝的化学成分。对于直径 1.6mm 的碳素钢焊丝，一般电流临界值为 270A（直流反极性）。对于这种类型的焊接，由于产生的电弧不稳定，因此不推荐采用交流电源焊接。

2）脉冲喷射焊接中的金属过渡与上面所述喷射过渡相似，但它在较低的平均电流时发生。采用介于金属以喷射模式快速过渡的大电流和不发生过渡的小电流之间的焊接电流快速脉冲，有可能得到较低的平均电流。在脉冲频率 60 ～ 120Hz 的典型速率下低电流的电弧形成熔滴，然后高电流的脉冲将其"挤出"。这种类型允许进行全位置焊接。

3）短路过渡这种过渡模式采用小直径焊丝（0.8 ～ 1.2mm）获得，采用低电弧电压和电流，以及专为短路过渡设计的电源。焊丝与焊缝金属的短路速率通常为 50 ～ 200 次 /s。金属每短路一次便过渡一次，但不穿过电弧。碳素钢的短路过渡 MAG 焊最常在 Ar+CO_2 混合保护气体下进行适合于焊接薄板材料。然而，50% ～ 70%Ar、其余为 CO_2 的混合气体在气体状态下是不稳定的，必须在使用前与单一气体组成混合。它们比起单独使用 CO_2，可提供低的熔深、较高的短路速率，以及较低的最小电流和电压。这对于焊接薄板具有优越性。不管采用何种气体，总的热输入限制熔化和熔深。因此，许多用户采用这种方法时，会限制材料厚度不超过 13mm。

（2）MAG 焊优点 MAG 焊在惰性气体中混合少量氧化性气体的目的是基本不改变惰性气体电弧基本特性的条件下，以进一步提高电弧稳定性，改善焊缝成形，降低电弧辐射强度。其优点总结如下：

1）与纯氩气体保护焊相比，MAG 焊阴极斑点稳定，电弧稳定性好，电弧挺度好，液态金属黏稠现象得到改观，焊道熔透形状合理。

2）与纯 CO_2 气体保护焊相比，MAG 焊电弧燃烧稳定，飞溅小，焊缝成形美观，如图 6-2 所示。

图 6-2　两种焊接方法焊缝对比

3）MAG 焊对工件壁厚的适应性强，从薄板到厚板均可焊接。

4）控制焊缝的冶金质量，减少焊接缺欠，尤其与 CO_2 气体保护焊相比，MAG 焊电弧的热功率大大减少了未熔合现象。

5）降低焊接成本。

（3）MAG 焊缺点 MAG 焊因其电弧气氛具有一定的氧化性，所以不能用于铝、镁、钛、铜等金属及其合金的焊接，而是多用于碳素钢、低合金钢和不锈钢的焊接。

6.2　MAG 焊设备

混合气体保护焊采用的设备与 CO_2 气体保护焊基本相同，可以与 CO_2 焊机同用或单独 MIG/MAG 焊机，典型 MAG 焊接设备包含焊接电源、送丝系统、电缆、供气系统、冷却系统及控制系统。根据焊枪移动方式可分为手工操作和机械操作，前者为半自动焊机，后者为自动焊机。以半自动 MAG 焊机为例说明其组成，如图 6-3 所示。

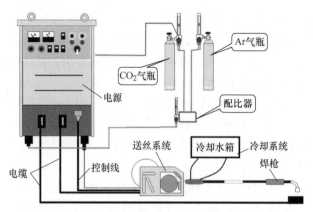

图 6-3 半自动 MAG 焊机示意图

（1）焊接电源 半自动 MAG 焊机的电源为直流电源（硅整流电源、晶闸管整流电源、逆变式电源），或直流电源＋脉冲，电源大多为平特性或缓降特性，以直流反接为主。

（2）送丝系统 送丝系统主要包括送丝机构（送丝机）与焊枪。

1）送丝机构。其作用是以一定速度将焊丝送出导电嘴，并有一定的稳速作用，送丝机构通常有拉丝机构、推丝机构、推拉丝机构三种结构形式。图 6-4 所示为送丝机构。

图 6-4 送丝机构图

2）焊枪。MAG 焊枪有水冷和空冷两种，同等条件下空冷焊枪的允许电流小于水冷焊枪许用电流，水冷焊枪要配备冷却水箱。焊枪送丝方式有推丝式、推拉丝式，焊枪形状有手枪式和鹅颈式两种，如图 6-5 所示。

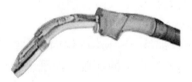

a) 手枪式推拉丝空冷焊枪   b) 鹅颈式推丝水冷焊枪

图 6-5 两种焊枪

（3）供气系统 包括气瓶、减压阀、流量计和电磁气阀等。混合气体获得方式有两种：一种是采用供气厂家已经混合好装灌到气瓶中；另一种是采用一瓶惰性气体、一瓶氧化性气体（CO_2 或 O_2）再加上一个气体配比器，如图 6-6 所示。简易气体配比器如图 6-7 所示。

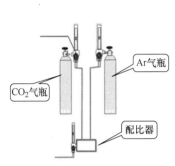

图 6-6　混合气获得方式之一

图 6-7　简易气体配比器

（4）冷却系统　主要是对焊枪和焊枪电缆进行冷却，避免被烧毁。在焊接电流较大、使用时间过长时，需启动冷却方式。主要部件是冷却水箱（见图 6-8），同时要配备水冷焊枪。

（5）控制系统　主要是控制和调整整个焊接程序：开始或停止输送保护气体和冷却水，启动或停止焊接电源接触器，以及按要求控制送丝速度等。

图 6-8　冷却水箱

6.3　MAG 焊操作技巧与禁忌

6.3.1　钢板开 V 形坡口对接 MAG 实心焊丝横焊

1. 焊前准备

（1）设备型号　采用 NB-350 型焊机。

（2）焊接工件　材质为 Q355 钢，尺寸为 250mm × 150mm × 12mm，两块。坡口形式为 V 形，坡口角度 60° ± 2°，如图 6-9 所示。

打磨坡口焊接区及焊缝正面 20mm、背面 10mm 区域，钝边 0 ～ 1.0mm。

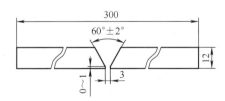

图 6-9　焊接工件示意图

（3）焊接材料　焊丝型号为 ER50-6，直径为 1.2mm。

保护气体：使用预先混合好的瓶装混合气，80%Ar+20%CO_2。

（4）辅助工具和用品　气体流量计、角磨机、钢丝刷、扁铲、尖嘴钳、活口扳手、焊接操作架、组对平台、护目镜、手锤及防堵膏等。

2. 操作步骤

（1）装配和反变形　在组对平台上调整间隙，一端为 2.5mm，另一端为 3.0mm，保证钢板错边量在 1.0mm 以内。采用直接定位焊法，在坡口两端内侧直接焊定位焊缝，长度 5～10mm，将定位焊缝修磨成斜面，便于起头和收尾。预置反变形为 3°～4°。

（2）焊接　采用三层六道，如图 6-10 所示。

第一层一道打底，第二层二道填充，第三层三道盖面，按照 1～6 顺序完成焊接。焊接参数的选择见表 6-1。

图 6-10　焊缝布置图

表 6-1　焊接参数的选择

焊接层次	焊丝干伸长 /mm	焊接电流 /A	电弧电压 /V	焊接速度 /（cm/min）	气体流量 /（L/min）
打底焊	15～20	90～100	19～20	6～7	12～15
填充焊		130～140	20～22	3～4	
盖面焊		125～130	20～22	3～4	

间隙小的一端在右侧为始焊端，焊接采取左焊法。实心焊丝在引弧时采取的是接触引弧法，即开始焊接前先要调整好焊丝的干伸长量为 15mm（每次焊接引弧前都要将焊丝前端剪掉一段，以除去焊丝前部的熔球，使引弧可以顺利进行），然后将焊丝的端部顶在即将引弧部位，按下焊枪上微动焊接开关，引弧成功即可开始焊接。

1）打底焊。在焊件右侧定位焊道上引弧，快速将电弧拉至定位焊焊道前端，稍作停留，使其形成熔孔，开始按图 6-11 所示角度运枪，并作小幅度锯齿形上下摆动，连续向左移动。焊接过程中，电弧不能脱离熔池，尽可能保持熔孔尺寸不变，使熔池尽可能小，且运枪过程中，在上坡口停留时间应比下坡口略长。

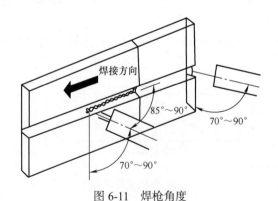

图 6-11　焊枪角度

焊接过程中应仔细观察熔池，防止熔池温度过高，出现背部塌陷形成焊瘤，或背部熔池凝固时液态金属不足导致凹陷或未熔透。在焊接过程中，如果出现熔池温度过高，可采用与焊条电弧焊一样的断弧方法来降低熔池温度。当采用该方法时，断弧后焊枪不要动，当通过焊接防护帽看见熔池温度下降呈现暗红色时，马上按动微动开关在原处引弧，重新开始按原方法焊接。焊接过程中如果断弧，需要进行冷接头时，必须按原来焊接时的方法引弧开始焊接，如果接头较高，还应将其打磨至缓坡状后再开始焊接。

2）填充焊。开始填充焊之前，应清理干净打底层焊接所留下的焊渣，必要时还应用砂轮打磨焊道高出部分，焊前调节好焊接参数。焊枪角度如图 6-12 所示。运枪方式采用左焊法直线运枪，从右至左开始焊接。开始焊接第 "2" 道焊道时，焊丝指向打底层焊道与下坡口结合处下方 1mm 左右，焊接时注意观察焊道成形，特别是焊道下边缘位置应距下坡口棱边留有 1 ~ 2mm 余量，千万不可熔化下坡口棱边（由焊接速度来控制）。第 "3" 道焊道焊丝指向上焊道 "2" 上边缘下方 1mm 处。焊枪角度（见图 6-12），焊接时注意观察焊道成形，焊道上边缘位置应距上坡口棱边留有 1 ~ 2mm 余量，下边缘应均匀覆盖上一焊道 1/3 ~ 1/2，保证上下两条焊道的平顺结合，尽量使两条焊道之间的沟不要太深。

3）盖面焊。开始焊接前应清理干净填充层焊接所留下的焊渣，必要时用砂轮打磨焊道高出部分，然后调节好焊接参数。焊枪角度如图 6-13 所示，运枪方式与填充层相同。开始焊接焊道 "4" 时，焊丝指向焊道 "2" 与下坡口结合处下方 1mm 左右，焊接时注意观察焊道成形，特别是焊道下边缘位置应熔化下坡口棱边 1 ~ 2mm（由焊接速度来控制）。焊道 "5" 焊丝指向焊道 "4" 上边缘下方 1mm 处，焊枪角度与焊道 "4" 焊接角度相同，焊接时注意观察焊道成形，下边缘应均匀覆盖上一焊道 1/3 ~ 1/2，保证上下两条焊道的平顺结合，尽量使两条焊道之间的沟不要太深。焊道 "6" 焊丝指向上坡口边缘下 2 ~ 3mm 处，焊接时注意观察焊道成形，下边缘应均匀覆盖上一焊道 1/3 ~ 1/2，保证上下两条焊道的平顺结合，尽量使两条焊道之间的沟不要太深，上边缘应熔化上坡口棱边 1 ~ 2mm。

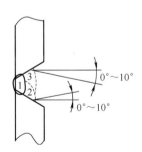

图 6-12　填充层焊道及焊枪角度

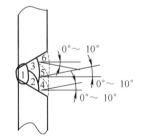

图 6-13　盖面层焊道及焊枪角度

（3）焊后清理　焊接完成后对焊缝区域进行彻底清理，要求对焊接附着物如焊渣、飞溅等彻底清除干净，必要时可用扁铲等工具清理大的飞溅物，但是要注意不能留下扁铲剔过的痕迹。清理之前，焊件要经自然冷却，非经允许，不可将焊件放在水中冷却。清理过程中要注意安全，防止烫伤、砸伤以及焊渣入眼。

3. 注意事项

横焊时易出现的问题及排除方法见表 6-2。

表 6-2　横焊时易出现的问题及排除方法

缺欠名称	产生原因	排除方法
气孔	焊丝及焊接区表面有铁锈或油污	更换焊丝，清理焊件表面
	焊接场地风速过大	停止焊接或采取防护措施
	保护气不合格或气路有问题	更换合格气体，检修气路
飞溅	焊接参数不匹配	调整焊接参数
	焊枪角度不合适	调整焊枪角度
咬边	焊接参数不匹配，焊枪角度不合适	调整焊接参数、焊枪角度
焊瘤	焊接参数不匹配	调整焊接参数
	焊接速度过慢	调整焊接速度
	焊枪角度不合适	调整焊枪角度
	熔池过热	注意焊接手法与运条角度

6.3.2　MAG 焊操作禁忌

1）MAG 焊大多采用直流反接。

2）气体压力降至 0.98MPa 时禁止使用。

3）确保施焊周围风速低于 2.0m/s。

4）起弧要预热，忌余高过大、焊缝过窄。

5）焊对接接头时，忌操作者手不稳，使焊丝端部触到焊件边缘，导致母材迅速熔化，形成咬边，这是焊接生产中出现咬边的主要原因。

6）气体流量和喷嘴直径忌超出规定范围，气体流量太大或喷嘴直径过小时，会导致气体流速过高形成紊流，气流太小或喷嘴直径过大时，同样会降低保护效果。

7）焊接填充焊道"3"时，以第一层焊道的上趾处为中心做横向摆动，注意避免形成凸形焊道和咬边。

8）填充焊时焊道的高度低于母材 1.5 ~ 2mm，距上坡口约 1mm，距下坡口约 2mm。注意一定不能熔化两侧的棱边。

9）焊接盖面焊道"4"时，要注意坡口下侧口棱边熔化情形，确保熔池边缘超过坡口棱边 ≤ 2mm，避免咬边及未熔合。

10）盖面焊道"6"时，要注意调整焊接速度和焊枪角度，保证坡口边缘均匀熔化，避免因熔池金属下坠而产生咬边。

第 7 章

激光焊操作技术

7.1 激光焊基础知识

7.1.1 概述

（1）激光 激光是原子中的电子吸收能量后从低能级跃迁到高能级，再从高能级回落到低能级时所释放的能量，并以光子的形式放出，其中的光子光学特性高度一致。激光相比普通光源单色性、相干性、方向性好，亮度更高，广泛应用于日常生产、航空航天、新型能源、国防军事及工业生产等领域，被称之为"万能工具"。

激光是 20 世纪以来，继原子能、计算机、半导体之后，人类的又一重大发明，被称为"最快的刀""最准的尺""最亮的光"和"奇异的激光"。它的原理在 1916 年被著名物理学家爱因斯坦发现。1958 年美国科学家肖洛和汤斯发现了一种神奇的现象：当将闪光灯泡所发射的光照在一种稀土晶体上时，晶体的分子会发出鲜艳的、始终会聚在一起的强光。根据这一现象，他们提出了"激光原理"，即物质在受到与其分子固有振荡频率相同的能量激励时，都会产生这种不发散的强光——激光。1960 年 5 月 15 日，美国加利福尼亚州休斯实验室的科学家梅曼宣布获得了波长为 $0.6943\mu m$ 的激光，这是人类有史以来获得的第一束激光，梅曼因而也成为世界上第一个将激光引入实用领域的科学家。

1960 年 7 月 7 日，梅曼宣布世界上第一台激光器诞生，是利用一个高强闪光灯管来刺激在红宝石色水晶里的铬原子，从而产生一条相当集中的纤细红色光柱，当它射向某一点时，可使其达到比太阳表面还高的温度。

1960 年，苏联科学家 H.Γ. 巴索夫发明了半导体激光器，它尺寸小，耦合效率高，响应速度快，波长和尺寸与光纤尺寸适配，可直接调制，相干性好。从此，激光技术获得了异乎寻常的飞快发展，不仅使古老的光学科学和光学技术获得了新生，而且导致一门新兴产业的出现。

（2）激光焊接 激光焊接正是利用了激光束优异的方向性和高功率密度等特点，通过光学系统将激光束聚焦在很小的区域内，在极短时间内使被焊处形成一个能量高度集中的热源区，从而熔化被焊材料。

激光焊接技术在 20 世纪 80 年代中期首先应用于汽车车身制造，90 年代中期应用于船舶制造领域，21 世纪前期应用于 A380 大飞机机身制造中。空中客车公司应用激光焊接技术代替铆接，成功完成了飞机减重 20% 的目标，为激光技术在航空工业的应用做出了开创性贡献。激光焊接能够实现多种类型材料的连接，并且具有许多其他熔焊技术无法比拟的优越性，其中最为杰出的是，能够连接比较难焊的薄板合金材料（如铝合金、钛合金等），并且具有工件变形小、接头质量高、重现性好等特点。目前，激光焊接技术已广泛应用于交通运输、航空航天、国防军事及工业生产等领域。

7.1.2 激光焊基础知识

激光焊接是激光制造技术的重要组成部分，随着数千瓦 CO_2 激光焊接设备的应用，激光焊接发生了根本性变化，几毫米厚钢板能够一次性完全焊透显示出高功率激光焊接的无穷潜力。

（1）激光焊原理　激光焊是通过聚焦高能量的激光束，在移动过程中照射到被连接部位的表面，并通过激光与金属的相互作用进行高效焊接的方法。金属吸收激光转化为热能，使金属熔化后冷却结晶形成焊缝。

（2）激光焊分类　激光焊按照激光器输出能量方式不同，可分为连续激光焊、脉冲激光焊。按控制方式可分为手动式激光焊、自动激光焊。按激光器不同可分为 YAG 激光焊、半导体激光焊、光纤激光焊接等。按是否填丝可分为纯激光焊、激光填丝焊、激光电弧复合焊。按激光聚焦光斑的功率密度不同可分为热导焊、深熔焊。下面以焊接热传导不同为例介绍激光焊原理，焊接热传导形式如图 7-1 所示。

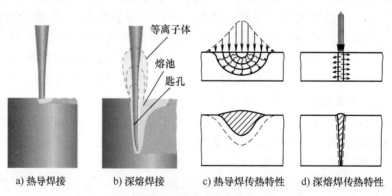

a) 热导焊接　　b) 深熔焊接　　c) 热导焊传热特性　　d) 深熔焊传热特性

图 7-1　激光热导焊和深熔焊的热传导方式

激光功率密度在 $10^4 \sim 10^6 W/cm^2$ 时，激光焊接方式为热导焊。激光将金属表面加热到熔点与沸点之间，焊接时金属材料表面将所吸收的激光能转变为热能，使金属表面温度升高而熔化，然后通过热传导方式将热能传向金属内部，使熔化区逐渐扩大，凝固后形成焊缝，熔深轮廓近似为半球形，这种焊接机理称为传热焊。其特点是功率密度小，焊接熔深浅，焊接速度慢，主要用于薄板（厚度 <1mm）小部件的焊接。

深熔焊是当激光功率密度在 $10^6 \sim 10^7 W/cm^2$ 时，金属在激光的照射下被迅速加热，其表面温度在极短时间内升高到沸点，使金属熔化和气化。当金属气化时，所产生的金属蒸气以一定的速度离开熔池，金属蒸气逸出对熔化的液态金属产生一个附加压力，使熔池金属表面向下凹陷，在激光光斑下产生一个小凹坑。光束在小孔底部继续加热气化时，所产生的金属蒸气一方面压迫孔底的液态金属使小孔进一步加深，另一方面，向孔外逸出的蒸气将熔化的金属挤向熔池四周。这个过程进行下去，便在液态金属中形成一个细长的孔洞。当光束能量所产生金属蒸气的反冲力与液态金属的表面张力和重力平衡后，小孔不再继续加深，形成一个深度稳定的孔而进行焊接，称之为激光深熔焊。深熔焊原理如图 7-2 所示。

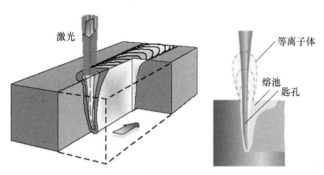

图 7-2　激光深熔焊原理

根据材料性质和焊接需要来选择焊接机理，通过调节激光的各焊接参数得到不同的焊接机理。这两种方式最基本的区别在于：前者熔池表面保持封闭，而后者熔池则被激光束穿透成孔。热导焊对系统的扰动较小，因为激光束的辐射没有穿透被焊材料，所以在热导焊过程中焊缝不易被气体侵入；而深熔焊时，小孔的不断关闭，能导致气孔。热导焊和深熔焊方式也可以在同一焊接过程中相互转换，由热导方式向小孔方式的转变取决于施加于工件的峰值激光能量密度和激光脉冲持续时间。激光脉冲能量密度的时间依赖性能够使激光焊接在激光与材料相互作用期间由一种焊接方式向另一种方式转变，即在相互作用过程中焊缝可以先在热导方式下形成，然后再转变为小孔方式。

（3）影响激光焊的因素　根据激光焊接的原理分析影响激光焊的各种因素，影响激光焊接质量的主要因素是光束特性、材料特性、焊接特性和保护气体，如图 7-3 所示。光束特性由激光器决定，包括激光束的能量模式、功率密度、光斑直径及波长等因素；材料特性包括材料化学成分、表面状态等因素；焊接特性包括焊接速度、聚焦位置、接头形式及装配间隙等因素；保护气体包括气体成分、流速、压力等参数。

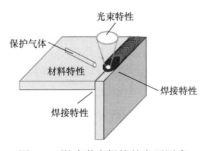

图 7-3　影响激光焊接的主要因素

根据激光焊的工艺特点，适于激光焊工艺的典型接头如图7-4所示。

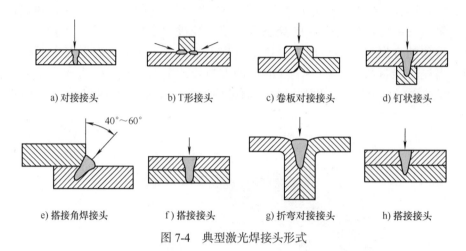

a) 对接接头   b)T形接头   c) 卷板对接接头   d) 钉状接头

e) 搭接角焊接头   f) 搭接接头   g) 折弯对接接头   h) 搭接接头

图7-4　典型激光焊接头形式

（4）激光焊特点　激光焊接具有热量集中、焊接变形更小、速度快、熔深易于实现精确控制、焊接质量稳定，并可实现连续焊和密封焊等特点。激光焊不仅具有上述优点，同时也具有一定的局限性，下面就其优缺点进行分别介绍。

1）激光焊优点。聚焦后的激光束具有很高的功率密度，加热速度快，可实现深熔焊和高速焊，使用高功率激光器焊接时，深宽比可达5∶1，最高可达10∶1。由于激光加热范围小，因此在同等功率和焊接厚度条件下，焊接速度快、热影响区小、焊接应力和变形小，能在室温或特殊条件下进行焊接，如激光通过电磁场时，光束不会偏移；激光在真空、空气及某种气体环境中均能施焊，并能通过玻璃或对光束透明的材料进行焊接。可焊接难熔材料如钛、石英等，并能对异性材料施焊，效果良好。激光能发射、透射，能在空间传播相当远距离而衰减很小，因此可进行远距离或一些难以接近部位的焊接。激光可通过光导纤维、棱镜等光学方法弯曲传输、偏转、聚焦，特别适合于微型零件、难以拆解的部位或远距离的焊接，尤其是近几年来，在YAG激光加工技术中采用了光纤传输技术，使激光焊接技术获得了更为广泛的推广和应用。激光束易实现光束按时间与空间分光，能进行多光束同时加工及多工位加工，为更精密的焊接提供了条件。

2）激光焊缺点。激光焊接虽然有上述诸多优点，但是在实际应用中人们也发现了激光焊接的许多不足之处，譬如存在等离子屏蔽、焊缝硬度高、凹陷及气孔，以及装配精度要求高等问题。

其一，等离子屏蔽。等离子云是激光焊接过程中母材受热熔化、气化形成深熔小孔时，孔中充满金属蒸气，金属气体与激光作用形成等离子云，其吸收和反射性很强，可降低金属材料对激光的吸收率，使激光的能量利用率降低；此外，等离子云强烈时还可能对激光产生负透镜效应，严重影响激光束的聚焦效果。

其二，焊缝硬度高。激光焊接时功率密度大，热作用区域小，而热输入量小，因此焊接区域会产生高的峰值温度和温度梯度，焊缝熔化金属快速凝固收缩，这会带来两方面的影响；一是焊缝的硬度高，有时可能高于母材，这在诸如船舶等特殊工业中的应用有所限制；二是对于某些金属零件，特别是经过深加工后存在高机械应力的金属，焊接后工件热裂纹倾向大。

其三，焊缝凹陷及气孔。激光焊接过程有时不添加填充材料，由于母材端面存在间隙、深熔小孔内金属受热汽化，因此焊接后焊缝外观有时会存在凹陷；焊接速度高、冷却速度快时，焊接所形成的蒸气来不及从焊缝里逸出，若残留在快速凝固后的焊缝里，则会形成气孔。纯激光焊对高反射金属如铝、铜等的焊接十分困难，铝铜及其合金对激光的起始反射率高达 90% 以上，激光能量大部分被反射，难以形成深熔焊的小孔。

其四，装配问题。小光斑的激光热源热作用区面积小，对工件装配精度要求高，桥接能力差，因此工艺参数区间窄，工程适应性较传统弧焊更为严苛；通常，纯激光焊接工件装配间隙 ≤ 0.2mm；同时接头两侧母材错边量 >0.2mm 时，将严重影响焊接质量，这对激光焊接头准备和装夹提出了更高的要求，这些因素提高了工艺要求和焊接成本。

采用激光焊接一个致命的缺点是系统昂贵，焊接设备一次性投入成本高。随着激光焊接的普及和激光器的商业化生产，激光设备的价格将大幅下降。高功率激光器的发展以及新型复合焊接方法的开发和应用也改善了激光焊接转换效率的缺点。相信在不久的将来，激光焊接将逐步取代传统的焊接工艺（如电弧焊和电阻焊），成为工业焊接的主要方式。

7.2　激光焊接设备

7.2.1　激光焊接设备发展

激光焊接设备是激光材料加工用到的机器，又称为激光焊机，按工作方式可分为手动激光焊机、自动激光焊机。按焊接方式可分为自熔焊、填丝焊。

"激光"一词是"LASER"的意译，LASER 原是 Light Amplification by Stimulated Emissi on of Radiation 取字头组合而成的专门名词，在我国曾被翻译成"光激射器""莱塞""光受激辐射放大器"等。1964 年，钱学森院士提议取名"激光"，既反映了"受激辐射"的科学内涵，又表明它是一种很强烈的新光源，贴切、传神而又简洁，得到我国科学界的一致认同并沿用至今。

自从 1960 年第一台激光焊机诞生以来，激光焊接技术发展迅速，现已成为一种成熟的焊接方法。1961 年开始，在眼科临床上应用激光焊接视网膜裂洞。1962 年和 1963 年已经有关于激光焊接的报道。1965 年研制出用于厚膜组件引线焊接的红宝石激光焊机。1974 年世界上第一台五轴激光加工机 – 龙门式激光焊机在美国福特汽车公司制造。

1976 年，美国福特公司建成了激光焊接生产线。自从 1979 年 Escudero 等在鼓室成形术中采用氢激光焊接固定鼓膜皮瓣。1982 年莫斯科电工工艺展览会上，演示了一台激光焊接金项链的新型装置。1982 年开始用大功率 CO_2 激光刀对狗进行半脾切除和脾破裂的 CO_2 激光焊接止血动物试验研究。

1983 年德国 TMEIC 莱茵公司生产了世界上第一套激光焊接生产线，自 1983 年以来，TMEIC 已经积累了在激光焊接技术的各种专利，包括操作方法和技术，第一套汽车组合件激光焊接系统于 1985 年安装在德国 ThysenSteelCo.，其焊接的零部件用于奥迪车生产。宝马公司于 1987 年建立了一条激光焊接中心，用于车顶外壳与框架的焊接。1994 年，德国 Meyer 船厂率先用激光焊接技术制造 Sandwich 板。2001 年底，采用激光 - 电弧复合焊制造船体平面分段的自动化生产线安装调试完毕，投入生产使用。进入 21 世纪，激光焊接和切割生产线已成为许多汽车制造商的车身生产和装配手段。2000 年，美国三大汽车公司的车身部件点焊生产线已被激光焊接生产线所代替。

激光焊接技术经历由脉冲波向连续波的发展，由小功率薄板焊接向大功率厚件焊接发展，由单工作台向多工作台多工件同时焊接发展，以及由简单焊缝形状向可控的复杂焊缝形状发展。

德国最先把激光焊接技术应用于汽车行业，以宝马和大众为例，20 世纪 90 年代中期，BMW 公司利用激光焊接机器人完成了 BMW5 系列轿车的第一条焊缝，焊缝总长度达到 12m。激光拼接技术是激光焊接应用于汽车制造业最成功，效益最明显的一项技术。发明激光拼焊技术的帝森克虏伯公司于 1985 年在奥迪 100 的生产中，首次应用这一激光焊接技术。

7.2.2　激光焊接设备结构组成

激光焊接设备一般由激光焊接主机、冷却系统、运动系统、工装夹具和监视（控）系统等 5 个部分组成，如图 7-5 所示。

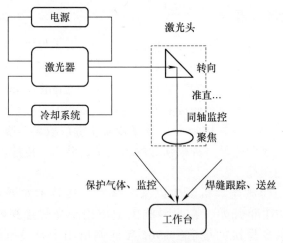

图 7-5　激光焊接设备构成示意图

1. 激光焊接主机　主要含电源、激光器、光路和控制系统等

（1）激光器　在激光器的发展过程中，1965 年前后，Nd：YAG 激光器和 CO_2 激光器相继出现，在 20 世纪 70 年代初，Nd：YAG 激光器首先用于工业生产中，受输出功率限制主要应用于一些微型件切割、焊接以及电子工业中电路板的焊接。70 年代中后期 CO_2

激光器的结构更新，输出功率从几百瓦发展至上千瓦，因而开始被广泛应用于各种金属材料的焊接中。80 年代以后，Nd：YAG 激光器和 CO_2 激光器的性能进一步提高，Nd：YAG 激光器既可连续运转又可脉冲运转，并使用光纤传输，对于提高激光加工系统的灵活性具有巨大的优越性，因此得到广泛应用。与此同时，CO_2 激光器进一步优化结构，减小体积，激光输出功率已达到几千瓦甚至上万瓦，这些激光器也成功用于激光焊接领域的工业化生产中。

最早用于大功率深熔激光焊接的是 CO_2 激光器。目前，世界上 CO_2 激光器最大输出功率达 45kW。在工业生产中，应用激光焊输出功率在 0.7 ～ 12kW 之间。

Nd：YAG 激光器碟片激光器可以用光纤传输，在柔性制造系统或远程加工中更具适应性。它的输出功率超过 10kW。

光纤激光器，它具有玻璃光纤制造成本低、技术成熟，以及由光纤的可绕性带来的小型化，集约化的优势。由于光纤激光器谐振腔内无镜片，因此具有免调节、免维护、高稳定性的优点，综合电光效率高达 20% 以上，可以节约电能和运营成本，对于金属加工，大功率光纤激光器将取代传统的固态激光器和 CO_2 激光器。高功率光纤激光器以 IPG 公司为代表。

高能碟式激光焊机的优点是功率反馈与控制系统稳定，输出功率大，碟式激光器的光电转化效率 >30%，稳定性较好，可根据用户要求自由拓展，减少运行费用，能源消耗进一步降低，激光焊机的寿命延长，焊接参数易调整，焊接速度高，便于监控，设备维修简捷。碟式激光器属于免维护型。

用于金属焊接的几种激光器性能对比见表 7-1。

表 7-1　金属焊接的几种激光器性能对比

激光器类型	激光介质	波长 /μm	传输	光纤直径 /mm	功率 /kW	光束质量	维修间隔 / ×10³h	能量效率（%）	占地	适焊
CO_2 激光器	混合气体	10.6	光镜	—	20	3.7	2	5 ～ 8	大	较低
Nd：YAG 激光器	晶体棒	1.06	光纤	0.4 ～ 0.6	4 ～ 6	12 ～ 25	0.8 ～ 5	3 ～ 10	中	中
光纤激光器	光纤（镜）	1.07	光纤	0.1 ～ 0.2	20	20	100	20 ～ 30	小	很高
碟式激光器	晶体碟片	1.03	光纤	0.15 ～ 0.2	4	7	2 ～ 5	10 ～ 20	中	很高

（2）激光头　激光头是激光焊接设备的核心部件，分为铜镜反射式激光头与透射式激光头两种，在设备末端、工作台上方，需具有较高的集成度，聚焦镜及保护镜均采用抽屉式设计，更换、维护灵活方便，同时也可有效延长内部核心光学元件使用寿命。另外，根据用户需求，可选配垂直入射和水平入射两种方式，也可选配 CCD、自动调焦、送丝组件、气刀、同轴喷嘴、焊接监控单元和特殊聚焦单元模块（双焦点、矩形光斑）等。图 7-6、图 7-7、图 7-8 所示为激光头结构和不同型号激光头。

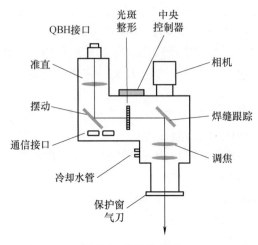

图 7-6　激光头简图

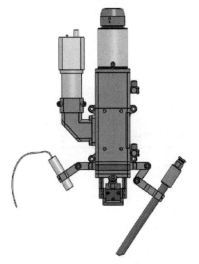

图 7-7　自动焊接激光头

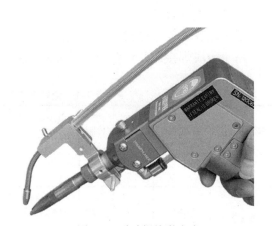

图 7-8　手动焊接激光头

（3）外光路　根据不同的激光器类型，选择不同的外光路传输方式，一般会用到光纤传输、反射镜传输。光纤传输中典型的波长一般为 800 ～ 1600nm，最常用的波长是850nm、1300nm 和 1550nm。多模光纤适用于 850nm 和 1300nm 的波长，而单模光纤则最佳用于 1310nm 和 1550nm 的波长。光纤传输是利用光的全反射原理，射线在纤芯和包层的交界面会产生全反射，并形成将光闭锁在光纤芯内部向前传播，即使经过弯曲的路光线也不会射出光纤之外。因此，光纤传输的光路柔性更好，不会受光路限制导致设备结构庞大。

激光反射镜是激光外光路的主要元件，它是应用了光反射定律的光学元件，反射镜应用于光纤激光系统内作为尾镜或折返镜以及外光路系统中的转折镜。反射镜按外形可分为平面反射镜、球面发射镜、非球面反射镜。在 CO_2 激光光路中，激光反射镜有两方面的作用：一是在激光管内可作为尾镜，该镜片带有一定的曲率，起到震荡激光的作用；二是在激光管外，反射镜和聚焦镜配合，构成一个完整的光路，能够最大程度地传递激光功率。

2. 冷却系统

激光焊机的冷却系统主要有水冷、风冷和水冷 – 风冷一体化系统。其中水冷是使用最广泛的。

激光冷水机是工业制冷机对激光行业的一种个别化应用，是一种能提供恒温、恒流、恒压的冷却水设备。激光冷水机水冷却工作原理是先向机内水箱注入一定量的水，通过冷水机制冷系统将水冷却，再由水泵将低温冷却水送入需冷却的设备，冷却水将热量带走后温度升高再回流到水箱，达到冷却的作用。

1）冷水机一般都有过滤器，能有效地过滤掉水中明显的颗粒杂质，保持激光泵浦腔的清洁，防止发生堵水的可能性。

2）冷水机使用的是纯净水或去离子水，这样更加有利于泵浦光源直接进入到激光物质里，能产生更佳的激光模式。

3）冷水机一般都配有水压压力表，能一目了然地知道激光水路里的水压。

4）冷水机一般采用的是优质压缩机，水箱及水泵为不锈钢材料，传热的盘管也是不锈钢材料，这样可以保证冷水机工作稳定，制冷效果好，能达到温度精度 1℃ 以内，控制的温度越小，激光受温度的影响就越小。

5）冷水机带流量保护，当水流量小于设定值时，有信号报警，可以用来保护激光器及相关需散热的器件。

6）冷水机带有温度保护，如果温度不合适，也会出现报警信号。

7）冷水机有水位报警，还有一系列的调节功能，如温度调节、温差调节等。

冷却系统是组成激光焊机的重要部分。如果冷却系统不定时去维护，就可能出现系统故障，小的情况设备会停止运作，严重时可能造成激光器损毁等。为了防止造成不必要的损失，需要经常清洗水箱，管道和检查维护电路动作是否正常等。维护的主要内容包括检查冷却水的水质（每周必须检查一次水质情况），以随时保证冷却介质的质量。

3. 运动系统

含产生工件和激光焊枪之间相对运动的机构。激光焊接设备的运动控制系统涉及数学、自动控制理论等，内容很多。在较短的篇幅中，无法全面而系统地介绍工业机器人的运动控制系统，本节从焊接机器人的应用角度出发简明阐述有关机器人运动控制系统的一般性问题。自动激光焊接设备的运动系统分为硬件和软件两部分。硬件部分包含焊接机器人，机器人控制器，检测传感器，软件部分主要是指机器人控制系统。

机器人控制系统是机器人的重要组成部分，主要用于对机器人运动的控制，以完成特定的工作任务，其基本功能如下。

（1）记忆功能　存储作业顺序、运动路径、运动方式、运动速度和与生产工艺有关的信息。

（2）示教功能　离线编程、在线示教、间接示教。在线示教包括示教盒和导引示教两种。

（3）与外围设备联系功能　输入和输出接口、通信接口、网络接口及同步接口。

（4）坐标设置功能　有关节坐标系、绝对坐标系、工具坐标系和用户自定义 4 种。

（5）人机接口　示教盒、操作面板、显示屏。

（6）传感器接口　位置检测、视觉、触觉及力觉等。

（7）位置伺服功能　机器人多轴联动、运动控制、速度和加速度控制、动态补偿等。

（8）故障诊断安全保护功能　运行时系统状态监视、故障状态下的安全保护和故障自诊断。

激光焊接设备的硬件构成特点如下：

1）操控计算机一般是具有 32 位或 64 位微处理器的微型计算机。

2）示教盒是用来完结各种人机交互操作的基本设备，用于示教焊接机器人运动轨迹和参数的设定。它具有自己独立的 CPU 及存储单元，与机器人操控计算机（主计算机）之间采用串行通信方法完成人机交互。

3）操作面板由各种操作按键、指示灯构成，一般能完成机器人操控的基本操作。

4）磁盘存储器能够用来存储焊接机器人工作程序以及各种焊接参数数据库的外部存储器。

5）传感器接口用于信息监测，例如在弧焊机器人中添加焊缝监视视觉传感器，进行焊缝监视操控，也能够依据操控需求连接其他力学传感器等。

6）轴操控器用来完成机器人各个轴的运动方位、速度和加速度的操控。

7）输入 / 输出接口用于各种状况和操控指令的输入、输出，包含外部输入信号、外部设备操控信号的输出等。用于各种变位机、弧焊电源系统、焊钳等与焊接机器人配合的辅助设备的操控。

8）通信接口负责机器人和其他设备的信息交流，一般具有串行接口、并行接口等。

9）网络接口能够通过以太网或总线形式完成多台机器人的操控。

4. 工装夹具

主要作用是固定成调整被焊工件的位置。在激光焊接时，如果需要焊接在一起的两板之间有间隙，则会出现焊接不熔合现象，因此对于激光焊接需要专门的夹具，将两个板夹紧，防止有间隙产生。激光焊接工装夹具就是将焊接工件准确定位和可靠夹紧，便于工件装配和焊接，保证工件结构精度要求的工艺装备，在现代焊接生产中，对于提高产品质量，减轻工人的劳动强度，以及加速焊接生产实现机械化、自动化进程等方面起着非常重要的作用。

1）准确、可靠的定位和夹紧，重复定位精度高，可提高产品的精度和效率。

2）有效地防止和减小焊接变形。

3）工件处于最佳的施焊位置，焊接工艺性好，降低工艺缺欠，可提高焊接效率。

4）降低工人劳动强度、改善劳动条件。

5. 监视（控）系统

激光焊接过程监测按成像光信号的采集角度可分为旁轴式和同轴式。旁轴式是从与激光束呈一定的角度、从焊接熔池的斜上方或一侧提取反映焊接过程的信号；同轴式是从焊接熔池和小孔正上方与激光束同轴线的方向上提取成像信号。根据有无照明光源激光焊接过程视觉传感又可分为主动式和被动式。主动式采用辅助照明光源对熔池和小孔进行旁轴或同轴照明；而被动式是以等离子体的辐射光作为照明光，或以熔池中液态金属的辐射光作为成像光信号。

旁轴式视觉传感过程中传感器的定位安装比较方便、简单，其图像采集光路也较为简单；常规的旁轴照明比较简单，但不能看清小孔的平面形状，是其最大的缺欠。另外旁轴视觉传感器的安装定位需要比较大的空间。

激光焊接过程同轴视觉传感能够从小孔的正上方进行观测，通过对采集到的熔池和小孔同轴视觉图像的处理来监测和判断焊接过程中的状态。与旁轴视觉传感相比，其具有结构紧凑、可与激光输出镜头集成在一起，以及占有空间小等诸多优点，但是从激光束中分离提取出同轴成像信号是其最大的技术难题。

目前，先进的光学器件制备技术可以使这个问题得到有效解决。对 Nd：YAG 等波长较短的固体激光一般在激光光路中放置分光镜使来自熔池的光信号或激光束被反射偏离，从而实现同轴成像信号和激光束光路的分离；而对波长较长的 CO_2 激光一般通过聚焦反射镜上的微孔使来自熔池的成像光信号透过而被提取出来，表征小孔深度的变化。这种处理方法具有很大的局限性，其处理结果受焊接条件和等离子体影响很大。

通过视觉传感研究工件焊透状况、小孔随焊接速度的变化以及熔深与小孔和熔池宽度的对应关系，可以间接预测激光焊接质量。比如，对比焊接过程中焊缝熔透状态由"未熔透"或"仅熔池透"变为"适度熔透（小孔穿透）"时小孔图像变化的规律，可为激光焊接过程熔深闭环控制提供理论依据。

7.2.3　激光焊接设备的应用及发展前景

目前，激光焊接设备的最新进展为新型激光器的出现。新型激光器有直流板条 CO_2 激光器、二极管泵谱 YAG 激光器、CO 激光器、半导体激光器及准分子激光器等。

激光焊接设备向智能化、柔性化发展，并逐步向加工 AI 自学习方向发展。光纤长度最长可达到 60m，一台激光机可进行多工位加工，且一机多用，可同时向多种材料、多种焊接工艺结合的方向发展；拥有开放式的控制接口，同时具有远程诊断功能，故障运维操作网络化，逐步走向"黑灯"工厂。

7.3　激光焊接材料

激光焊接应用广泛，常用于铝及铝合金、钢、铜及铜合金等材料的焊接。下面主要介绍激光焊接常用母材、焊接保护气体、焊接填充材料的类型、主要技术指标及执行标准情况。

7.3.1　铝及铝合金

铝（Aluminium）的英文名出自明矾（Alum），即硫酸复盐 $KAl(SO_4)_2 \cdot 12H_2O$。史

前时代，人类已经使用含铝化合物的黏土（$Al_2O_3 \cdot 2SiO_2 \cdot 2H_2O$）制成陶器。铝是一种轻金属，化学符号为 Al，原子序数为 13。铝元素在地壳中的含量仅次于氧和硅，居第三位，是地壳中含量最丰富的金属元素，其蕴藏量在金属中居第二位。在金属品种中，仅次于钢铁，为第二大类金属。主要以铝硅酸盐矿石、铝土矿和冰晶石形式存在。氧化铝为一种白色无定形粉末，它有多种变体，其中最为人们所熟悉的是 α-Al_2O_3 和 β-Al_2O_3。自然界存在的刚玉即属于 α-Al_2O_3，其硬度仅次于金刚石，熔点高、耐酸碱，常用来制作一些轴承、磨料、耐火材料，如刚玉坩埚，可耐 1800℃ 的高温。Al_2O_3 因含有不同的杂质而有多种颜色。例如，含微量 Cr（Ⅲ）的呈红色，称为红宝石；含有 Fe（Ⅱ），Fe（Ⅲ）或 Ti（Ⅳ）的呈蓝色，称为蓝宝石。

铝及铝合金是当前用途十分广泛、最经济适用的材料之一。铝商品常制成柱状、棒状、片状、箔状、粉状、带状和丝状，在潮湿空气中表面能形成一层防止金属腐蚀的氧化膜。用酸处理过的铝粉在空气中加热能剧烈燃烧，并发出眩目的白色火焰。易溶于稀硫酸、稀硝酸、盐酸、氢氧化钠和氢氧化钾溶液，不溶于水，但可以与热水缓慢地反应生成氢氧化铝，相对密度 $2.70g/m^3$、弹性模量 70GPa、泊松比 0.33、熔点 660℃、沸点 2327℃。以其轻、良好的导电和导热性能、高反射性和耐氧化而被广泛使用。制作日用器皿的铝通常叫"钢精"或"钢种"。

铝及铝合金是高反射性材料，在常温环境下，铝合金对激光的反射率高达 90%，因此铝合金的激光焊接对激光器功率有着较高的要求。铝合金激光焊接取决于激光功率密度和热输入双阈值，二者共同制约着焊接过程的熔池行为，并最终体现到焊缝的成形特征上。纯激光焊接在铝合金焊接上应用较少，一般采用激光 - 电弧复合的方式进行铝合金焊接。

铝合金的熔点低，液态流动性好，在大功率激光作用下会产生气化，在焊接过程中金属蒸气会影响铝合金对激光能量的吸收，导致深熔焊接过程不稳定，焊缝易于产生气孔、表面塌陷、咬边等缺欠。

激光焊接加热冷却速度快，焊缝硬度比电弧焊接的高，但由于铝合金激光焊接存在合金元素烧损，影响合金强化作用，铝合金焊缝仍然存在软化问题，从而降低铝合金焊接接头的强度，因此铝合金激光焊接的主要问题是控制焊缝缺欠和提高焊接接头性能。

铝及铝合金母材成分与力学性能可参考国家标准 GB/T 3190—2020《变形铝及铝合金化学成分》、GB/T 6892—2006《一般工业用铝及铝合金挤压型材》等，也可参考欧标 EN 485、EN 755 系列，以及美标 ASTM B209—2014《铝及铝合金薄板和中厚板》等；焊接保护用气一般为 Ar 气、He 气、N_2 气或混合气体，参考标准有 GB/T 39255—2020《焊接与切割用保护气体》、ISO 14175：2008《焊接及相关工艺用气体及混合气体》、AWS A5.32 等；当采用激光填丝或激光 - 电弧复合焊时，填充材料可参考标准 GB/T 10858—2008《铝及铝合金焊丝标准》、AWS A5.10 等铝及铝合金焊丝。表 7-2～表 7-4 以中国国家标准为例，分别列举 GB/T 6892—2006 中部分铝合金母材化学成分、GB/T 10858—2008 中部分铝合金焊丝化学成分、GB/T 39255—2020 中部分焊接气体类型和化学性质。

表 7-2　GB/T 6892—2006 部分铝合金母材化学成分（质量分数）

(%)

牌号	元素 Si	Fe	Cu	Mn	Mg	Cr	Zn	V	Ti	其余杂质 单个	合计	Al
5051A	≤ 0.30	≤ 0.45	≤ 0.05	≤ 0.25	1.4～2.1	≤ 0.30	≤ 0.20	—	≤ 0.10	≤ 0.05	≤ 0.15	余量
6008	0.50～0.9	≤ 0.35	≤ 0.30	≤ 0.30	0.40～0.7	≤ 0.30	≤ 0.20	0.05～0.20	≤ 0.10	≤ 0.05	≤ 0.15	
6360	0.35～0.8	0.1～0.3	≤ 0.15	0.02～0.15	0.25～0.45	≤ 0.05	≤ 0.10	—	≤ 0.10	≤ 0.05	≤ 0.15	
6261	0.4～0.7	≤ 0.40	0.15～0.4	0.2～0.35	0.7～1.0	≤ 0.10	≤ 0.20	—	≤ 0.10	≤ 0.05	≤ 0.15	
6081	0.7～1.1	≤ 0.50	≤ 0.10	0.10～0.45	0.6～1.0	≤ 0.10	≤ 0.20	—	≤ 0.15	≤ 0.05	≤ 0.15	
7178	≤ 0.40	≤ 0.50	1.6～2.4	≤ 0.30	2.4～3.1	0.18～0.28	6.3～7.3	—	≤ 0.20	≤ 0.05	≤ 0.15	

注：1. 其余杂质指表中未列出或未规定数值的元素。
2. 铝的质量分数为 100.00% 与所有质量分数不小于 0.010% 的元素质量分数综合的差值，求和前各元素质量数值要表示到 0.0X%。
3. 其他牌号型材的化学成分应符合 GB/T 3190—2020 的规定。

表 7-3　GB/T 10858—2008 部分铝合金焊丝化学成分（质量分数）

(%)

焊丝型号	化学成分代号	元素 Si	Fe	Cu	Mn	Mg		Cr	Zn	Ga, V	Ti	Zr	Al	Be	其他元素 单个	合计
SAl1070	Al99.7	0.20	0.25	0.04	0.03	0.03	铝	—	0.04	V0.05	0.03	—	99.7	0.0003	0.03	—
SAl2319	AlCu6MnZrTi	0.20	0.30	5.8～6.8	0.2～0.4	0.02	铝铜	—	0.10	V0.05～0.15	0.10～0.20	0.10～0.25	余量	0.0003	0.05	0.15
SAl3103	AlMn1	0.50	0.7	0.10	0.9～1.5	0.30	铝锰	0.10	0.20	—	—	Ti+Zr0.10	余量	0.0003	0.05	0.15
SAl4009	AlSi5Cu1Mg	4.5～5.5	0.2	1.0～1.5	0.10	0.45～0.5	铝硅	0.10	0.1	—	0.2	—	余量	0.0003	0.05	0.15
SAl5249	AlMg2Mn0.8Zr	0.25	0.40	0.05	0.50～1.1	1.5～2.5	铝镁	0.30	0.20	—	0.15	0.10～0.20	余量	0.0003	0.05	0.15

注：1. Al 的单值为最小值，其他元素单值均为最大值。
2. 根据供需双方协议，可生产用其他型号代号焊丝，用 SAlZ 表示，化学成分代号由制造商确定。
3. 上述仅为部分焊材型号，具体见标准原文。

表 7-4　GB/T 39255—2020 部分焊接气体类型代号和化学性质

大类代号	气体化学性质
I	惰性单一气体和混合气体
M1、M2、M3	含氧气和二氧化碳的氧化性混合气体
C	强氧化性气体和混合气体
R	还原性混合气体
N	含氮气的低活性气体或还原性混合气体
O	氧气
Z	其他混合气体

类型代号		气体化学性质（质量分数，%）					
大类代号	小类代号	氧化性		惰性		还原性	低活性
		CO_2	O_2	Ar	He	H_2	N_2
I	1	—	—	100	—	—	—
	2	—	—		100	—	—
	3	—	—	余量	0.5<He<95	—	—
M1	1	0.5<CO_2<5	—	余量	—	0.5<H_2<5	—
	2	0.5<CO_2<5	—	余量	—	—	—
	3	—	0.5<O_2<3	余量	—	—	—
	4	0.5<CO_2<5	0.5<O_2<3	余量	—	—	—
M2	0	5<CO_2<15	—	余量	—	—	—
	1	15<CO_2<25	—	余量	—	—	—
	2	—	3<O_2<10	余量	—	—	—
	3	0.5<CO_2<5	3<O_2<10	余量	—	—	—
	4	5<CO_2<15	0.5<O_2<3	余量	—	—	—
	5	5<CO_2<15	3<O_2<10	余量	—	—	—
	6	15<CO_2<25	0.5<O_2<3	余量	—	—	—
	7	15<CO_2<25	3<O_2<10	余量	—	—	—

7.3.2　钢

人类对钢的应用和研究历史相当悠久，但是直到 19 世纪贝氏炼钢法发明之前，钢的制取都是一项高成本、低效率的工作。如今，钢以其低廉的价格、可靠的性能成为世界上使用最多的材料之一，是建筑业、制造业和人们日常生活中不可或缺的，可以说钢是现代社会的物质基础。

钢是对 w_C 为 0.02%～2.11% 之间的铁碳合金的统称。钢的化学成分可以有很大变化，其中含有少量 Mn、P、Si、S 等元素，w_C<1.7% 的钢称为碳素钢；在实际生产中，钢根据用途的不同可添加不同的合金元素，比如 Mn、Ni、V 等，称为合金钢。又可以按碳含量高低分类，w_C<0.25% 称为低碳钢；w_C 为 0.25%～0.60% 称为中碳钢；w_C>0.60% 称为高碳钢。

　　钢采用激光焊、激光填丝焊、激光 – 电弧复合焊进行焊接均有良好效果，其焊接质量的好坏取决于钢中杂质含量。为了获得良好的焊接质量，$w_C > 0.25\%$ 时需要预热。当不同碳含量的钢之间焊接时，焊枪可稍偏向低碳材料一侧，以确保接头质量。由于激光焊接时的加热速度和冷却速度非常快，随着碳含量的增加，焊接裂纹和缺口敏感性也会增加。中高碳钢和普通合金钢都可以进行良好的激光焊接，但需要进行预热和焊后处理，以消除应力，避免裂纹产生。

　　钢的应用范围广，各行业应用特点不同，制定的材料标准也不统一，例如，GB 714—2008《桥梁用结构钢》、GB 3275—1991《汽车制造用优质碳素结构钢热轧钢板和钢带》、GB/T 3280—2015《不锈钢冷轧钢板和钢带》、GB/T 20878—2007《不锈钢和耐热钢牌号及化学成分》等。下面以不锈钢为例列举部分母材、填充材料参考标准。母材成分及力学性能可参考标准 GB/T 20878—2007、GB/T 3280—2015、EN 10088、JIS 4035、ASTM A666 系列；焊接保护用气为氮气、氦气、氩气或其混合气体，参考 GB/T 39255—2020、ISO 14175、AWS A5.32；当采用激光填丝或激光电弧复合焊时填充材料可参考标准 GB 4242、ISO 14341、AWS A5.9 等。下面以 GB 3280—2015、GB 4242—2013 标准为例，列举部分不锈钢母材和焊材化学成分，见表 7-5、表 7-6。

表 7-5　GB/T 20878—2007 部分母材化学成分（质量分数）　　　　　　　　　　（%）

序号	牌号	元素										
		C	S	Mn	P	S	Ni	Cr	Mo	Cu	N	其他元素
1	12Cr17Ni7	0.15	1.00	2.00	0.045	0.030	6.00 ~ 8.00	16.00 ~ 18.00	—	—	0.10	—
2	022Cr17Ni7N	0.15	1.00	2.00	0.045	0.030	6.00 ~ 8.00	16.00 ~ 18.00	—	—	0.20	—
3	12Cr18Ni9	0.15	0.75	2.00	0.045	0.030	6.00 ~ 8.00	17.00 ~ 19.00	—	—	0.10	—
4	10Cr18Ni12	0.12	0.75	2.00	0.045	0.030	10.5 ~ 13.00	17.00 ~ 19.00	—	—	—	—
5	06Cr23Ni13	0.08	0.75	2.00	0.045	0.030	12.00 ~ 15.00	22.00 ~ 24.00	—	—	—	—

　　注：1. 表中所列成分除标明范围或最小值，其余均为最大值。

　　　　2. 上述牌号为 GB/T 20878—2007 中部分母材化学成分。

表 7-6　GB 4242 部分填充材料化学成分（质量分数）　　　　　　　　　　（%）

焊丝牌号	元素								
	C	Si	Mn	P	S	Cr	Ni	Mo	其他
铁素体型									
H0Cr14	≤ 0.06	0.30 ~ 0.70	0.30 ~ 0.70	≤ 0.030	≤ 0.030	13.00 ~ 15.00	≤ 6.00	—	—
H1Cr17	≤ 0.10	≤ 0.50	≤ 0.60	≤ 0.030	≤ 0.030	15.50 ~ 17.00	—	—	—

（续）

焊丝牌号	元素								
	C	Si	Mn	P	S	Cr	Ni	Mo	其他
马氏体型									
H1Cr13	≤ 0.12	≤ 0.50	≤ 0.60	≤ 0.030	≤ 0.030	11.50 ~ 13.50	—	—	—
H1Cr5Mo	≤ 0.12	0.15 ~ 0.35	0.40 ~ 0.70	≤ 0.030	≤ 0.030	4.00 ~ 6.00	≤ 3.00	0.40 ~ 0.60	
奥氏体型									
H0Cr21Ni10	≤ 0.06	≤ 0.60	1.00 ~ 2.50	≤ 0.030	≤ 0.030	19.50 ~ 22.00	9.00 ~ 11.00	—	—
H00Cr21Ni10	≤ 0.03	≤ 0.60	1.00 ~ 2.50	≤ 0.030	≤ 0.030	19.50 ~ 22.00	9.00 ~ 11.00	—	—

7.3.3　铜及铜合金

铜是人类最早使用的金属之一。早在史前时代，人们就开始采掘露天铜矿，并用获取的铜制造武器、工具和其他器皿，铜的使用对早期人类文明的进步影响深远。铜是与人类关系非常密切的有色金属，被广泛地应用于电器、轻工、机械制造、建筑工业及国防工业等领域，在中国有色金属材料的消费中仅次于铝。

铜存在于地壳和海洋中，铜在地壳中的含量约为 0.01%，世界上已探明的铜储量为 3.5 ~ 5.7 亿 t，其中斑岩铜矿约占全部总量的 76%。自然界中的铜，多数以化合物即铜矿石存在。铜既是一种金属元素，也是一种过渡元素，化学符号 Cu，英文 Copper，原子序数 29。纯铜是柔软的金属，表面刚切开时为红橙色带金属光泽，单质呈紫红色，密度为 8.92g/cm^3，熔点为 1083.4℃，沸点为 2567℃，延展性好，导热性和导电性高，因此在电缆和电器、电子元件中是最常用的材料，也可用作建筑材料，可以组成众多种合金。铜合金力学性能优异，电阻率很低，其中最重要的属青铜和黄铜。此外，铜也是耐用的金属，可以多次回收而无损其力学性能。

铜及铜合金与铝合金一样，是一种高反射性材料，在 1064 nm 波长处入射的激光能量会被铜材料表面反射掉接近 90%，但激光波长在 450nm 左右时铜金属对激光的吸收率可达 65%。铜金属对蓝光的高吸收率使激光焊接铜金属成为可能。但铜及铜合金焊接时易产生未熔合与未焊透的问题，因此应采用能量集中、大功率的激光热源进行焊接，同时应配合预热措施。

中国国家标准对铜及铜合金化学成分、力学性能、尺寸公差等均做了相应规定，如 GB/T 5231—2022《加工铜及铜合金牌号和化学成分》、GB/T 2059—2017《铜及铜合金带材》、GB/T 26017—2020《高纯铜》、GB/T 20078—2006《铜和铜合金　锻件》等。焊接保护用气为氮气、氢气、氩气、疝气或其混合气体，参考标准为 GB/T 39255—2020、ISO 14175—2008、AWS A5.32：2011；当采用激光填丝或激光电弧复合焊时填充材料可参考标准 GB/T 9460—2008《铜及铜合金焊丝》等。下面以 GB/T 5321—2022、GB/T 9460—2008 标准为例列举部分铜母材和焊材成分，见表 7-7、表 7-8。

表 7-7　GB/T 5321—2022 部分母材化学成分（质量分数）　(%)

分类	牌号	Cu+Ag（最小值）	P	Ag	Bi	Sb	As	Fe	Ni	Pb	Sn	S	Zn	O	Cd
无氧铜	TU0	99.97	0.002	—	0.001	0.002	0.002	0.004	0.002	0.003	0.002	0.004	0.003	0.001	—
无氧铜	TU1	99.97	0.002	—	0.001	0.002	0.002	0.004	0.002	0.003	0.002	0.004	0.003	0.002	—
磷无氧铜	TUP0.002	99.99	0.0015～0.0025	—	—	—	—	—	—	—	—	—	—	—	—
磷无氧铜	TUP0.003	99.95	0.001～0.005	—	—	—	—	—	—	—	—	—	—	—	—
银无氧铜	TUAg0.003	99.95	—	≥0.034	0.0003	0.0005	0.0004	0.0025	0.0006	0.0006	0.0007	—	—	0.001	—
氧铜	TU00Ag0.06	99.99	0.002	0.05～0.08	—	—	—	—	—	—	—	—	0.0005	0.0005	—

注：表内仅为标准中部分铜金属化学成分。

表 7-8　GB/T 9460—2008 部分填充材料化学成分（质量分数）　(%)

牌号	Cu	Zn	Sn	Si	Mn	Ni	Fe	P	Pb	Al	Ti	S	杂质元素总和	识别颜色
HSCu	≥98.0	*	≤1.0	≤0.5	≤0.5	*	*	≤0.15	≤0.02	*≤0.01	—	—	—	浅灰
HSCuZn-1	57.0～61.0	余量	0.5～1.5	—	≤0.5	—	—	—	≤0.5	—	—	—	—	大红
HSCuNi	余量	*	*	≤0.15	≤1.0	29.0～32.0	0.40～0.75	≤0.02	—	—	0.2～0.5	≤0.01	≤0.5	中黄
HSCuSi	余量	≤1.5	≤1.1	2.8～4.0	≤1.5	*	≤0.5	*	*≤0.20	*≤0.01	—	—	—	紫红
HSCuSn	余量	*	6.0～9.0	*	*	*	*	0.10～0.35	—	—	—	—	—	粉红

注：1. 表内仅为标准中部分铜焊接材料化学成分。

2. 杂质元素总和不包括带＊号的元素，微量元素可以不分析。

7.4 激光焊操作技巧及禁忌

激光焊作为一种新型精密的焊接工艺方法，与其他焊接工艺方法不同，本节主要描述激光焊接所用到的参数，操作技巧、禁忌及流程。

7.4.1 激光焊接参数

激光焊接的主要参数包含激光功率、光束模式、光斑直径、材料吸收率、焊接速度、保护气体、焦距及离焦量等。按照参数类型可分为固有特性和赋予特性。

（1）固有特性　设备本身已有的特性，它是在设备设计、开发、制造后形成的属性，包含光束质量因子、光束模式、最大激光功率、光斑直径、焦距及束腰长度等。

1）光束质量因子。激光光束质量因子是激光器的一个重要技术指标，是从质的方面来评价激光的特性。光束质量会影响到激光的聚焦效果以及光斑分布情况，是用来表征激光光束质量的参数，实际激光光束质量因子越接近 1，说明光束质量越接近理想光束，它的光束质量就越好。

2）光束模式。激光光束模式分为激光横模和激光纵模。

激光横模代表激光束光场的横向分布规律，激光纵模是激光在光腔内纵向分布规律，对应主要影响激光的频率，两者均会影响激光加工的效果。

激光纵模决定了激光波长和激光频率。加工所使用的激光波长的大小对激光加工有很大的影响。材料的反射系数和所吸收的能量取决于激光波长，激光波长越短，则金属材料的反射系数越小，所吸收的光能越多。

激光横模通常情况下有三种模式，高斯分布、平顶分布，环形分布，如图 7-9 所示，相同焊接条件下焊缝成形如图 7-10 所示焊缝宏观金相。

3）最大激光功率。根据激光器选型已确定最大输出激光功率。

4）光斑直径。光束斑点大小是激光焊接的最重要变量之一，它决定激光功率密度。

a) 高斯分布模式　　　　b) 平顶分布模式　　　　c) 环形分布模式

图 7-9　激光横模

5）焦距。焊接时通常采用聚焦方式汇聚激光，一般选用 63 ～ 254mm 焦距的透镜。聚焦光斑大小与焦距成正比，焦距越短，光斑越小。此外，焦距长短也会影响焦深，即焦深随着焦距同步增加，因此短焦距可提高功率密度，但因焦深小，所以必须精确保持透镜与工件的间距，且熔深也不大。受焊接过程中产生的飞溅物和激光模式的影响，实际焊接使用的最短焦深多为焦距 126mm。当接缝较大或需要通过加大光斑尺寸来增加焊缝时，可选择 254mm 焦距的透镜，在此情况下，为了达到深熔小孔效应，需要更高的激光输出功率（功率密度）。另外，也可以根据工作物的特点定制不同的焦距，在一些汽车制造业的狭小空间的熔透焊缝中，可采用超远程焦距距离，可达到 600 ～ 1000mm。

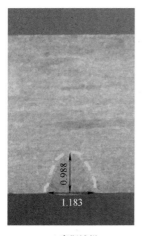

a) 高斯试样　　　　b) 平顶试样　　　　c) 环形试样

图 7-10　激光焊焊缝宏观金相

（2）赋予特性　与固有特性相对的就是赋予特性，也称之为工艺参数。包含激光功率、材料吸收率、焊接速度、保护气体及离焦量等

1）激光功率。激光焊接中存在一个激光能量密度阈值，低于此值，熔深很浅，一旦达到或超过此值，熔深会大幅度提高。只有当工件上的激光功率密度超过阈值（与材料有关），等离子体才会产生，这标志着稳定深熔焊的进行。如果激光功率低于此阈值，则工件仅发生表面熔化，也即焊接以稳定热传导型进行。而当激光功率密度处于小孔形成的临界条件附近时，深熔焊和传导焊交替进行，成为不稳定焊接过程，导致熔深波动很大。激光深熔焊时，激光功率同时控制熔透深度和焊接速度。焊接的熔深直接与光束功率密度有关，且是入射光束功率和光束焦斑的函数。一般来说，对一定直径的激光束，熔深随着光束功率提高而增加。

焊接起始、终止点的激光功率渐升、渐降控制。激光深熔焊接时，不论焊缝深浅，小孔现象始终存在。当焊接过程终止、关闭功率开关时，焊缝尾端将出现凹坑。另外，当激光焊层覆盖原先焊缝时，会出现对激光束过度吸收，导致工件过热或产生气孔。

为了防止上述现象发生，可对功率起止点编制程序，使功率起始和终止时间变成可调，即起始功率在一个短时间内从零升至设置功率值，并调节焊接时间，最后在焊接终止时使功率由设置功率逐渐降至零值。

2）材料吸收率。材料对激光的吸收取决于材料的一些重要性能，如吸收率、反射率、热导率、熔化温度及蒸发温度等，其中最重要的是吸收率。

影响材料对激光光束吸收率的因素包括两个方面：首先是材料的电阻系数，经过对材料抛光表面的吸收率测量发现，材料吸收率与电阻系数的平方根成正比，而电阻系数又随温度而变化；其次，材料的表面状态（或者表面粗糙度）对光束吸收率有较重要影响，从而对焊接效果产生明显作用。

3）焊接速度。焊接速度对熔深影响较大，提高焊接速度会使熔深变浅，但焊接速度过低又会导致材料过度熔化、工件焊穿。对一定激光功率和一定厚度的同种材料，通过焊接速度的调整，即可获得最大熔深。

4）保护气体。激光焊接过程常使用惰性气体来保护熔池，当某些材料焊接不计较表面氧化时则也可不考虑保护，但对大多数应用场合则常使用氦、氩、氮等气体作保护，使工件在焊接过程中免受氧化。

氦气不易电离（电离能量较高），可让激光顺利通过，光束能量不受阻碍地直达工件表面。这是激光焊接时使用最有效的保护气体，但价格较贵。

氩气比较便宜，由于其密度较大，所以保护效果较好。但它易受高温金属等离子体电离，结果屏蔽了部分光束射向工件，减少了焊接的有效激光功率，也损害焊接速度与熔深。使用氩气保护的工件表面要比使用氦气保护时来得光滑。

氮气作为保护气体最便宜，但对某些类型不锈钢焊接时并不适用，主要是由于冶金学方面问题，如吸收，有时会在搭接区产生气孔。

等离子体云尺寸与采用的保护气体不同而变化，氦气最小，氮气次之，使用氩气时最大。等离子体尺寸越大，熔深则越浅。造成这种差别的原因首先由于气体分子的电离程度不同，其次也由于保护气体不同密度引起金属蒸气扩散的差别。

使用保护气体的第二个作用是保护聚焦透镜免受金属蒸气污染和液体熔滴的溅射。特别在高功率激光焊接时，由于其喷出物变得非常有力，此时保护透镜则更为必要。

等离子云对熔深的影响在低焊接速度区最为明显。当焊接速度提高时，它的影响就会减弱。

保护气体是通过喷嘴口以一定的压力射出到达工件表面的，喷嘴的流体力学形状和出口直径大小十分重要。其出口直径必须足够大以驱使喷出的保护气体覆盖焊接表面，但为了有效保护透镜，阻止金属蒸气污染或金属飞溅损伤透镜，喷口大小也要加以限制。另外，流量也要加以控制，否则保护气的层流变成紊流，大气会被卷入熔池，最终形成气孔。

为了提高保护效果，还可用附加侧向吹气的方式，即通过一较小直径的喷管将保护气体以一定的角度直接射入深熔焊接的小孔。保护气体不仅抑制了工件表面的等离子体云，而且对孔内的等离子体及小孔的形成施加影响，熔深进一步增大，获得深宽比较为理想的焊缝。但是，此种方法要求精确控制气流量大小、方向，否则容易产生紊流而破坏熔池，导致焊接过程难以稳定。

5）离焦量。焊接时，为了保持足够功率密度，焦点位置至关重要。焦点与工件表面相对位置的变化直接影响焊缝宽度与深度。

在大多数激光焊接应用场合，通常将焦点的位置设置在工件表面以下所需熔深的约1/4处。

离焦方式有两种：正离焦与负离焦。焦平面位于工件上方为正离焦，反之为负离焦。按几何光学理论，当正负离焦平面与焊接平面距离相等时，所对应平面上功率密度近似相同，但实际上所获得的熔池形状不同。当负离焦时，材料内部功率密度比表面还高，易形成更强的熔化、气化，使光能向材料更深处传递。因此，在实际应用中，当要求熔深较大时，采用负离焦；焊接薄材料时，宜用正离焦。

7.4.2　激光焊操作过程

激光焊操作过程包含开工前准备、日常试验、工件装配及检验、设备点检及校验、设备参数及焊接参数设置、编程要求、焊后检验等。以轨道交通行业中的激光焊接侧墙流程为例，操作流程如下：

开工前准备→日常试验→工件装配→程序模拟→工件焊接→焊后检验、交检。

1. 开工前准备

开工前的准备包含硬件和软件两个方面。其中，硬件准备包含设备、工件、工装、工具及检具等；软件准备包含程序（编制、调试、调用）、人员培训、设备各项检测指标等。

（1）硬件准备　对焊接设备进行例行检查。定期检查激光系统的激光器、冷却系统、保护气体输送系统、运动系统、软件控制系统及其他辅助部件等，确保焊接稳定。

检查所有零部件标识，外观质量和尺寸，标识齐全，质量合格方可开工。

根据焊接工件的特征，检查环境温度及湿度是否满足焊接需求；检查配置的施工工艺文件、检测工具是否满足焊接要求。

监视、跟踪装置校准检测监视、跟踪系统准确性，保证焊接重复一致性。

（2）软件准备　从事激光焊接操作人员应经过专业的激光焊接技术培训，并取得相应的设备操作证；从事激光焊接维保人员应经专业的激光维保培训，特别是激光器部分不得擅自修改或维保不明确参数。

日常功率检测是完成设备点检后进行的一次激光出光功率检测，根据每日功率检测数据可监控设备稳定性。功率检测数据需进行记录。

TCPF 校准是检测设备工具坐标系准确性的检测，校核 TCPF 可有效控制程序重复性；BASE 校准是检测工装与设备相对位置的有效方法。

程序编制前根据工作物特征编制焊接顺序计划表，一般采用图示的方法，焊接顺序计划是程序编制的依据和大纲，程序框架清晰，通用部分尽量采用子程序；特殊位置增加必要性说明。

大型、复杂工件一般会采用离线编程并进行模拟仿真，离线编程的流程如下：离线场景建模→路径创建及点属性、状态编辑→干涉分析→模拟焊接→离线程序下传→离线程序验证→离线程序上传→离线程序管理。

1）离线场景建模。要求产品、工装具备准确的三维数据，将三维数据导入编程软件的离线场景中进行模拟装配，装配时应保证三维场景与现实场景一致。

2）路径创建及点属性、状态编辑。根据产品需求及焊缝位置创建点，将已创建点按工艺设计顺序编制成组，并定义点属性、状态。创建过程遵循以下要求：

其一，路径设计：原则上路径设计按照从产品中心开始上下、左右两侧进行，同侧路径设计时激光头的姿态保持一致，相同接头的路径起始端参数设计保持一致。

其二，路径可达性分析：对创建的路径进行可达性分析，对不可达点进行修正。

其三，点属性、状态编辑：点包含焊点和过点两种属性，需定义点属性以及点的压紧状态、保护气状态等。

3）干涉分析。定义激光头（包含设备端的保护气体喷嘴、压轮等辅助装置）与工件和工装的干涉，进行干涉分析，对存在干涉的位置进行修正。

4）模拟焊接。选择创建的路径进行模拟，对路径进行优化，尽量减少不必要的过点（在保证安全余量、满足作业要求的情况下删除多余的路径点），使路径简洁、清楚、规律、通用。

5）离线程序下传。对创建的路径进行下载，将生成的程序导入现场激光焊接数控系统进行现场调试。

6）离线程序验证。离线场景应用到批量生产前，需进行现场程序验证，首先试件进行验证时需要进行空运行，确保运行过程中激光头与工装、工件无碰撞。

7）离线程序上传。离线程序现场验证后，需将程序反馈至离线编程系统，以保证程序一致性。

8）离线程序管理。固化后的程序按照项目进行分类存档。

2. 日常试验

激光焊接前按需进行焊前试验，对于精密焊接或部分熔透焊接等有特殊要求的焊接工艺，需进行每日开工前焊接试验，保证焊缝的一致性；对于熔透焊缝可适当加大时间跨度。试验类型根据实际需求确定，通常情况下有拉脱力试验、宏观检测、弯曲试验等。焊缝评判标准按照被焊工件的等级执行。

完成开工前准备的各项设备校准工作后，进行日常焊接试验。

用于制作试板的材料，在材质、板厚、热处理和表面状态等方面，应与实际生产中所使用的材料相同；试板尺寸规格、焊接接头形式与现场实际生产相同。焊接之前确认参数与现场 WPS（工艺规程）一致。施焊时严禁各类人员在激光焊接工作区内停留，注意做好激光焊接的防护工作。

试板应用机械法去除氧化膜、毛刺、飞边；用中性清洗剂擦洗和棉纱去除油渍及污物，保证试板表面清洁干净。

焊接时需注意激光功率上升和下降范围的控制，使用焊接试验程序进行焊接试验，焊缝长度大于试验要求长度；有效焊接区表面不得有击穿、焊缝不连续、裂纹、凹坑及表面飞溅。

有拉脱力要求的试验，需将激光功率上升和下降范围采用机械的方式去除，保证切除面光滑，断裂位置不得发生在切面上。焊缝撕裂后用肉眼观察断面，焊缝断面应均匀连续，相邻断面一致。

有宏观金相试验要求的试验，宏观断面不得取激光功率上升和下降范围内的焊缝，对金相试样进行切割、抛光、腐蚀、拍照记录。

如出现不合格项，应检查设备状态是否异常、试件是否符合要求；排除异常后，重新做 2 次试验，全部合格后可正常生产；如仍不合格，可参照焊接工艺规程对激光功率或激光速度参数在 10% 范围内进行适当调节，并连续做 3 次试验；3 次均合格后可用此焊接规范进行生产，并报焊接工程师确认。如果仍不合格，应及时报告焊接工程师进行解决。在下一次生产前，应及时参照焊接工艺规程将焊接参数调出，按规定做日常焊接试验，如不合格，报告工艺部门处理。

工作试件由生产班组妥善保管，留存周期一般为产品在工序流转周期内，以备查询。

3. 工件装配

1）研究和熟悉装配图的技术条件，了解产品结构和零部件作用，以及相互连接关系。应严格按照设计部提供的装配图样及工艺要求进行装配，严禁私自修改作业内容或以非正常的方式更改零部件。

2）装配前搬运时，必须在两工件之间垫上毛布或纸板，防止划伤。严禁将工件直接置于地面上。对所搬运过程的各类物品必须安全、文明操作，轻拿轻放，防止磕碰现象的发生。

3）装配前，应检查零部件与装配有关的形状和尺寸精度是否合格，检查有无变形、损坏等，并应注意零部件上各种标记，防止错装。装配的零部件必须经质检部验收合格，装配过程中若发现漏检的不合格件，应及时上报。外购件必须经过试验检查合格后，才能投入装配。

4）零部件装配前和装配过程中均须彻底清理，绝不允许有油污、脏物和杂物存在。装配环境要求清洁，不得有粉尘或其他污染物，零件应存放在干燥、无尘、有防护垫的场所。清洁作业不得使用高压风，应采用吸尘器。

5）装配时原则上不允许踩踏工件，如果需要踩踏作业，必须穿鞋套。

6）装配时应注意装配方法与顺序，注意采用合适的工具及设备，遇到有装配困难的情况，应分析原因，排除障碍，禁止乱敲猛打。装配过程中零部件不得磕碰、切伤，不得损伤零部件表面，或使零部件产生明显变形，零部件的配合表面不得有损伤。

7）定位精度要求，对于批量工件自动焊接，应尽量采用工装进行定位，要求重复定位精度 ≤ 1mm，加上自动焊接设备本身具备非常高的重复定位精度，可发挥自动焊接的高效优势。

8）装配精度要求，激光焊接对装配精度要求较严格，焊接前，激光焊接位置处装配间隙可用片状塞尺进行检测，对于搭接和对接自熔焊装配间隙要 <0.1t（t 为板厚），填丝焊对装配间隙要求一般 ≤ 0.5d（d 为焊丝直径）。

4. 程序模拟

程序模拟发生在正式焊接前，程序模拟过程中一般采用手动空运行模式，激光关闭，通过激光引导红光检查焊接位置。程序在使用过程中保证每个工件每个工步的焊接程序的唯一性，避免程序调用错误。

5. 工件焊接

根据焊接顺序计划表分工步进行焊接，焊接过程中可根据设备性能实现焊接过程监控或监视，焊接参数超出阈值后可给出提示或报警。

6. 焊后检验、交检

激光焊缝焊接完成后，观察焊缝外观。根据不同的接头形式，采用不同的检测手段。搭接部分熔透焊缝可利用片状塞尺检测激光焊缝具体要求如下：

1）焊缝连续均匀，焊缝余高不低于母材，塞尺不通过为外观合格。

2）焊缝余高低于母材 10%，塞尺不通过为外观不合格。

3）塞尺通过，属不合格。

执行对接焊缝检测要求如下：

1）焊缝连续均匀。

2）焊缝余高下凹不大于母材10%，有密封要求的焊缝需进行渗透检测结合试漏试验。具体可参照 GB/T 22085《电子束及激光焊接接头缺欠质量分级指南》。

7.4.3　缺欠产生原因及措施

激光焊接典型缺欠类型、形成原因及预防措施见表 7-9。

表 7-9　激光焊接典型缺欠类型、形成原因及预防措施

序号	缺欠类型	形成原因	预防措施
1	未熔合、未焊透	1）零件尺寸精度超差 2）装配间隙超差 3）焦点偏离 4）功率不足 5）速度过快	1）控制零件尺寸精度 2）检查装配间隙 3）调整焦点位置 4）加大功率 5）降低速度
2	咬边	1）焊接速度过快 2）接头组装间隙过大 3）激光焊接结束时，能量下降时间过快	1）控制激光焊接机的加工功率和速度匹配，避免咬边 2）控制装配间隙 3）延长激光焊接结束时功率能量下降的时间
3	焊偏	1）焊接时定位不准 2）填充焊时光与丝的对位不准	1）调整焊接定位 2）调整填充焊时光与丝的位置，以及光、丝与焊缝的位置
4	未焊满或下凹	1）送丝速度过慢 2）焊接速度快	1）加快送丝速度 2）降低焊接速度
5	焊缝堆积	1）送丝速度过快 2）焊接速度慢	1）降低送丝速度 2）加快焊接速度
6	飞溅	1）焊接前未清理工件表面的油渍和污染物 2）镀锌层或氧化层的挥发所致	1）焊前清理焊接位置 2）焊前清理镀锌层或氧化层
7	熔穿	1）工件清洁不良 2）装配间隙超差 3）等离子体抑制不良	1）清理工件焊缝位置 2）检查装配间隙 3）调整保护气体配比和喷嘴角度
8	外露表面变色	1）功率过大 2）速度低	调整功率与速度的匹配性，降低功率或提高速度。满足产品需求的同时观察外露表面变色情况

7.5　激光安全与防护

激光对人体和工作环境造成的有害作用称为激光危害。激光危害所采取的相应的安全对策称为激光防护。本部分主要介绍激光辐射的危害，激光安全等级分类及其标准，以及不同安全等级的应用和防护要求等。

7.5.1　激光危害

激光对人体和工作环境构成危害的主要有直射光、反射光和漫散射光。进行激光焊接

时，还可能产生有害的烟雾、蒸气和噪声等，对环境造成辐射危害。大功率激光辐射会破坏某些精密仪器，甚至引起火灾。

激光辐射会对人眼和皮肤造成严重伤害。人眼对不同波长激光的透射和吸收不同，不同波长激光对人眼伤害的部位也不同。激光辐射造成的眼部伤害主要有由紫外线导致的光致角膜炎（又称电光性眼炎或雪盲），由可见光导致的视网膜烧伤、凝固、穿孔、出血和爆裂，以及由红外光导致的晶状体混浊、角膜凝固等。激光辐射造成的皮肤伤害主要有色素沉着、红斑和水泡等。伤害程度取决于辐射剂量的大小，而这与激光器的输出能量、工作波长和工作状态有关，其中输出能量是最主要的因素。

7.5.2　激光安全等级分类

为了更好地推广应用激光技术，尽可能减轻激光带来的危害，根据激光器所产生的激光对人体的损害程度将其进行安全等级分类。下面列举几个国内外应用较多的分类方法。

（1）美国国家标准协会　美国国家标准协会（ANSI）ANSI Z136 标准将激光划分为 5 种安全等级（1 类、2 类、3A 类，3B 类和 4 类），具体取决于激光引起生物损害（主要是眼睛和皮肤损伤）的可能性。分类是根据连续时间或重复脉冲激光的曝光时间，激光波长和平均功率以及脉冲激光的脉冲总能量，通过计算确定的，用 AEL（眼镜 / 皮肤所承受的最大激光辐射值）来划定不同等级的激光。具体分类如下：

1）1 类激光器：激光器设计或预期使用所固有的最大持续时间内的任何曝光时间，均不超过 1 类规定的 AEL。1 类激光器不受所有光束危害控制措施的约束，也就是该类激光器对于人眼和皮肤几乎没有危害，不用考虑任何激光防护措施。

2）2 类激光器：是连续波和重复脉冲激光器，其波长在 $0.4 \sim 0.7 \mu m$（$400 \sim 700nm$）之间，其发射的能量可以超过 1 类 AEL，但发射时间少于 0.25s 且不超过 1 类 AEL，平均辐射功率 $\leqslant 1mW$。

3）3A 类激光器：对于波长 $<0.4 \mu m$ 或 $>0.7 \mu m$ 的波长，3A 类激光器的 AEL 为 1 类 AEL 的 $1 \sim 5$ 倍；对于 $0.4 \sim 0.7 \mu m$ 的波长，其小于 2 类 AEL 的 5 倍。

4）3B 类激光器：对于波长在 $0.18 \sim 0.4 \mu m$ 之间或在 $1.4 \sim 1mm$ 之间的波长，曝光时间 $\geqslant 0.25s$ 或 $<0.25s$ 的曝光时间，3B 类激光器不能发出 $>0.5W$ 的平均辐射功率。

另外，超过 3A AEL 等级的波长在 $0.4 \sim 1.4 \mu m$ 之间的激光器，对于 $\geqslant 0.25s$ 的曝光，不能发射 $>0.5W$ 的平均辐射功率或每个脉冲 $>0.03J$ 的辐射能量。

5）4 类激光器：该类产品的 AEL 超过 3B 类 AEL。

（2）国际电工委员会　国际电工委员会发布的 IEC 60825-1：2014《激光产品的安全　第 1 部分：设备分类和要求》，是概述激光产品安全性比较全面的标准。分类基于包括光束发射角、激光类型、发射持续时间及限制孔径等参数的综合计算，并与 ANSI 标准一起确定，但 IEC 标准还添加了各类别激光产品的观察条件。

1）1 类激光的风险非常低，并且"在合理可预见的使用范围内是安全的"，包括使用光学仪器进行光束内观察。

2）1M 类激光的波长在 $302.5 \sim 4000nm$ 之间，一般情况下被视作是安全的激光，除非与光学辅助工具（例如双筒望远镜）一起使用和观察。对于 $400 \sim 700nm$ 之间的波长，操作人员不允许接触超过 2 类 AEL 的辐射水平，并且在此波长范围之外的任何激光辐射必须低于 1 类 AEL。

3）2M 类激光的波长在 400 ~ 700nm 之间，用光学仪器观察时有潜在的危险。在此波长范围之外的任何发射都必须低于 1M 级别的 AEL 水平。

4）3R 类激光的波长在 302.5 ~ 1060nm 之间，具有潜在危险，但风险系数低于 3B 类激光器。对于 400 ~ 700nm 之间的波长，3R 激光的 AEL 在 2 类 AEL 的 5 倍之内，而在该范围之外的波长在 1 类 AEL 的 5 倍之内。

5）3B 类激光通常直接观察光束时都是危险的，但是在受到漫反射时通常是安全的。

6）4 类激光在光束内观察以及受到漫反射时都是危险的，还可能导致皮肤受伤，并有潜在的火灾威胁隐患。

（3）中国国家标准　GB 7247.1—2012《激光产品的安全　第 1 部分：设备分类、要求》，适用于波长 180nm ~ 1mm 激光产品的激光辐射安全要求，对各类激光的危害有了更详细的解释，意在通过类别的划分增加相应的保护措施来减少激光辐射危害。该国标将激光分为七类，与 IEC 的分类名称一致：1 类、1M 类、2 类、2M 类、3R 类、3B 类和 4 类。

1）1 类激光产品在可预见的情况下是安全的，但是在光线暗的环境中，受到激光照射或者镜面反射照射也可能出现眩目的视觉效果。同时，因为这是基于正常工作时受到的辐射水平估计，在维护过程中如果解除了激光器挡板的联锁，所接触到的激光辐射可能就高于 1 类激光的要求。

2）1M 类激光产品在 302.5 ~ 4000nm 波长范围内的 AEL 和 1 类激光一致，但是由于测量时采用了更小的测量孔径或距离更远的表观光源（即光束能够危害视网膜的距离），所以在使用光学仪器，如放大镜或望远镜观察时就有潜在的辐射危害。

3）2 类激光产品的波长范围为 400 ~ 700nm，一般指低功率的激光，就算遭到直射，人眼的回避反应（0.25s 的及时反应）能避免人眼受到辐射伤害，但是如果反复低于 0.25s 的直射或者有意注视光束，也是有潜在危害的。2 类激光容易引起炫目、闪光盲和视后像现象（人眼受刺激时看到的图像不会在短时间内消失）。

4）2M 类激光产品和 1M 类有类似的特点，在 400 ~ 700nm 的波长范围内 AEL 和 2 类激光一致，但是在使用光学仪器，如放大镜或望远镜观察时就有潜在的辐射危害。

5）3R 类的 AEL 为 2 类可见光束和 1 类不可见光束的 5 倍，损伤风险随着照射持续时间的增加而增强，有意的照射是危险的，因此一般用于不可能发生直射或者镜面反射的场景。

6）3B 类的激光直射，包括镜面反射和少于 0.25s 的短时照射都是有危险的，AEL 较高的 3B 类产品还会引起轻微的皮肤烧伤，甚至有点燃易燃材料的危险，并且部分 3B 激光长时间的漫反射也对眼睛造成伤害。

7）4 类激光产品光直射、镜面反射、少于 0.25s 的短时照射以及漫反射都是有危险的，这类激光产品也经常引起火灾，因此要注意在可能透光的窗口设置激光警示标志，这也是为什么很多高功率激光设备的窗口采用激光防护玻璃的原因。

（4）安全等级分类　不同标准安全等级分类对比见表 7-10。

表 7-10　不同标准安全等级分类对比

安全等级	标准					备注
	JIS C 6802	EN 60825	GB 7247	IEC 60825	ANSI Z136	
	日本	欧洲	中国	国际电工委	美国	
1 类	在可预见的情况下是安全的					
1M 类	除了用光学仪器观察外，在可预见的情况下是安全的				无	
1C 类	适用于医疗、美容激光产品，光束直射可能达到 3R、3B、4 级水平		无			
2 类	有 0.25s 的瞬时保护，但是容易引起炫目、闪光盲和视后像现象				0.25s 的瞬时反应可以保护眼睛不受伤害，但是重复照射或长期注视会有危害	
2M 类	除了用光学仪器观察外，安全等级和 2 类一致				无	
3A 类	无				长于 0.25s 的照射平均功率或单脉冲能量不能大于 0.5W/0.03J	
3R 类	损伤风险随着照射持续时间的增加而增强，有意的照射是危险的				无	
3B 类	激光直射，包括镜面反射和少于 0.25s 的短时照射都是有危险的，AEL 较高的 3B 类产品的漫反射也具有潜在危险，还会引起轻微的皮肤烧伤					
4 类	直射、镜面反射、少于 0.25s 的短时照射以及漫反射都有严重的危险，同时会引起火灾和再加工过程还会排放其他有害物质					

7.5.3　激光安全标志

为了更好地保护激光辐射区域的人和环境，使其免受激光辐射危害，需要在激光产品和生产、使用、维护激光产品的场所张贴激光标记。国家标准 GB 18217—2000《激光安全标志》，明确了需要标识的内容、方法、图案及颜色等。

激光标志分为安全标志，警告标志、说明标志等。安全标志用以表达特定安全信息的标记，由图形符号、安全色、几何形状（边框）或文字构成。警告标志提醒人们对周围环境引起注意，以避免可能发生危险的图形，图形为正三角形外框，中间为一同心圆，该同心圆向外呈太阳辐射状的一条长线、若干短线。说明标志向人们提供特定提示信息（标明安全分类或防护措施等）的标记，由几何图形边框和文字构成，为黄底、黑框的长方形，黑框内有说明文字；除 1 类激光产品外，须注明激光辐射最大输出脉宽、激光发射波长、激光产品执行的标准及标准版本日期等。挡板标记，如激光产品的每个接头、防护罩上的挡板或防护围栏的通道挡板一旦移开或拆除，会使工作人员接触激光辐射，则这些地方应具有标记。

所有激光产品都必须贴有激光安全标记，同时具有激光警告、激光辐射分类说明、辐射窗口等安全标记，激光安全标记的粘贴位置必须位于人眼看得到并不受激光伤害的地方。

不同安全等级激光辐射具有不同的说明文字，1 类到 4 类激光产品不同安全等级部分激光辐射标志及说明如图 7-11 所示，其他部分辅助类激光辐射标志及说明如激光辐射窗口标志及说明实例如图 7-12 所示，警告标志实例如图 7-13 所示。

图 7-11　不同安全等级部分激光辐射标志及说明实例

图 7-12　激光辐射窗口标志及说明实例

图 7-13　警告标志实例

7.5.4　激光安全防护

激光防护通常是对激光源、工作环境、操作人员分别采取相应的保护措施，并辅助警告标志、技术管理等方法全方位实施安全防护。

（1）激光源安全防护要求　每个激光产品必须装有防护罩，以防止人员接触超过 1 类的激光辐射。可接触的发射水平不高于给定类别的可达发射极限 AEL 值。激光产品需要安全联锁，安全联锁的设计必须能防止挡板移开。安装光束终止器或衰减器、控制装置，确保在调整和使用时，防止人员接触超过标准的激光辐射。对于 3B 类或 4 类激光器应使用可靠的防护围封，防护围封可移动部位或检修接头处应贴有警告标志。激光不用时，应在输出端加防护盖；应尽量让光路封闭，避免人员暴露于激光束下。尽可能使激光束末端终止于漫反射材料，使反射危害最小。另外，应保持光路高于或低于人眼高度。调试激光器使用的反射镜、透镜及分束器等光学元件尽可能安装牢固。

（2）环境要求　必须在一定的指定区域内使用激光设备，按要求设立门卫、安全的防护围封、联锁等，以确保外人与未受保护人员不得进入受控区；即使门意外被打开时，激光器也能立即停止。在激光系统周围不要放置能起反射作用的物品，严格禁止与工作无关的人员进入激光控制区。

（3）个体防护要求　在采取以上措施后，人眼还可能受到超安全标准值的激光照射时，必须根据此类激光器的波长、辐射能量、辐射时长等，选用光密度合适的防护眼镜，加强眼睛保护，但即使佩带防护镜也不能直视激光束。

应穿长袖且由防燃材料制成的工作服；在激光受控区域，安装由防燃材料制成并且表面涂敷黑色或蓝色硅材料的幕帘和隔光板吸收紫外线辐射并阻挡红外线。

对于使用 3B 类和 4 类激光产品的工作人员，应由具备资质的医学人员进行医学检查，并且在从事该工作前、工作期间、离开工作后均要进行医学检查，并保存原始记录。

（4）警告标志要求　在激光设备外壳和操作面板的显眼位置张贴警告标志，根据激光器具体危害程度的大小采用符合标准的标志；3B 类和 4 类激光产品工作区或其防护围封的入口处，宜加贴相应的警告标志。

（5）技术管理要求　管理使用激光器必须由专业（职）人员来进行，未经专业培训不得擅自打开使用激光器。调试激光器光学系统时，应采取严格的防护措施，保证人的眼睛不受到原激光束及镜式反射束的照射，即视轴不与原光束及能反光束同轴。安放激光器的房间要有明亮的光线；激光束路径应避开正常人站立或坐着时的眼睛的水平位置，眼睛的视线不能与出光口平行。若有大于 3A 类的激光设备，宜指定一名激光安全员。对操作激光器的工作人员进行教育和培训，熟悉激光系统整个工作过程、个人防护要求，正确使用警告标记，了解激光对眼和皮肤的生物效应。

7.5.5　激光焊接技术前景展望

激光焊接具有先进、高效、智能及绿色的技术特点，广泛应用于汽车、轮船、飞机及高铁等高精制造领域。随着科技的全面发展，激光焊接技术不断扩大应用于轨道交通、汽车工业、粉末冶金、电子工业、生物医学及军事等各大领域。新的工艺不仅是产品的升级，也是更多科技的展示和应用，从而不断造福人类、推动社会的发展。

第 8 章

埋弧焊操作技术

8.1 埋弧焊基础知识

8.1.1 埋弧焊定义

埋弧焊又称熔剂层下自动电弧焊，是一种电弧在颗粒状焊剂层下燃烧的自动电弧焊方法，也是目前应用最广泛的焊接方法之一。埋弧焊焊缝形成过程如图 8-1 所示。

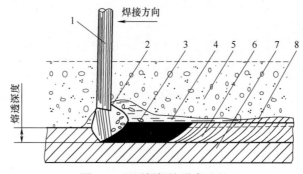

图 8-1　埋弧焊焊缝形成过程

1—焊丝　2—电弧　3—熔池　4—熔渣　5—焊剂　6—焊缝　7—工件　8—药皮

8.1.2 埋弧焊优点

埋弧焊与焊条电弧焊相比具有如下优点。

（1）生产效率高　埋弧焊时，焊丝从导电嘴伸出的长度较短，故可以使用较大的电流，使埋弧焊在单位时间内的熔化量显著增加。另外，埋弧焊的电流大、熔深也大的特点保证了对较厚的工件不开坡口也能焊透，可大大提高生产效率。

（2）焊接接头质量好　埋弧焊焊接参数稳定，焊缝的化学成分和力学性能比较均匀，焊缝外形平整光滑，由于是连续焊接、中间接头少，所以不容易产生焊接缺欠。

（3）节约焊接材料和电能　由于熔深大，埋弧焊时可不开坡口或少开坡口，减少了焊缝中焊丝的填充量，这样既节约了焊丝和电能，又节省了由于加工坡口而消耗的金属。同时，由于熔剂的保护，金属的烧损和飞溅明显减少，完全消除了焊条电弧焊中焊条头的损失。另外，埋弧焊的热量集中，利用率高，在单位长度焊缝上所消耗的电能大大降低。

（4）降低劳动强度　焊接电弧在焊剂层下，没有弧光外露，产生的烟尘及有害气体较少。埋弧焊时，焊接过程机械化，操作较简便，焊工的劳动强度比焊条电弧焊时大为减轻。

8.1.3　埋弧焊缺点

埋弧焊与焊条电弧焊相比，存在如下缺点。

1）只适用于平焊或在倾斜度不大的位置上进行焊接。

2）焊接设备较为复杂，维修保养的工作量大，对于单件或批量较小，焊接工作量并不太大的场合，由于辅助准备工作量所占比例增加，限制了埋弧焊的应用。

3）仅适用于长焊缝和有规则焊缝的焊接，并且由于需要导轨或行走机构，故对于一些形状不规则的焊缝无法焊接。

4）当电流小于 100A 时，电弧稳定性差，不适合焊接薄板。

5）由于熔池较深，因此对气孔敏感性较大。

6）焊工看不见电弧，不能判定熔深是否足够，不能准确判断焊道是否对正焊缝坡口，容易产生焊偏和未焊透缺欠，不能及时地调整焊接参数。

8.2　埋弧焊设备和焊接材料

8.2.1　埋弧焊设备类型

埋弧焊按送丝方式分为等速送丝式埋弧焊机（焊机型号有 MZ1-1000 型）和变速送丝式埋弧焊机（焊机型号有 MZ-1000 型）；按所用焊丝数目分为单丝、双丝、三丝、六丝等埋弧焊，另外还有带状电极埋弧焊（带极埋弧焊），窄间隙埋弧焊，如图 8-2 所示。

1. 等速送丝式埋弧焊机

（1）工作原理　等速送丝式埋弧焊机的特点是：选定的焊丝给送速度，在焊接过程中恒定不变。当电弧长度变化时，依靠电弧的自身调节作用，来相应地改变焊丝熔化速度，以保持电弧长度不变。

等速送丝式焊机的自身调节性能，关键在于焊丝熔化速度，而焊丝熔化速度与焊接电流和电弧电压有关，其中焊接电流的影响更大些。当焊接电流增大时，焊丝的熔化速度显著增高，当电弧电压升高时，焊丝的熔化速度却略有减慢，因为弧长时，较多的热量用于熔化焊剂。

如果选定焊丝给送速度和焊接工艺条件（焊丝直径和伸出长度不变，焊剂牌号不变等）相同，调节几个适当的焊接电源外特性曲线位置，并分别测出电弧稳定燃烧点的焊接电流和电弧电压值，以及相应的电弧长度，连接这几个电弧稳定燃烧点，就可以得到一条曲线 C 如图 8-3 所示。

a) 纵列双丝埋弧焊　　　　b) 并列双丝埋弧焊　　　　c) 三丝埋弧焊

d) 六丝埋弧焊　　　　e) 带极埋弧焊　　　　f) 窄间隙埋弧焊

图 8-2　埋弧焊形式

这条曲线称作等熔化速度曲线。从图 8-3 可看出，曲线上每一个电弧燃烧点都对应着一定的焊接电流和电弧电压，而且当电弧电压升高时，焊接电流也相应增大。这样当电弧电压升高使焊丝熔化速度减慢时，可由增大的焊接电流来补偿，达到焊丝熔化速度与焊丝给送速度同步，保持电弧在一定的长度下稳定燃烧。

（2）电弧自身调节作用　根据等熔化速度曲线的含义，等速送丝式焊机的电弧稳定燃烧点，应是电源外特性曲线、电弧静特性曲线和等熔化速度曲线的三线相交点 "O_1"，如图 8-4 所示点。

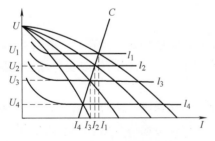

图 8-3　等熔化速度曲线图

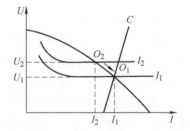

图 8-4　弧长变化时电弧自身的调节过程

假定电弧在 O_1 点稳定燃烧，由于某种外界因素的干扰，使电弧长度发生变化，突然从 l_1 拉长到 l_2，此时电弧燃烧点从 O_1 点移到 O_2 点，焊接电流从 I_1 减小到 I_2，电弧电压从 U_1 增大到 U_2。电弧在 O_2 点燃烧是不稳定的，因为焊接电流减小（$I_2<I_1$）和电弧电压升高（$U_2>U_1$），都会减慢焊丝熔化速度，而焊丝给送速度是恒定不变的，其结果使电弧长度逐渐缩短，电弧燃烧点将沿着电源外特性曲线，从 O_2 点回到原来的 O_1 点，这样又恢复了电弧稳定燃烧状态，保持原来的电弧长度。反之，电弧长度突然缩短时，由于焊接电流随之增大，电弧电压降低，加快焊丝熔化速度，而送丝速度不变，使电弧长度增加，同样也会恢复到原来的电弧长度。

（3）影响电弧自身调节性能的因素　焊接电流和电源外特性对电弧自身调节性能的影响如图 8-5 所示。

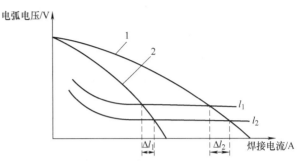

图 8-5　焊接电流和电源外特性的影响

1）焊接电流。电弧自身调节作用主要是依靠焊接电流的增减实现的，电弧长度改变后，焊接电流的变化越显著，则电弧长度恢复得越快。从图 8-5 可看出，当电弧长度变化相同时，选用大电流焊接比小电流焊接的电流变化值要大（$\Delta l_2 > \Delta l_1$）。因此采用大电流焊接时，电弧的自身调节作用较好，即电弧自动恢复到原来长度的时间就短。

2）电源外特性。从图 8-5 还可看出，当电弧长度变化相同时，较为平坦的下降电源外特性曲线 1 要比陡降的电源外特性曲线 2 的电流变化值大些。这说明电源下降外特性越平坦，焊接电流变化值越大，电弧的自身调节性能就越好。因此，对于等速送丝式埋弧焊的焊接电源，要求具有缓降的电源外特性。

（4）MZ1-1000 型埋弧焊机　MZ1-1000 型是根据电弧自身调节原理设计的典型的等速送丝式埋弧焊机。其控制系统简单，可使用交流或直流焊接电源，主要用于焊接各种坡口的对接、搭接焊缝，船形焊缝，以及容器的内外环缝和纵缝，特别适用于批量生产。该焊机由焊接小车（见图 8-6）、控制箱和焊接电源三部分组成。

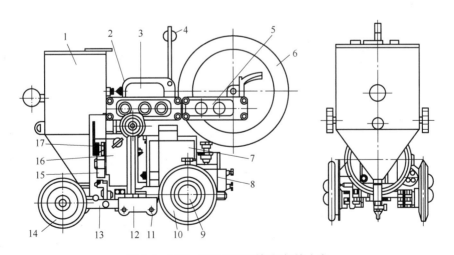

图 8-6　MZ1-1000 型埋弧焊机焊接小车

1—焊剂斗　2—调节手轮　3—控制按钮板　4—导丝轮　5—电流表和电压表　6—焊丝盘　7—电动机　8—减速机构
9—离合器手轮　10—后轮　11—扇形蜗轮　12—前底架　13—连杆　14—前轮　15—导电嘴
16—减速箱　17—偏心压紧轮

1）焊接小车。由图8-6可知，送丝机构和行走机构共同使用，一台交流电动机，且电动机两头出轴，一头经焊丝给送机构减速器输送焊丝；另一头经行走机构减速器带动焊接小车。

焊接小车的前轮和主动后轮与车体绝缘，装有橡胶轮。主动后轮的轴与行走机构减速器之间装有摩擦离合器，脱开时，可以用手推拉焊接小车。

焊接小车的回转托架上装有焊剂斗、控制按钮板、焊丝盘、焊丝校直机构和导电嘴等。焊丝从焊丝盘经校直机构、送给轮和导电嘴送入焊接区。所用的焊丝直径为1.6～5.0mm。

焊接小车的传动系统中有两对可调齿轮，通过改换齿轮速比，可调节焊丝给送速度和焊接速度。焊丝给送速度调节范围为0.8～6.7m/min，焊接速度调节范围为16～126m/h。

2）控制箱。控制箱内装有电源接触器、中间继电器、变压器、电流互感器等电气元件，在外壳上装有控制电源的转换开关、接线板及多芯插座等。

3）焊接电源。常见的埋弧焊交流电源采用BX2-1000型同体式弧焊变压器，有时也采用具有缓降外特性的弧焊整流器。

2. 变速送丝式埋弧焊机

（1）工作原理　变速送丝式埋弧焊机的特点是：通过改变焊丝给送速度来消除外界因素对弧长的影响。即焊接过程中电弧长度变化时，依靠电弧电压自动调节作用，相应改变焊丝给送速度。以保持电弧长度不变。

（2）MZ-1000型埋弧焊机　MZ-1000型是根据电弧电压自动调节原理设计的变速送丝式埋弧焊机。这种焊机焊接过程自动调节灵敏度较高，而且对焊丝给送速度和焊接速度的调节方便，可使用交流和直流焊接电源，主要用于水平位置或水平倾斜不大于10°位置各种坡口的对接、搭接和角接焊缝的焊接，并可借助滚轮胎架焊接筒形焊件的内外环缝。MZ-1000型埋弧焊机主要由MZT-1000型焊接小车和MZP-1000型控制箱及焊接电源组成。

1）MZT-1000型焊接小车由机头、控制盘、焊丝盘、焊剂斗和台车等部分组成，如图8-7所示。

机头的功能是给送焊丝，它由一台直流电动机、减速机构和给送轮组成，焊丝从滚轮中送出、经过导电嘴进入焊接区。控制盘和焊丝盘安装在焊接小车的横臂一端，控制盘上有用来调节小车行走速度和焊丝给送速度的电流表和电压表，以及控制焊丝上下的按钮、电流调节按钮等。焊剂斗功能是将焊剂经软管撒在焊丝周围。台车由直流电动机通过减速箱和离合器驱动。为适应不同形式的焊缝，焊接小车可在一定的方位上转动。

2）MZP-1000型控制箱内装有电动机-发电机组，以供给送丝用和台车直流电动机所需的直流电源，另外还装有中间继电器、交流接触器、变压器、整流器、镇定电阻和开关等电气元件。

3）焊接电源采用交流电源时，一般配用BX2-1000型弧焊变压器，采用直流电源时，可配用具有陡降外特性的弧焊整流器。

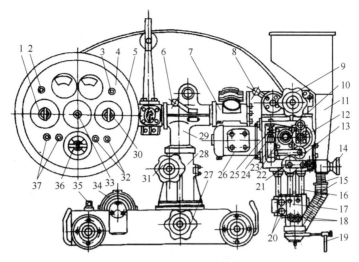

图 8-7　MZT–1000 型焊接小车

1—电弧电压调节旋钮　2—启动按钮　3—停止按钮　4—控制盘　5—焊丝盘　6—手柄　7—横臂　8—手柄
9—手轮　10—杠杆　11—焊剂斗　12—压紧轮　13—滚轮　14—漏斗阀门　15—软管　16—伸缩臂
17—导电嘴　18—螺帽　19—指示针　20—螺钉　21—滚轮　22—送丝滚轮　23—调节螺钉
24—调节螺母　25—弹簧　26—送丝电动机　27—手轮　28—套筒　29—立柱　30—调速旋钮
31—手轮　32—增减电流按钮　33—小车停止旋钮　34—小车电动机　35—离合器
36—换向开关　37—焊丝向上、向下按钮

8.2.2　埋弧焊焊接材料

1. 焊丝

目前，埋弧焊焊丝与焊条电弧焊的焊芯采用相同的国家标准。按照焊丝的成分和用途，可分为碳素结构钢、合金结构钢和不锈钢焊丝三大类。

常用的焊丝直径有 1.6mm、2mm、2.5mm、3mm、4mm、5mm、6mm 等。焊丝在使用时，要求表面清洁，无氧化皮、铁锈和污物等。

2. 焊剂

（1）焊剂的主要作用

1）焊剂熔化后形成熔渣，可以防止空气中氧、氮等气体侵入熔池，并减缓焊缝冷却速度，改善焊缝的结晶状况，使焊缝成形良好。

2）可向熔池过渡有益的合金元素，改善焊缝的化学成分，提高其力学性能。

（2）对焊剂的主要要求

1）保证电弧稳定燃烧；熔渣在高温时有合适的黏度，以利于焊缝成形；脱渣性要好。

2）保证焊缝金属的化学成分和力学性能。

3）不易吸潮并有一定的颗粒度和强度。

4）焊接时无有害气体析出。

3. 焊剂的分类

（1）按制造方法分类　按制造方法可分为熔炼焊剂、烧结焊剂和黏结焊剂。

1）熔炼焊剂：将一定比例的各种配料干混均匀后在炉内熔炼，随后注水激冷，再经干燥、破碎和筛选制成。目前，熔炼焊剂应用最多。

2）烧结焊剂：将一定比例的各种粉状配料拌匀，加入水玻璃调成湿料，在750～1000℃温度下烧结成块，再经粉碎、筛选而成。

3）黏结焊剂（亦称陶质焊剂）：将一定比例的各种粉状配料加入水玻璃，混合拌匀，然后经粒化和低温（350～500℃）烘干制成后焊剂由于没有熔炼过程，所以化学成分不均匀，会导致焊缝性能不均匀。可在焊剂中添加铁合金，以改善焊缝金属的合金成分。

（2）按化学成分分类　按化学成分可分为高锰焊剂、中锰焊剂、低锰焊剂和无锰焊剂。根据焊剂中MnO、SiO_2和CaO含量的高低，还可分为不同的焊剂类型。

4. 焊剂的牌号

焊剂牌号的形式为："焊剂XXX"，"焊剂"后面有三位数字，具体含义如下：

1）第一位数字表示焊剂中MnO的平均含量，见表8-1。

表8-1　焊剂牌号与MnO的平均含量

牌号	焊剂类型	MnO平均含量（%）
焊剂1XXX	无锰	<2
焊剂2XXX	低锰	2～15
焊剂3XXX	中锰	15～30
焊剂4XXX	高锰	>30

2）第二位数字表示焊剂中SiO_2、CaO_2的平均含量，见表8-2。

表8-2　焊剂牌号与SiO_2、CaO_2的平均含量

牌号	焊剂类型	SiO_2平均含量（%）	CaO_2平均含量（%）
焊剂X1X	低硅低氟	<10	<10
焊剂X2X	中硅低氟	10～30	<10
焊剂X3X	高硅低氟	>30	<10
焊剂X4X	低硅中氟	<10	10～30
焊剂X5X	中硅中氟	10～30	10～30
焊剂X6X	高硅中氟	>30	10～30
焊剂X7X	低硅高氟	<10	>30
焊剂X8X	中硅高氟	10～30	>30

3）第三位数字表示同一类型焊剂不同的牌号。

4）对同一牌号焊剂生产两种颗粒度时，在细颗粒焊剂牌号后面加"细"字。例如，"焊剂431细"表示含义如下：

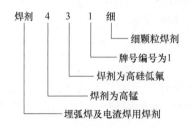

8.3 埋弧焊操作技巧与禁忌

8.3.1 埋弧焊焊接参数的选择

埋弧焊最主要的焊接参数是焊接电流、电弧电压和焊接速度，其次是焊丝直径、焊丝干伸长度、焊剂粒度和焊剂层厚度等。所有这些参数，对焊缝成形和焊接质量均有不同程度的影响。

（1）焊接电流 焊接电流是埋弧焊最重要的焊接参数，它决定焊接熔化速度、熔深和母材熔化量。在正常焊接条件下，熔深与焊接电流变化成正比。电流过小时，熔深浅，余高和宽度不足；电流过大时，熔深大，余高过大，且易产生热裂纹。

在其他条件不变时，若增加焊接电流，则焊缝厚度和余高均增加，而焊缝宽度几乎保持不变（或略有增加），如图 8-8 所示；熔深随着焊接电流增大而逐步增大，如图 8-9 所示。

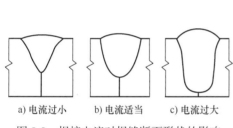

a) 电流过小　　b) 电流适当　　c) 电流过大

图 8-8 焊接电流对焊缝断面形状的影响

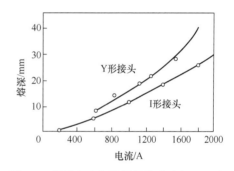

图 8-9 焊接电流与熔深的关系（$\phi 4.0 \text{mm}$）

1）焊接电流增加时，电弧的热量增加，熔池体积和弧坑深度也增加，因此冷却下来后焊缝厚度（熔深）就增加。

2）焊接电流增加时，焊丝的熔化量增加，因此焊缝余高也增加。

3）焊接电流增加时，一方面电弧截面略有增加，导致熔宽增加。另一方面是电流增加促使弧坑深度增加，由于电压没有变化，所以弧长不变，导致电弧深入熔池，使电弧摆动范围缩小，则促使熔宽减小。由于两者的作用，所以实际上熔宽几乎保持不变。

焊接电流过大时，容易产生咬边或成形不良缺欠，使热影响区增大，甚至造成烧穿。焊接电流过小时，焊缝厚度减小，容易产生未焊透缺欠，电弧稳定性也差。因此，要正确选择焊接电流。

（2）电弧电压 电弧电压与弧长成正比，在其他条件不变时，电弧电压增大即弧长增加，使焊缝宽度显著增加，而焊缝余高和焊缝厚度略为减小，焊缝变得平缓，如图 8-10 所示。

电弧电压和电弧长度成正比，在相同的电弧电压和焊接电流时，如果选用的焊剂不同，电弧空间电场强度不同，则电弧长度不同。电弧电压低，熔深大，焊缝宽度窄，易产生热裂纹；电弧电压高时，焊缝宽度增加，余高不够。埋弧焊时，电弧电压是依据焊接电流调整的，即一定焊接电流要保持一定的弧长才可能保证焊接电弧的稳定燃烧，因此电弧电压的变化范围是有限的。

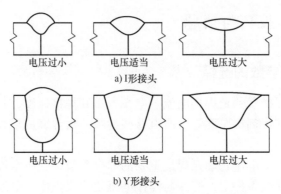

a) I形接头

电压过小　　电压适当　　电压过大

b) Y形接头

图8-10　电弧电压对焊缝断面形状的影响

综上所述，焊接电流是决定焊缝厚度的主要因素，而电弧电压则是影响焊缝宽度的主要因素。为了保证焊缝成形美观，在提高焊接电流的同时应提高电弧电压，使焊接电流与电弧电压相匹配以获得良好的焊缝成形。焊接电流与相应的电弧电压见表8-3。

表8-3　焊接电流与相应的电弧电压

焊接电流 /A	600 ～ 700	700 ～ 850	850 ～ 1000	1000 ～ 1200
电弧电压 /V	36 ～ 38	38 ～ 40	40 ～ 42	42 ～ 44

（3）焊接速度　焊接速度对熔深和熔宽有明显影响，通常焊接速度小，焊接熔池大，焊缝熔深和熔宽均较大，随着焊接速度增加，焊缝熔深和熔宽都将减小，即熔深和熔宽与焊接速度成反比。焊接速度对焊缝断面形状的影响如图8-11所示。焊接速度过小时，熔化金属量多，焊缝成形差；焊接速度较大时，熔化金属量不足，容易产生咬边未焊透等。实际焊接时，为了提高生产率，在增加焊接速度的同时必须加大电弧功率，才能保证焊缝质量。

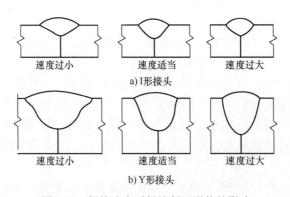

a) I形接头

速度过小　　速度适当　　速度过大

b) Y形接头

图8-11　焊接速度对焊缝断面形状的影响

（4）焊丝直径　焊丝直径主要影响焊缝厚度。当焊接电流一定时，减小焊丝直径，电流密度增加，电弧吹力增大，使焊缝厚度增大，成形系数减小。故使用同样大小的电流时，直径小的焊丝可以得到较大的焊缝厚度。不同直径焊丝适用的焊接电流参见表8-4。

表 8-4 不同直径焊丝适用的焊接电流

焊丝直径 /mm	2	3	4	5
焊接电流 /A	200 ~ 400	350 ~ 600	500 ~ 800	700 ~ 1000

焊丝越粗，允许采用的焊接电流也越大，生产率就越高。目前，焊接中厚板采用直径 4mm 的焊丝较为普遍。

（5）焊丝干伸长　一般将导电嘴出口到焊丝端部的距离定为焊丝干伸长。干伸长加大时，焊丝受电流电阻热的预热作用增强，焊丝的熔化速度加快，结果使焊缝厚度变浅，余高增大；干伸长太短时，容易烧坏导电嘴。碳素钢焊丝的干伸长参见表 8-5。

表 8-5 碳素钢焊丝的干伸长 （mm）

焊丝直径	2	3	4	5
干伸长	15 ~ 20	25 ~ 35	25 ~ 35	30 ~ 40

（6）焊剂粒度和堆高　焊剂颗粒度增加，熔宽增大，焊缝厚度减小。但是，焊剂颗粒度过大时不利于熔池保护，易产生气孔。相反，小颗粒焊剂的堆积密度大，使电弧的活动性降低，可获得较大的焊缝厚度和较小的焊缝宽度。

另外，使用高硅含锰酸性焊剂焊接比用低硅碱性焊剂更能得到比较光滑平整的焊缝。因为前者在金属凝固温度时的黏度以及黏度随温度的变化都有利于焊缝的成形。

焊剂堆积的高度称为堆高。堆高合适时，电弧完全埋在焊剂层下，不会出现电弧漏光，保护良好。如果堆高过厚，电弧受到焊剂层的压迫，透气性变差，使焊缝表面变得粗糙，造成成形不良。一般堆高在 2.5 ~ 3.5cm 范围比较合适。

8.3.2 埋弧焊工艺条件的选择

（1）对接坡口形状及间隙　在其他条件相同时，增加坡口深度和宽度，焊缝熔深增加，熔宽略有减小，余高显著减小，如图 8-12 所示。在对接焊缝中，如果改变间隙大小，则可以调整焊缝形状，同时板厚及散热条件对焊缝熔宽和余高也有显著影响。

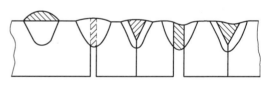

图 8-12 坡口形状及间隙对焊缝成形的影响

（2）焊丝倾角　焊丝的倾斜方向分为前倾和后倾两种，如图 8-13。倾斜的方向和大小不同，电弧对熔池的吹力和热作用就不同，对焊缝成形的影响也不同。焊丝在一定倾角内后倾时，电弧力对后排熔池金属的作用减弱，熔池底部液体金属增厚，故熔深减小。而电弧对熔池前方的母材预热作用加强，故熔宽增大。实际工作中焊丝前倾只在某些特殊情况下使用，例如焊接小直径圆筒形工件的环缝等。

（3）工件斜度　工件倾斜焊接时有上坡焊和下坡焊两种情况，它们对焊缝成形的影响明显不同。上坡焊时

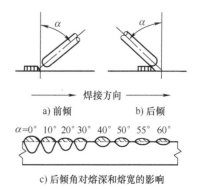

图 8-13 焊丝倾角对焊缝成形的影响

若斜度 $\beta>6° \sim 12°$，则焊缝余高过大，两侧出现咬边，成形明显恶化。实际工作中应避免采用上坡焊。下坡焊的效果与上坡焊相反，有利于成形，但熔深会减小，熔宽会增大，速度相应需要增大。

8.3.3 埋弧焊焊接坡口的基本形式和尺寸

埋弧焊使用的焊接电流较大，对于厚≤12mm 的板材，可以不开坡口，采用双面焊接，以达到全焊透的要求，厚度 12 ～ 20mm 的板材，为了达到全焊透，在单面焊后，焊件背面应清根，再进行焊接。近年来，由于埋弧焊应用技术不断创新，焊丝直径的选择不再单一，除埋弧焊焊丝 $\phi4.0mm$、$\phi3.0mm$ 以外，CO_2 气体保护焊焊丝 $\phi1.6mm$ 也应用于薄壁（4 ～ 12mm）板、管的焊接（见表 8-6）。

表 8-6　埋弧焊双面焊焊接参数

板厚 /mm	坡口形式	焊接位置	焊接电流 /A	电弧电压 /V	焊丝直径 /mm	焊接速度 / (mm/min)
6 ～ 10	I 形	正	550 ～ 600	35 ± 1	4	35 ～ 39
		反	550 ～ 600			
10 ～ 12		正	600 ～ 650	35 ± 1	4	35
		反	600 ～ 650			
14 ～ 16		正	650 ～ 750	38 ± 1	4	25 ～ 30
		反	650 ～ 750			25 ～ 28
14	V 形	正	650 ± 25	37 ± 1	4	25 ± 2
		反	680 ± 25			
16		正	680 ± 25	37 ± 1	4	25 ± 2
		反	680 ± 25			27 ± 2
18		正	650+ 25	35 ± 1	4	25 ± 2
		正	725+25	38 ± 1		28 ± 2
		反	680 ± 25	37 ± 1		28 ± 2
20		正	650 ± 2	35 ± 1	4	25 ± 2
		正	725+25	38 ± 1		28 ± 2
		反	680 ± 25	37 ± 1		28 ± 2

对于厚度较大的板材，应开坡口进行焊接，坡口形式与焊条电弧焊基本相同。但由于埋弧焊的特点，应采用较厚的钝边，以免烧穿。埋弧焊焊接接头的基本形式与尺寸，应符合 GB/T 985.2—2008《埋弧焊的推荐坡口》的规定。

埋弧焊常见板厚的坡口形式及装配见表 8-7。

表 8-7　埋弧焊常见板厚的坡口形式及装配

工件板厚 /mm	坡口形式	坡口角度 / (°)	装配间隙 /mm	钝边高度 /mm	刨焊根宽度 /mm	刨焊根高度 /mm
6	I 形	—	0.5 ～ 1.5		8	3
8	I 形	—	0.5 ～ 1.5		8	3
10	I 形	—	0.5 ～ 2.5		8	3

（续）

工件板厚 /mm	坡口形式	坡口角度 /(°)	装配间隙 /mm	钝边高度 /mm	刨焊根宽度 /mm	刨焊根高度 /mm
12	I 形	—	1～3	—	9	4
14	I 形	—	1～3	—	10	4.5
14	V 形	60	0.5～1.5	7	10	4.5
16	V 形	60	0～2	8	10	4.5
18	V 形	60	0～1	8	10	4.5
20	V 形	60	0～1	8	10	4.5

8.3.4　埋弧焊中、厚板的平板对接双面焊技术

1. 埋弧焊机的操作

以 MZ-1000 型埋弧焊机为例。

（1）准备工作

1）首先检查焊机的外部接线是否正确。

2）调整轨道位置，然后将焊接小车放在轨道上。

3）准备的焊剂装入漏斗内；在焊丝盘上固定好焊丝。

4）合上焊接电源开关和控制线路的电源开关

5）按动控制盘上的控制焊丝向下或向上的按钮来调整焊丝位置，使焊丝对准待焊处中心并与工件表面轻微接触。

6）调整导电嘴到工件间的距离，保证焊丝的干伸长度合适。

7）转动开关按钮调到焊接位置，并按照焊接方向，将自动焊车的换向开关按钮调到向前或向后的位置

8）选定焊接参数值

9）扳上焊接小车的离合器手柄，使主动轮与焊接小车减速器连接，打开焊剂漏斗阀门，使焊剂堆敷在待焊部位上。

（2）焊接　按下启动按钮接通焊接电源，此时焊丝向上提起，随即焊丝与工件之间产生电弧，并不断被拉长，当电弧电压达到给定值时，焊丝开始向下送进。当焊丝的送丝速度与熔化速度相等后，焊接过程稳定。同时，焊接小车也开始沿轨道移动，以便正常焊接。

在焊接过程中，应注意观察焊接电流和电弧电压表的读数和焊接小车的行走路线，随时进行调整，以保证焊接参数的匹配，防止焊偏，并注意焊剂漏斗内的焊剂量，必要时需立即添加，以免露出弧光影响焊接工作的正常进行。另外，还要注意观察焊接小车的焊接电源电缆和控制线，防止在焊接过程中被工件或其他东西挂住，引起焊瘤、烧穿等缺欠。

（3）停止

1）关闭焊剂漏斗的闸门。

2）分两步按下停止按钮：第一步，先按下一半，这时手不要松开，使焊丝停止送进。此时电弧仍继续燃烧，电弧缓慢拉长，弧坑逐渐填满；第二步，待弧坑填满后，再将停止按钮按到底，此时焊接小车将自动停止并切断焊接电源。操作中要特别注意，若按下停止

开关一半的时间太短，则焊丝易粘在熔池中或填不满弧坑；若时间太长，则容易烧损导电嘴。因此，需要反复练习积累经验才能掌握。

3）扳下焊接小车离合器手柄，用手将焊接小车沿轨道推至适当位置。

4）收回焊剂，清除渣壳，检查焊缝外观。

5）工件焊完后，必须切断一切电源，将现场清理干净，整理好设备，确定没有易燃火种后，方能离开现场。

2. 埋弧焊接 ϕ168mm×4mm 管对接单边 V 形坡口（带衬垫）

（1）焊前准备

1）试件。材质：Q235 钢或 Q355 钢；管对接试件规格：ϕ168mm×4mm×50mm。坡口形式：V 形；接头形式如图 8-14 所示。

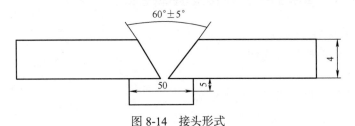

图 8-14　接头形式

2）技术要求。①钢管圆度：钢管端部 200mm 内的圆度偏差须控制在 ±1.5mm 范围，过大的椭圆度会造成坡口角度、钝边尺寸、根部间隙及对口错边超标等问题，这些问题将严重影响焊接质量；②坡口角度：坡口为 V 形，坡口面角度 30°±2.5°，装配后坡口角度应为 55°～65°。③钝边尺寸：钝边尺寸须控制在 ≤1.0mm 范围内，过大的钝边尺寸会降低熔透性，易造成未焊透。④根部组对间隙：根部间隙须控制在 2.0～3.0mm 范围内，过小的根部间隙易造成根部未焊透缺欠，过大的根部间隙易造成烧穿缺欠和焊缝表面宽度过大；⑤对口错边：对口错边量须控制在 ≤1.0mm 范围内，过大错边会影响焊缝外观成形和管段直线度。

3）焊前打磨。①组对前打磨：管段组对前必须机械加工坡口，然后对坡口再进行打磨，包括坡口外侧 20～30mm 内氧化皮一并清理，以便焊接结束后进行超声波检测。②焊前打磨：施焊焊前必须对定位焊点进行打磨处理，使焊缝熔合良好。

4）焊接材料。①焊丝：ER50-6，ϕ1.6mm。②焊剂：SJ101。

5）焊接设备。采用 NBC-500 型焊机。

6）装配。将衬管按照两侧均分原则先固定一侧，放置于 140mm 角钢凹槽内，使其自然放平；坡口根部间隙预留 2～3mm。

7）定位焊。采用 CO_2 气体保护焊进行定位焊接。定位焊缝厚度须控制在 2.0～3.0mm，定位焊缝长度 20～30mm/ 段，且等分 3 等份进行定位焊接。定位焊焊接参数见表 8-8。

表 8-8　定位焊焊接参数

焊接方式	焊丝牌号	焊丝直径 /mm	焊接层次	焊接电流 /A	电弧电压 /V	气体流量 /（L/min）
GMAW	ER50-6	ϕ1.2	1	150～160	19～20	20～25

（2）操作要点

第一，施焊前，检查装配质量是否符合工艺要求，当装配质量不符合工艺要求时，需重新装配。

第二，检查滚轮架运行是否正常。

第三，按照正式施焊焊接参数（见表 8-9）调试焊接电流、电弧电压、保护气体流量及焊接速度等，使其符合工艺要求。

表 8-9　正式施焊焊接参数

焊接方式	焊丝牌号	焊丝直径 /mm	焊接层次	焊接电流 /A	电弧电压 /V	焊接速度 / (mm/min)
SAW	ER50-6	$\phi 1.6$	1	280 ～ 300	30 ～ 32	240 ～ 260
			2			

第四，添加焊剂，调整焊接臂，使导电嘴焊丝伸长部分对准焊缝坡口根部中间，并调整起焊点至 1 点钟位置，如图 8-15 所示。

第五，焊接时焊枪位置处于 1 点钟位置，与工件前倾角为 100°。在定位焊处引弧进行焊接，焊接半周时打磨起弧处焊缝以使接头质量良好。第二层焊前稍微清理焊渣药皮就可以进行施焊，收尾时须超过起弧位置约 10mm。结束后放置在专门的位置，等待内焊。

第六，内焊焊前调节。焊前将焊枪起弧位置调节至顺时针 5 点半钟处，先对准焊缝，调整电流，电压和转动速度（即焊接速度）。先点动送丝，调节送丝长度，再启动转动装置，查看运转过程中是否有偏差，确定无误后，关闭转动装置。调节完成以后，打开焊剂阀门，使焊剂埋住焊丝，按动（焊接）电钮进行焊接。焊接过程（见图 8-16）中需观察管壁温度颜色变化和电流，电压的实际焊接参数是否与调节参数相同。然后待转动半周，渣壳翘起时使用一根木棍轻轻敲击，使其脱落，以免影响后续施焊，最后接头处须超过起弧点约 40mm。

图 8-15　组对间隙与焊枪位置

图 8-16　焊接过程

（3）焊接检验及质量控制　无损检测时机应符合图样要求。无损检测一次交检合格率达到 98.5%。个别经过打磨处理或者返修，合格率达到 100%。

3. 12mm 板厚 I 形坡口对接（带焊剂垫）实例

（1）焊前准备

1）试件及技术要求。试件材质：Q235 钢或 Q355 钢；试件尺寸：400mm × 100mm ×

12mm；坡口形式：I形；接头形式如图 8-17 所示。

2）焊接材料。焊丝：H08A，直径 5mm；焊剂：HJ431；定位焊条：E4303，ϕ4mm。焊前焊丝应去除油、锈及其他污物，焊条、焊剂要烘干。

3）焊接设备。采用 MZ–1000 型焊机。

4）焊前清理。将坡口面和靠近坡口上下面侧 15 ～ 20mm 内的钢板上的油、锈、水及其他污物打磨干净，直至露出金属光泽。

5）装配。装配间隙 2 ～ 3mm，预留反变形为 3°，错边量 <1.2mm。

6）定位焊用焊条电弧焊将引弧板，引出板焊在试板两端。

7）引弧板，引出板尺寸为 100mm × 100mm × 12mm，待焊后割掉。

装配及定位焊要求如图 8-18 所示。焊前将试板放在水平面上进行平焊。

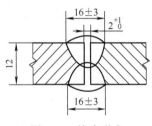

图 8-17　接头形式

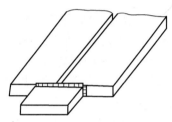

图 8-18　装配及定位焊要求

（2）操作要点

1）焊接参数。焊接参数见表 8-10。

表 8-10　焊接参数

焊接位置	焊丝直径 /mm	焊接电流 /A	电弧电压 /V	电流种类	焊接速度 /（mm/min）
背面	5	650 ～ 700	38 ～ 40	交流	35
正面	5	700 ～ 750	36 ～ 38	交流	30 ～ 35

2）焊接顺序。先焊背面的焊道，后焊正面的焊道。

3）背面焊道的操作要点如下：

第一，垫焊剂垫。焊剂垫内的焊剂牌号必须与工艺要求的焊剂相同。焊接时，要保证试板正面完全被焊剂贴紧。在焊接过程中，更要注意防止因试板受热变形与焊剂脱开及产生焊漏烧穿等缺欠。特别是要防止焊缝末端收尾处出现焊漏和烧穿。

第二，焊丝对中。调整焊丝位置，使焊丝头对准试板间隙但不与试样接触。拉动焊接小车往返几次，以使焊丝能在整个试板上对准间隙。

第三，准备引弧。首先，将焊接小车拉到引弧板处，调整好小车行走方向，锁紧小车扳起离合器。然后，按下送丝及退丝按钮，使焊丝端部与引弧板可靠接触，如果用钢绒球引弧，则需将钢绒球压好。最后，将焊剂漏斗下面的门打开，让焊剂覆盖住焊丝头。

第四，引弧。按下启动按钮，引燃电弧。焊接小车沿试板间隙行走，开始焊接。此时要注意观察控制盘上的电流表与电压表，检查焊接电流与电弧电压与工艺规定的参数是否相符。如果不相符则迅速调整相应的旋钮，直至参数符合规定为止。在整个焊接过程中，焊工要随时注意观察电流表、电压表和焊接情况，观察小车行走速度是否均匀，焊机头上的电缆是否妨碍小车移动，焊剂是否足够，漏出的焊剂是否能埋住焊接区，以及焊接过程的声音是否正常等。观察工作直到焊接至引出板中部，估计焊接熔池已经全部到了引出板上为止。

第五，收弧。当熔池全部到了引出板上后，准备收弧。

收弧时要特别注意，应分两步按停止按钮。先按下一半，焊接小车停止前进，但电弧仍在燃烧，熔化的焊丝用来填满弧坑。若按的时间太短，则填不满弧坑；若按的时间太长，则弧坑填得太高，因此要恰到好处。估计弧坑已填满后，立即将停止按钮按到底。

第六，清渣。待焊缝金属及熔渣完全凝固并冷却后，敲掉焊渣，并检查背面焊道外观质量。要求背面焊道熔深达到试板厚度的 40% ~ 50%。如果熔深不够，则需加大间隙、增加焊接电流或减小焊接速度。

4）正面焊道操作要点。经外观检验背面焊道合格后，将试板正面朝上放好，开始焊正面焊道。焊接步骤与焊背面焊道完全相同。但是，需要注意以下两点：

其一，为了防止未焊透或夹渣，要求焊正面焊道的熔深达到板厚的 60% ~ 70%。为此可以用加大焊接电流或减小焊接速度来实现。

其二，焊正面焊道时，因为已有背面焊道托住熔池，故不必用焊剂垫，可直接进行悬空焊接。此时，可以通过观察熔池背面焊接过程中的颜色变化来估计熔池情况。若熔池背面为红色或淡黄色，表示熔深符合要求，且试板越薄，颜色越浅。若试板背面接近白亮色时，说明将要烧穿，应立即减小焊接电流或增加焊接速度；若熔池背面看不见颜色或为暗红色，则表明熔深不够，需增加焊接电流或减少焊接速度。

通常焊正面焊道时也可以不更换地方，仍在原焊剂垫上焊接。正面焊道的熔深主要是靠焊接参数保证，这些焊接参数都是通过做试验决定的，因此每次焊接前都要先在钢板上调好焊接参数后才能焊接试板。

4. 25mm 板厚 V 形坡口对接实例

（1）焊前准备

1）试件及技术要求。试件材质：Q235 钢或 20Cr 钢；试件尺寸：400mm × 100mm × 25mm；坡口形式：V 形；接头形式如图 8-19 所示。

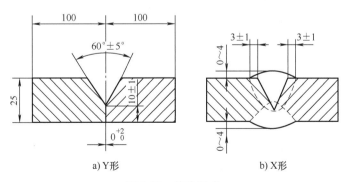

图 8-19　接头形式

2）焊接材料。焊丝：H08A，ϕ4mm；焊剂：HJ431；定位焊条：E4303，ϕ4mm。焊前焊丝应除去油、锈及其他污物，焊条焊剂要按照要求烘干。

3）焊接设备。采用 MZ-1000 型埋弧焊机。

4）清理。焊前清理坡口面和靠近坡口侧上下面 15 ～ 20mm 内的钢板上的油、锈、水及其他污物，打磨至露出金属光泽。

5）装配。装配间隙≤2mm，预留反变形为 3° ～ 4°，错边量≤1.5mm。

6）定位焊。在试板两端的引弧板及引出板处定位焊。

7）引弧板及引出板尺寸。引弧板尺寸为 100mm×50mm×8mm，数量为 4 块。引出板尺寸为 100mm×100mm×10mm，数量为 2 块。

装配及定位焊要求如图 8-20，焊前将试板放在水平面上进行组对。

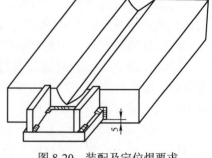

图 8-20　装配及定位焊要求

（2）操作要点

1）焊接参数见表 8-11。

表 8-11　焊接参数

焊接层道位置	焊丝直径 /mm	焊接电流 /A	电弧电压 /V	电流种类	焊接速度 /（mm/min）	层间温度 /℃
正面及封底焊	4	600 ～ 700	34 ～ 38	直流反接	25 ～ 30	≤200

2）焊接顺序：双面多层多道焊，先焊正面焊道，焊完并清渣后，将试板翻身，清根后再焊接背面焊道。

3）焊接步骤。调试工艺参数→焊丝对中→准备引弧→引弧→收弧→清渣及检查。每一层的操作步骤都是相同的，焊完一层，再重复上述步骤一遍。

焊层之间认真检查，要保证不能有缺欠。两个坡口面熔合良好。不能有死角，焊道表面平整或稍下凹。

如果检查发现焊道熔合不良、则要求重新对中焊丝，采用增加焊接电流、电弧电压或减慢焊接速度的办法来消除。

4）外观合格后，用碳弧气刨在试件背部间隙处对称刨一条宽约 10 ～ 12mm 深 4 ～ 5mm 的 U 形槽，要求宽窄、深浅均匀。将未焊透及槽内熔渣、氧化皮全部清除干净。

5）封底焊：按照正面 V 形坡口的焊接步骤焊完封底焊道。

5．80mm 板厚 U/V 形组合坡口对接实例

（1）焊前准备

1）试件及技术要求。试件材质：Q235 钢或 Q345 钢；试件尺寸：400mm×100mm×80mm；坡口形式：正面 U 形，背面 V 形坡口；接头形式：如图 8-21 所示。

2）焊接方法。焊条电弧焊和埋弧焊。

3）焊接材料。焊丝：H08A，φ4mm；焊剂：HJ431；焊条：E5015，φ4mm。

焊前检查焊丝，应除去油、锈及其他污物，焊条、焊剂应烘干。

4）焊前清理。将坡口面和靠近坡口上下面两侧 15 ～ 20mm 内钢板上的油、锈、水及其他污物打磨干净，直至露出金属光泽。

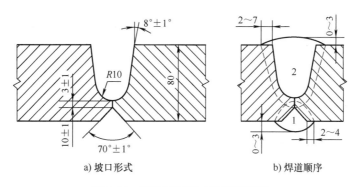

a) 坡口形式　　　b) 焊道顺序

图 8-21　接头坡口形式及焊道顺序

5）装配。装配间隙≤2mm，错边量≤2mm。

6）定位焊。在试板两端的引弧板及引出板处定位焊。

7）引弧板及引出板尺寸。引弧板尺寸为 100mm×50mm×6mm，4 块；引出板尺寸为 100mm×100mm×10mm，2 块。

（2）操作要点

1）焊接参数见表 8-12。

表 8-12　焊接参数

焊层位置	焊接方法	焊丝（焊条）直径 /mm	焊接电流 /A	电弧电压 /V	焊接速度 /（mm/min）	电流种类
V 面（首层）	焊条电弧焊	4	170～190	22～25	—	直流反接
V 面（2～4 层）						
U 形面坡口	埋弧焊	4	550～600	29～31	25～30	直流反接

2）焊接顺序。双面多层多道焊，先用焊条电弧焊焊完 V 形坡口面，然后将试板翻身清理根部，再焊 U 形坡口面焊道。

3）预热及层间温度。焊前将试板预热至 100～120℃，在焊接过程中保证层间温度在 100～300℃。

4）焊后热处理 620～640℃，保温 4h。

5）焊条电弧焊焊接 V 形坡口面时的操作要点如下：

其一，保证坡口面熔合好，不能有死角，层间焊道表面平整或稍下凹。

其二，严格控制层间温度，温度高于工艺要求时，要使其冷却到规定范围内再继续焊接。

其三，每层之间认真检查及清理。填充焊时，不能熔化坡口的上边缘。

其四，盖面焊时，适当减小焊接电流，保证坡口边缘两侧熔合良好及外观尺寸。

其五，不准在坡口之外引弧。

6）U 形坡口焊接步骤。调试焊接参数→焊丝对中→准备引弧→引弧→收弧→清渣及检查。

焊前调节每一步骤的操作要点均是相同的，焊完一道后再重复上述步骤。

7）U 形坡口焊接时的操作要点如下：

其一，控制好每层每道焊缝的位置，焊道分布和焊丝对中位置如图 8-22、图 8-23 所示。

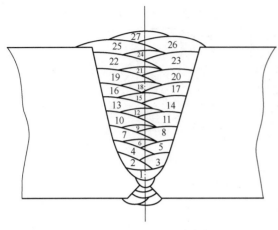

图 8-22　U 形坡口焊道分布

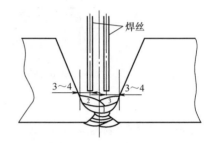

图 8-23　焊丝对中位置

　　其二，第一层只焊一道，保证焊丝对准中心；从第二层起，焊丝要偏离坡口两侧保证离坡口面的距离为 3 ～ 4mm（见图 8-23）。

　　其三，焊接完一层后，再焊接下一层时，焊丝要上移 4 ～ 5mm。

　　其四，保证两个坡口面熔合良好，不能有死角，焊道表面稍下凹并圆滑过渡。

　　其五，焊道之间认真清渣并检查，如果检查发现缺欠，应采取措施及时处理。

8.3.5　埋弧焊操作禁忌

　　1）应选用恰当的弧焊电源、电源开关、熔断器及辅助装置，以满足通常为 100% 的满负载持续率的工作需求。

　　2）控制箱、弧焊电源及焊接小车等的壳体或机体必须可靠接地。

　　3）所有电缆必须拧紧牢固。

　　4）合上电源控制开关后，不可触及电缆接头、焊丝、导电嘴、焊丝盘及其支架、送丝滚轮、齿轮箱、送丝电动机支架等带电体，以免触电或因机器运动发生挤伤、碰伤。

　　5）停止焊接后操作工离开岗位时，应切断电源开关。搬动焊机时，应切断电源。

　　6）按下启动按钮引弧前，应施放焊剂，以避免引燃电弧刺伤眼睛。

　　7）焊剂漏斗口相对于工件应有足够高度，以免焊剂层推高不足而造成电弧穿顶，变成明弧状态。

　　8）清除焊机行走通道上可能造成机头与工件短路的金属构件，以免短路中断正常焊接。

　　9）焊工应穿绝缘工作鞋，以防触电。应戴浅色防护眼镜，以防渣壳飞溅和泄漏弧光灼伤眼睛。

　　10）操作场地应设有通风设施，以便及时排走焊剂施放时的粉尘及焊接过程中散发的烟尘和有害气体。

　　11）当埋弧焊机发生电器故障时，应立即切断电源，及时通知电工修理。

　　12）埋弧焊经常焊接大型物体，往往有高空作业，因此要求焊工高空作业时应遵守相关安全规定。

第 *9* 章

焊接机器人操作技术

9.1 概述

9.1.1 机器人定义

工业机器人是一种多用途、可重复编程的自动控制操作机，具有三个或更多可编程的轴，用于工业自动化领域。

机器人（Robot）一词来源于捷克斯洛伐克作家 Karel Capek（卡雷尔 . 恰佩克）1921年创作的一个名为"Rossums Uniersal Robots"（罗萨姆万能机器人）的剧本。在剧本中，Capek 将在罗萨姆万能机器人公司生产劳动的那些"家伙"取名为"Robot"（汉语音译为"罗伯特"），其意为"不知疲倦的劳动"。Capek 将机器人定义为服务于人类的"家伙"，机器人的名字也正式由此而生。后来，机器人一词频繁出现在现代科幻小说和电影中。

国际标准化组织定义：工业机器人是一种仿生的、具有自动控制能力的、可重复编程的多功能和多自由度的操作机械。

工业机器人是由仿生机械结构、电动机、减速机和控制系统组成的，用于从事工业生产，能够自动执行工作指令的机械装置。它可以接受人类指挥，也可以按照预先编排的程序运行，现代工业机器人还可以根据人工智能技术制定的原则和纲领行动。

一般情况下，工业机器人应该具有以下四个特征：

1）特定的机械机构。

2）从事各种工作的通用性能。

3）具有感知、学习、计算及决策等不同程度的智能。

4）相对独立性。

9.1.2 机器人分类

焊接机器人是一个机电一体化的设备，可以按结构、受控运动方式、驱动方式、用途等项目对其进行分类。

（1）按结构坐标系特点分类

1）直角坐标型。这类机器人的结构和控制方案与机床类似，其到达空间位置的三个运动（X，Y，Z）由直线运动构成，运动方向互相垂直，其末端操作器的姿态调节由附加的旋转机构实现，如图9-1所示。

2）圆柱坐标型。这类机器人在基座水平转台上装有立柱，水平臂可沿立柱作上下运动并可在水平方向伸缩，如图9-2所示。

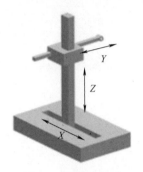

图9-1　直角坐标型

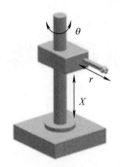

图9-2　圆柱坐标型

3）极坐标型。与圆柱坐标型结构相比，这种结构形式更为灵活。但采用同一分辨率的码盘检测角位移时，伸缩关节的线位移分辨率恒定，但转动关节反映在末端操作器上的线位移分辨率则是个变量，增加了控制系统的复杂性，如图9-3所示。

4）全关节型。全关节型机器人的结构类似人的腰部和身部，其位置和姿态全部由垂直旋转运动实现，如图9-4所示。目前，焊接机器人大多采用全关节型的结构形式。

图9-3　极坐标型

图9-4　全关节型

（2）根据受控运动方式分类

1）点位控制（PTP）型。机器人受控运动方式为自一个点位目标移动到另一个点位目标，只在目标点上完成操作，要求机器人在目标点上有足够的定位精度。一种是相邻目标点间的运动方式，即关节驱动机以最快的速度趋近终点，各关节视其转角大小不同而到达终点有先有后；另一种运动方式是各关节同时趋近终点，由于各关节运动时间相同，所以角位移的运动速度较高。点位控制型机器人主要用于点焊作业。

2）连续轨迹控制（CP）型。机器人各关节作连续受控运动，焊接机器人运行终端按预期的轨迹和速度运动，为此各关节控制系统需要实时获取驱动机的角位移和角速度信号。连续轨迹控制用于弧焊机器人。

（3）按驱动方式分类

1）气压驱动。

2）液压驱动。

3）电气驱动。电气驱动是最普遍、应用最多的驱动方式。

（4）按工作环境和用途分类

1）工业机器人。通常又可以分成焊接机器人（包括弧焊机器人见图 9-5、点焊机器人见图 9-6）、装配机器人、搬运码垛机器人（见图 9-7）、喷涂机器人（见图 9-8）等多种类型。

图 9-5　弧焊机器人

图 9-6　点焊机器人

图 9-7　搬运码垛机器人

图 9-8　喷涂机器人

2）特种机器人。特种机器人则是除工业机器人之外的、用于非制造业并服务于人类的各种先进机器人，包括服务机器人、教学机器人、水下机器人、空间机器人、微操作机器人、娱乐机器人、军用机器人及农业机器人等。

9.1.3　机器人发展史

机器人的性质是模仿人的某些特性，它具有移动性、个体性、智能性、通用性、半机械半人性、自动性及重复性，是具有生物功能的空间三维坐标机器。

（1）机器人发展历史　自1959年美国第一台工业机器人诞生之日起，经过半个多世纪的飞速发展，欧美及日本等国逐渐形成种类繁多、功能齐全的机器人系列产品，涉足的领域不断扩大，制造和应用技术都有了很大的进步。工业机器人发展历史（截取部分事件和时间节点）如下：

1959年美国Unimation公司研制出首台工业机器人Unimate。

1961年美国通用公司首次将Unimate机器人用于汽车生产线。

1972年日本机器人工业会（JIRA）成立。

1973年德国KUKA公司研制电动机驱动的六轴机器人Famulus。

1974年瑞典ASEA公司（CABB公司的前身）开发出全电动、微处理器控制的多关节机器人。

1974年日本川崎重工公司第一台弧焊机器人在日本投入运行。

1977年日本安川电机发布莫托曼工业机器人。

1980年中国成功研制第一台工业机器人样机。

1980年工业机器人在日本真正普及，故称该年为"机器人元年"。

1995年中国首台四自由度点焊机器人开发成功，并投入汽车生产线使用。

1998年中国机器人领域唯一一家生产企业通过ISO9001国际质量体系认证。

2006年，意大利柯马公司（Comau）推出了第一款无线示教器（Wireless TeachPendant，WiTP）。

2007年日本安川（Motoman）机器人公司推出超高速弧焊机器人。

2007年德国库卡公司（KUKA）推出当时世界上大载荷（1000kg）重型机器人。

2009年瑞典ABB公司推出了世界上最小的多用途工业机器人IRB120。

2011年第一台仿人型机器人进入太空。

随着人类社会生产力水平的不断进步，推动了科技的发展与革新，建立了更加合理的生产关系。自工业革命以来，人力劳动已经逐渐被机械所取代，而这种变革为人类社会创造了巨大财富，极大地推动了人类社会的进步。

（2）机器人的发展历程

大致经历了三代：

1）第一代：机器人行为需人演示、教导（示教），但能记录并复制（再现）动作，如示教（Teach.in）机器人。

2）第二代：有一定传感器，能进行简单分析、推理，适当调整行为，如感知机器人。

3）第三代：有大量传感器，能进行复杂分析、推理，自主决定行为，如智能机器人。

最早研制的机器人是工业机器人，工业机器人以第一代为主；特殊机器人属于第三代。

9.1.4　机器人组成

如图9-9所示，一台完整的机器人由以下几个部分组成：操作机（机器人本体）、驱动系统、控制系统以及可更换的末端执行器等。

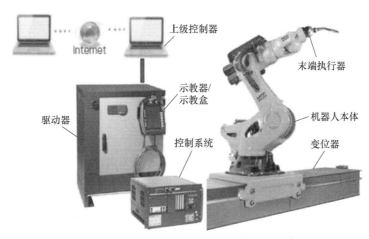

图 9-9　机器人组成

（1）操作机　操作机是工业机器人的机械主体，即通常说的机器人本体，是用来完成各种作业 EA 的执行机械。它因作业任务不同而有各种结构形式和尺寸。工业机器人的"柔性"除体现在其控制装置可重复编程外，还与机器人操作机的结构形式有很大关系。机器人普遍采用的关节型结构具有类似人体腰、肩和腕等的仿生结构。

（2）驱动系统　工业机器人的驱动系统是指驱动操作机运动部件动作的装置，也就是机器人的动力装置。机器人使用的动力源有压缩空气、压力油和电能，因此，相应的动力驱动装置就是气缸、液压缸和电动机。这些驱动装置大多安装在操作机的运动部件上，因此要求其结构小巧紧凑、重量轻、惯性小、动作平稳。

（3）控制系统　工业机器人的控制系统是机器人的"大脑"。它通过各种控制电路硬件和软件的结合来操纵机器人，并协调机器人与生产系统中其他设备的关系。普通机器设备的控制装置多注重自身动作的控制，而机器人的控制系统还要注意建立自身与作业对象之间的控制联系。一个完整的机器人控制系统除了作业控制器和运动控制器外，还包括控制驱动系统的伺服控制器以及检测机器人自身状态的传感器反馈部分。现代机器人电子控制装置由可编程序控制器、数控控制器或计算机构成，一般集成在控制柜内。控制系统是决定机器人功能和水平的关键部分，也是机器人系统中更新和发展最快的部分。

（4）末端执行器　工业机器人的末端执行器是指连接在机器人腕部、直接用于作业的机构。它可能是用于抓取、搬运的手部（爪），也可能是用于喷漆的喷枪，也可能是砂轮以及检查用的测量工具等。工业机器人的腕部上有用于连接各种末端执行器的机械连接口，按作业内容选择不同的手爪或工具装于其上，进一步扩大了机器人作业的柔性。如喷涂用的喷管、搬运工件用的夹具、焊接用的焊枪、工件去毛刺的倒角工具等，如图 9-10 所示。

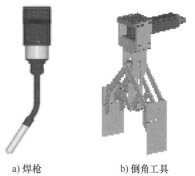

a）焊枪　　　　b）倒角工具

图 9-10　末端执行器

9.1.5 机器人的技术性能

主要参数：工作范围（作业空间）、承载能力、自由度、运动速度及定位精度。

（1）工作范围（Working Range） 工作范围是工业机器人 TRP 点能够运动的区域。通常场合可用"作业半径 R"简单表示。

TRP（工具参考点，Tool Reference Point）：机器人工具安装的基准位置 – 手腕工具安装法兰中心，如图 9-11 所示。

工作范围大多是不规则形状、不完整空间，如图 9-12 所示。

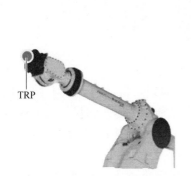

图 9-11 机器人 TRP 点示意图

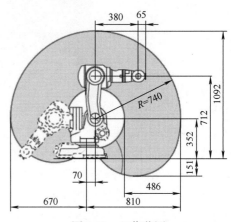

图 9-12 工作范围

（2）承载能力（Payload） 机器人可承受的最大负载（质量、转矩或切削力）。

实际承载能力与负载的重心位置有关，样本数据通常是假设负载重心位于 TRP 点时的最大理论值，如图 9-13 所示。

承载能力 6kg 机器人的允许负载图，如图 9-14 所示。

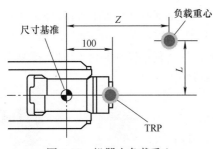

图 9-13 机器人负载重心

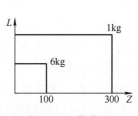

图 9-14 负载图

（3）自由度（Degree of Freedom） 机器人能产生的独立运动数（相对于地面），包括直线、回转、摆动。

自由度实际就是机器人系统的总控制轴数；自由度包括变位器运动，使用变位器可增加自由度；自由度不包括执行器的运动（如刀具旋转等）；自由度越多，运动越灵活；有 6 个自由度，理论上可实现三维空间的任意运动。

以 6 个自由度为例，可用规定的符号表示，如图 9-15 所示。

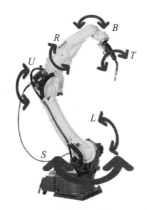

S(或J1)：腰(Swing)回转；
L(或J2)：下臂(LowerArm)摆动；
U(或J3)：上臂(UpperArm)摆动；
R(或J4)：腕回转(Wrist Rolling)；
B(或J5)：腕摆动(Wrist Bending)；
T(或J6)：手回转(Turning)。

图 9-15　机器人自由度

（4）速度　程序速度是机器人 TCP 点相对于大地的运动速度。

TCP（工具控制点，Tool Control Point）：有时称工具中心点（Tool Center Point），是机器人作业位置和运动控制目标点，如图 9-16 所示。

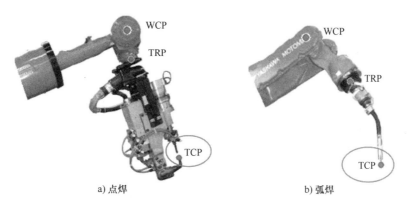

a) 点焊　　　　　　　　　b) 弧焊

图 9-16　机器人作业位置

样本参数为机器人空载时各关节所能达到的最大回转速度的形式表示。

TCP 速度（程序速度）是所有参与运动的关节轴的速度合成值。

速度反映机器人工作效率，速度越高、效率越高。

（5）定位精度　精度以 TCP 实际位置和理论位置的误差表示，通常以重复定位精度的形式表示。

9.1.6　松下机器人组成

如图 9-17 所示，松下（Panasonic）焊接机器人主要由机器人本体、控制柜、示教器和焊接电源等组成。

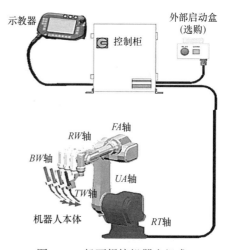

图 9-17　松下焊接机器人组成

（1）机器人本体尺寸　机器人本体主要包括高强度金属臂、驱动装置（伺服电动机）、减速器（有谐波传动减速器和 RV 摆线针轮减速机等）、传动装置（链条、皮带、连杆等）、检测装置（编码器、关节角反馈电路等）及线缆等。可地装、壁装和吊装，也可装在行走机构上以扩大工作范围。

（2）示教器尺寸规格　示教器（示教编程器简称）是进行机器人的操作、程序编写、参数设置及监控用的手持装置，是人机对话的窗口，类似于计算机的操作键盘和显示器功能。

1）示教器正面。示教器如图 9-18 所示。

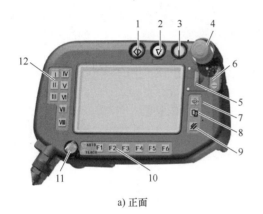

a) 正面　　　　　　　　　　　　　　　　b) 反面

图 9-18　示教器

1—启动开关　2—暂停开关　3—伺服 ON 开关　4—紧急停止开关　5—拨钮　6—+/- 键　7—登录键　8—窗口切换键
9—取消键　10—用户功能键　11—模式切换开关　12—动作功能键　13—右上档键　14—左上档键　15—安全开关（3 段位）

2）控制柜尺寸规格　机器人控制柜的外部为屏蔽功能的金属外壳，控制柜内部由背板、主 CPU 板、次序板、安全板、焊接控制板及电源板等主要部件组成，内部还有冷却风扇散热功能。

3）机器人焊接电源　工业机器人只有配上执行机构才具有使用价值，机器人与不同的焊接电源组合，可构成不同功能的焊接机器人，如图 9-19 所示。

a) YD-350GS　　　　b) FULL DIGITAL　　　　c) YC-300BP

图 9-19　不同焊接电源

焊接机器人对焊接电源的技术性能要求较高，需采用数字信号传输的全数字焊机，并具有与机器人之间进行通信功能的接口电路，以便能够在示教器上设定和修改焊接参数。

具体选择哪种电源与机器人组合，应视焊接工艺要求决定，另外，不同型号的焊接电源因其配置不同，选型时要根据不同规格做适当选配。

9.1.7　FANUC 机器人的组成

（1）FANUC 机器人本体的构成　FANUC 机器人是由通过交流伺服电动机驱动的轴和手腕构成的机构部件。手腕的结合部称为轴杆或者关节，最初的三个轴（J1、J2、J3）称为基本轴，用来确定机器人的位置。J4、J5、J6 称为手腕轴，对安装在法兰盘上末端执行器（工具）进行操控，如进行扭转、上下摆动、左右摆动之类的动作，确定机器人的姿态。交流伺服驱动系统由对值脉冲编码器、交流伺服电动机、抱闸单元等部分组成，如图 9-20 所示。

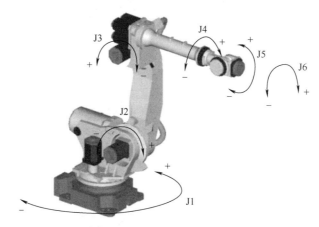

图 9-20　FANUC 机器人本体

FANUC 机器人广泛应用于弧焊、点焊、搬运、涂胶、喷漆、去毛刺、切割、激光焊接及测量等。

（2）示教器　示教器是主管应用工具软件与用户之间接口的操作装置。示教器通过电缆与控制装置连接。

示教器主要可以完成功能：

1）机器人的点动进给。

2）程序创建。

3）程序的测试执行。

4）变更设置。

5）状态确认。

示教器由如下构件构成：

1）R–30iB 控制装置需要 640×480 像素（VGA）的液晶画面。

2）R–30iB Plus 控制装置需要 1024×768 像素（VGA）的液晶画面。

3）2 个 LED。

4）68 个键控开关（其中 4 个专用于各应用工具），部分功能键说明如图 9-21 所示。

5）示教器有效开关、安全开关和急停开关如图 9-22 所示，具体功能见表 9-1。

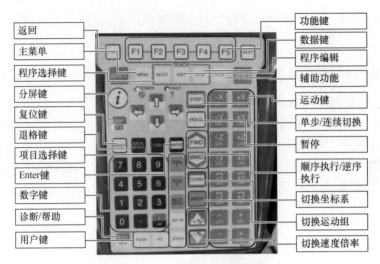

图 9-21 示教器操作键盘说明

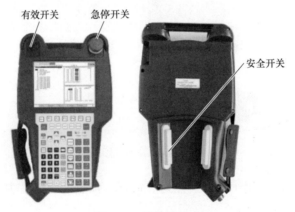

图 9-22 示教器组成

表 9-1 开关具体功能表

开关	功能
示教器有效开关	控制示教器有效或无效，将示教器置于 ON，点动进给，程序创建，测试程序；将示教器置于 OFF，机器人可以走自动
安全开关（Deadman）	位置安全开关，通过按到中间位置点有效，安全开关松开或压紧，机器人就会停止
急停开关	不管示教器有效或无效，机器人都会急停

6）示教器控键开关主要分为以下几类：

第一类，与菜单相关的控键开关，见表 9-2。

第二类，与应用相关的控键开关，见表 9-3。

第三类，与点动相关的控键开关，见表 9-4。

第四类，与执行相关的控键开关，见表 9-5。

第五类，其他控键开关，见表 9-6。

表 9-2　与菜单相关的控键开关说明

开关	功能
MENU FCTN	按下【MENU】（菜单）键显示菜单目录界面 按下【FCTN】（功能）键显示辅助菜单
SELECT EDIT DATA	按下【SELECT】（一览）键显示程序的一览界面 按下【EDIT】（编辑）键快速显示程序的编辑界面 按下【DATA】（数据）键快速显示数据画面
TOOL 1 TOOL 2	【TOOL1】和【TOOL2】均依存于应用程序，程序不一样则按键不一样，如在搬运应用中 TOOL1 和 TOOL2 键用来显示夹具 1 和夹具 2
STEP	按下【STEP】键，单步执行程序
STATUS	按下【STATUS】键，显示状态画面
I/O	I/O 键用来显示 IO 状态画面
POSN	【POSN】键显示当前机器人位置信息
DISP	单独按下，移动激活窗口 与【Shift】同时按下，显示屏可以分割显示（单画面，双画面，3 画面等）
DIAG HELP	单独按下，显示申明画面 与【Shift】同时按下，显示报警画面
GROUP	按下【GROUP】键，切换运动组

表 9-3　与应用相关的控键开关说明

按键	功能
SHIFT	SHIFT 键与其他按键同时按下时，可以进行点动进给、位置数据的示教、程序的启动。左右的 SHIFT 键功能相同
+X(J1) +Y(J2) +Z(J3) +X(J4) -X(J1) -Y(J2) -Z(J3) -X(J4) +Y(J5) +Z(J6) +(J7) +(J8) -Y(J5) -Z(J6) -(J7) -(J8)	点动键，与 SHIFT 键同时按下而使用于点动进给 J7、J8 键用于同一组内的附加轴的点动进给。但是，五轴机器人和四轴机器人等，不到六轴的机器人的情况下，从空闲中的按键起依次使用。例如，五轴机器人上将 J6、J7、J8 键用于附加轴的点动进给 J7、J8 键的效果设定可进行变更
COORD	COORD（手动进给坐标系）键，用来切换手动进给坐标系（点动的种类）。依次进行如下切换：“关节”→“手动”→“世界”→“工具”→“用户”→“关节”。当同时按下此键与 SHIFT 键时，出现用来进行坐标系切换的点动菜单
+% -%	倍率键用来进行速度倍率的变更。依次进行如下切换：“微速”→“低速”→“1%→5%→50%→100%”（5% 以下时以 1% 为刻度切换，5% 以上时以 5% 为刻度切换）

表 9-4　与点动相关的控键开关说明

按键	功能
FWD BWD	FWD（前进）键、BWD（后退）键（+SHIFT 键）用于程序的启动。程序执行中松开 SHIFT 键时，程序执行暂停
HOLD	HOLD（保持）键，用来中断程序的执行
STEP	STEP（断续）键，用于测试运转时的断续运转和连续运转的切换

表 9-5　与执行相关的控键开关说明

按键	功能
PREV	PREV（返回）键，用于使显示返回到紧之前进行的状态。根据操作，有的情况下不会返回到紧之前的状态显示
ENTER	ENTER（输入）键，用于数值的输入和菜单的选择
BACK SPACE	BACK SPACE（取消）键，用来删除光标位置之前一个字符或数字
↑ ← → ↓	光标键用来移动光标 光标：是指可在示教器画图上移动的、反相显示的部分。该部分成为通过示教器键进行操作（数值 / 内容的输入或者变更）的对象
ITEM	ITEM（项目选择）键，用于输入行号码后移动光标

表 9-6　其他控键开关说明

按键	功能
i	在状态窗口上显示闪烁的图标（通知图标）时按下 *i* 键，显示通知画面。或者，在与如下键同时按下时使用。通过同时按下 *i* 键，将会提高画面成为图形显示等基本按键的操作 • MENU（菜单）键 • FCTN（辅助）键 • EDIT（编辑）键 • DATA（数据）键 • POSS（位置显示）键 • JOG（点动）键 • DISP（画面切换）键

9.2　机器人操作技巧

示教模式是指模式切换开关在"Teach"一侧，在此模式下，可以使用示教器进行示教或程序编辑的操作。示教模式也称为"手动模式"。

9.2.1　基本操作

（1）闭合伺服电源　闭合伺服电源是机器人进行工作的必要条件，这项操作需要开机、握住安全开关以及按下伺服"ON"按钮三个动作，具体操作步骤如下。

1）闭合机器人控制器电源开关（开机）后，示教器要读取控制柜中的系统数据，约需 30s，系统数据传送结束后出现操作状态初始界面。

2）安全开关为三段式，松开或用力握住安全开关都将关闭伺服电源。示教器启动时，将左手（或右手）的中指和无名指轻轻握住其中任何一个安全开关，当伺服电源启动开关灯出现闪烁时，按下伺服"ON"按钮，此时，伺服电源启动开关灯保持常亮。

3）示教时在示教器背面的手指应一直握住安全开关，当不慎松开或握紧力过大造成伺服电源关断时，应再次轻握安全开关，当伺服电源灯闪亮时，按下伺服"ON"按钮。

（2）机器人动作

1）动作要领。在示教模式下使用示教器移动机器人的操作步骤如下。

第一步，点亮机器人运动图标灯"🖼"进入示教状态。机器人运动图标灯状态见表 9-7。

表 9-7 机器人运动图标灯状态

🖼（图标灯亮）机器人运动：ON	进入示教状态，可移动机器人手臂
🖼（图标灯灭）机器人运动：OFF	进入编辑状态，可移动示教器界面上的光标

第二步，用左手拇指按住动作功能键，然后，右手拇指上下旋转拨动按钮，对应的机器人手臂随之运动。

第三步，当左手拇指松开动作功能键或停止旋转拨动按钮时，机器人停止运动。窗口右上方阶梯图显示当前机器人控制点（工具中心点 TCP）移动速度的快慢，阶梯位置越高，移动速度越快。松开动作功能键或停止旋转拨动按钮时，阶梯图显示消失，移动停止。

2）拨动按钮的正确使用。熟练掌握使用右手拇指旋动按钮是机器人操作的一项重要技巧，需要反复练习直至能熟练操作，避免示教过程中撞枪情况发生。具体的使用方法如下：

其一，小幅度移动机器人或微调焊枪姿态时，用右手拇指上下旋动拨动按钮缓慢移动机器人，如图 9-23 所示。

其二，大幅度移动机器人时，用右手拇指侧压拨动按钮的同时，再上下旋动拨动按钮时可进行快速、中速、慢速移动机器人，如图 9-24 所示。

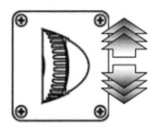

图 9-23 旋动拨动按钮

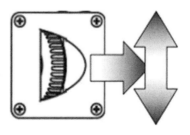

图 9-24 侧压拨动按钮并上下旋动

3）示教速度。示教速度是指机器人运行时工具中心点（焊丝伸出末端）的移动速度。使用菜单切换（或扣住右切换键）可改变示教速度为低速（L）、中速（M）或高速（H）。

4）转换坐标系。机器人坐标系类别：机器人有 5 个坐标系可以选择，分别是：关节坐标系、直角坐标系、工具坐标系、圆柱坐标系和用户坐标系。常用坐标系及外部轴动作图标见表9-8。

表9-8　常用坐标系及外部轴动作图标

动作功能键	机器人在直角坐标系下移动	机器人移动时工具点固定	以工具为基准的机器人移动	以工具点为原点的机器人移动	外部轴选购
Ⅰ Ⅳ					
Ⅱ Ⅴ					
Ⅲ Ⅵ					

转换坐标系的操作步骤：点亮机器人动作图标灯 后，右手食指扣动右切换键，同时左手拇指点按动作功能键 Ⅳ 转换坐标系，如图 9-25 所示。

左手拇指按住动作功能键，右手拇指侧压并旋动拨动按钮，机器人随之在选定的坐标系按照动作功能键模式移动。

9.2.2　机器人示教编程方法

1. 示教编程的操作流程

掌握正确的示教编程操作流程是高效和精准完成示教编程工作的关键，示教编程的操作流程如图 9-26 所示。

2. 插补概念和示教点

1）插补的概念。依据机器人运动学理论，机器人手臂关节在空间进行运动规划时，需进行的大量工作是对关节变量的差值计算。插补是一种算法，可以理解为示教点之间的运动方式。对于有规律的轨迹，仅示教几个特征点，机器人就能利用插补算法获得中间点的坐标，直线插补和圆弧插补是机器人系统中的基本算法，比如：两点确定一条直线，三点确定一段圆弧。实际工作中，对于非直线和非圆弧的轨迹，可以切分成若干个直线段或圆弧段，以无限逼近的方法实现轨迹示教。

2）插补指令及运动方式。将机器人的移动指令储存在示教点，用来决定每段的插补指令及运动方式。机器人的几种插补指令见表9-9。

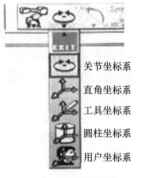

关节坐标系
直角坐标系
工具坐标系
圆柱坐标系
用户坐标系

图 9-25　各坐标系标

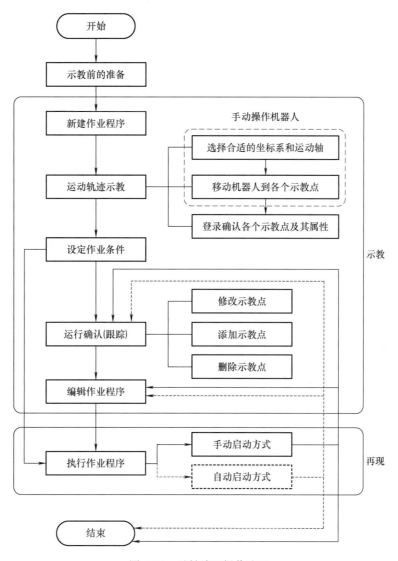

图 9-26　示教编程操作流程

表 9-9　插补指令

插补形态	方式说明	移动命令	插补图示
PTP（点到点）	机器人在未规定采取何种轨迹移动时，使用关节插补。出于安全方面的考虑，通常在示教点 1 即程序开始设置的第 1 个点及空走点用关节插补示教	MOVEP	
直线插补	机器人从当前示教点到下一示教点运行一段直线。直线插补常被用于直线焊缝的焊接作业示教	MOVEL	
圆弧插补	机器人沿着用圆弧插补示教的三个示教点执行圆弧轨迹移动。圆弧插补常被用于环形焊缝的焊接作业示教	MOVEC	

（续）

插补形态	方式说明	移动命令	插补图示
直线摆动	机器人在用直线摆动示教的两个振幅点之间一边摆动一边向前沿直线轨迹移动	MOVELW	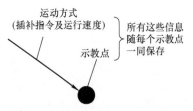
圆弧摆动	机器人在用圆弧摆动示教的两个振幅点之间一边摆动一边向前沿圆弧轨迹移动	MOVECW	

由于机器人行走轨迹是通过若干个"点"来描述的，所以示教过程就是示教"点"的过程，并要将这些示教点按顺序保存下来，示教点信息（或称属性）包括机器人坐标数据和运动方式（插补指令及运行速度）等，如图9-27所示。

3. 机器人运动数据

机器人运动数据包括：①示教点位置 P_1、P_2（坐标数据）。②由前一点 P_1 向该示教点 P_2 移动的速度。③机器人在示教点的操作（次序指令）。④向示教点移动的运动方式（例如直线），如图9-28所示。

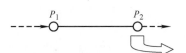

图9-27 示教点信息示意图

图9-28 示教点移动的运动方式

9.2.3 直线示教的基本操作

（1）直线示教的基本法则 根据两点确定一条直线的原则，当示教直线焊接起始点（焊接段的第一个示教点）及中间点（焊接结束点之前的其他示教点）时，插补指令为MOVEL，将焊接起始点和中间点的属性设为"焊接"，将焊接结束点设为"空走"，如图9-29所示。直线示教的设置方法见表9-10。

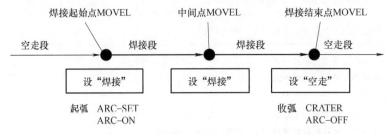

图9-29 直线插补图示及示教方法

表 9-10　直线示教的设置方法

焊接起始点的示教	焊接中间点的示教	焊接结束点的示教
1. 将机器人移动焊接起始点，按回车键，出现增加示教点对话框 2. 在对话框中将点的属性设为"焊接"，插补指令为 MOVEL 3. 按回车键将该示教点作为焊接起始点保存	1. 移动机器人到焊接区段的一点并按回车键，出现增加示教点对话框 2. 在对话框中将点的属性设为"焊接"，插补指令为 MOVEL 3. 按回车键将示教点作为中间点保存	1. 移动机器人到焊接结束点并按回车键，出现增加示教点对话框 2. 在对话框中将点的属性设为"空走"，插补指令为 MOVEL 3. 按回车键将该示教点作为焊接结束点保存
注意：在焊接起始点，将自动登录 ARC-SET 指令（指定焊接电流、电弧电压和焊接速度）和 ARC-ON 指令（指定焊接开始次序程序）	注意：改变中间点的焊接条件时，使用 ARC-SET 指令，可改变该段的焊接电流（AMP）、电弧电压（VOLT）和焊接速度（WLDSPD）	注意：在焊接结束点将自动登录 CRATER 指令（指定收弧电流、收弧电压和收弧时间）和 ARC-OFF 指令（指定焊接结束次序程序）

（2）焊接起始点的示教存储过程　以图 9-29 为例，编辑（存储）焊接起始点的步骤如下。

1）使用用户功能键将编辑类型切换为增加 " ⊞ "。

2）点亮机器人运动图标灯 " ▨ "。

3）将机器人移动到焊接起始点，按确认键，弹出示教点属性编辑对话框。

4）设置示教点的插补指令为 "MOVRL"。

5）将该点设为 "焊接" 点，按回车键或单击 "OK" 按钮保存示教点。

（3）设置焊接条件

1）焊接参数设定

作为焊接点保存示教点时，焊接条件自动生成默认参数，可以在打开的文件上编辑操作，更改每一个示教点的焊接条件。

2）起弧、收弧子程序。在焊接起始点和结束点可设置的起收弧程序见表 9-11。

表 9-11　示教点起弧收弧程序表

命令	定义	设置方法
ARC-ON	描述焊接开始条件	选择起弧程序 ArcStart1 ～ ArcStart5 中的一个
ARC-OFF	描述焊接结束条件	选择收弧程序 ArcEnd1 ～ ArcEnd5 中的一个
ARC-SET	描述焊接条件	设置焊接电流、电弧电压和焊接速度
CRATER	描述收弧焊接条件	设置收弧焊接电流、电弧电压和焊接时间
AMP	描述焊接电流	设置焊接电流
VOLT	描述电弧电压	设置电弧电压

（4）示教直线程序点的方法及步骤举例

示教步骤应根据机器人动作顺序逐点进行示教图 9-30 所示为两块 Q235 钢板（200mm × 100mm × 4mm）的对接焊作业。示教点说明见表 9-12。

机器人示教直线轨迹示意如图 9-31 所示。具体示教操作步骤见表 9-13。机器人程序见表 9-14。

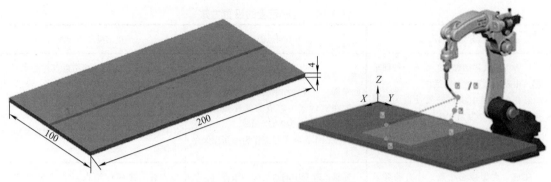

图 9-30　Q235 钢板对接焊作业

表 9-12　示教点说明

示教点	焊枪姿态			用途
	$U/(\circ)$	$V/(\circ)$	$W/(\circ)$	
①	180	45	180	机器人原点
②	0	15	−0	作业临近点
③	0	15	−0	焊接开始点
④	0	15	−0	焊接结束点
⑤	0	15	−0	焊枪规避点
⑥	180	45	180	机器人原点

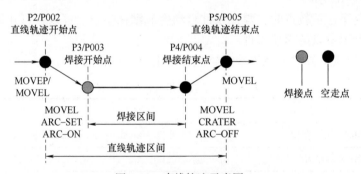

图 9-31　直线轨迹示意图

表 9-13　直线轨迹示教操作步骤

序号	示教点	示教方法
1	P2/P002 直线轨迹开始点	1. 将机器人移动到直线轨迹开始点 2. 将示教点属性设定为 ✐（空走点），插补方式选 ⟋（MOVEP）或 ⟍（MOVEL） 3. 按 ⇨ 保存示教点 P2/P002 为直线轨迹开始点
2	P3/P003 焊接开始点	1. 将机器人移动到焊接开始点 2. 将示教点属性设定为 ✐（焊接点），插补方式 ⟍（MOVEL） 3. 按 ⇨ 保存示教点 P3/P003

（续）

序号	示教点	示教方法
3	P4/P004 焊接结束点	1. 将机器人移动到焊接结束点 2. 将示教点属性设定为 ✏ （空走点），插补方式选 ✎ （MOVEL） 3. 按 ⇨ 保存示教点 P4/P004 为焊接结束点
4	P5/P005 直线轨迹结束点	1. 将机器人移动到直线轨迹结束点 2. 将示教点属性设定为 ✏ （空走点），插补方式选 ✎ （MOVEL） 3. 按 ⇨ 保存示教点 P5/P005 为直线轨迹结束点

表 9-14　机器人程序

行标	命令	说明
●	Begin Of Program	程序开始
	TOOL=1：TOOL01	末端工具选择
●	MOVEP P1/001，10.00m/min	机器人原点位置（示教点①）
●	MOVEP P2/002，10.00m/min	移到焊接开始位置附近（示教点②）
●	MOVEL P3/003，5.00m/min	移到焊接开始位置（示教点③）
	ARC–SET AMP=120 VOLT=19.2 S=0.5	设定焊接开始规范
	ARC–ON ArcStart1……	开始焊接
●	MOVEL P4/004，5m/min	移到焊接结束位置（示教点④）
	CRATER AMP=100 VOLT=18.2 T=0.00	设定焊接结束规范
	ARC–OFF ArcEnd1	结束焊接
●	MOVEL P5/005，5m/min	移到焊枪规避位置（示教点⑤）
●	MOVEP P6/006，10m/min	移到原点位置（示教点⑥）
	End Of Program	程序结束

运动轨迹的示教如下。

示教点①——机器人原点，如图 9-32 所示。

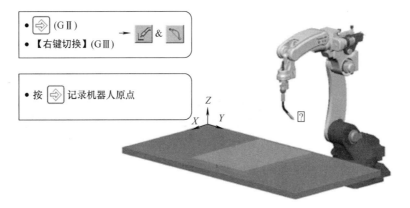

图 9-32　机器人原点

示教点②——作业临近点，如图 9-33 所示。

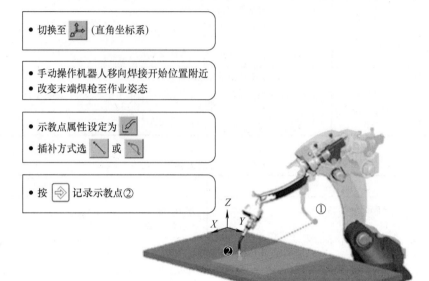

• 切换至 (直角坐标系)
• 手动操作机器人移向焊接开始位置附近
• 改变末端焊枪至作业姿态
• 示教点属性设定为
• 插补方式选 或
• 按 记录示教点②
Z
X
Y
①
②

图 9-33　作业临近点

示教点③——焊接开始点，如图 9-34 所示。

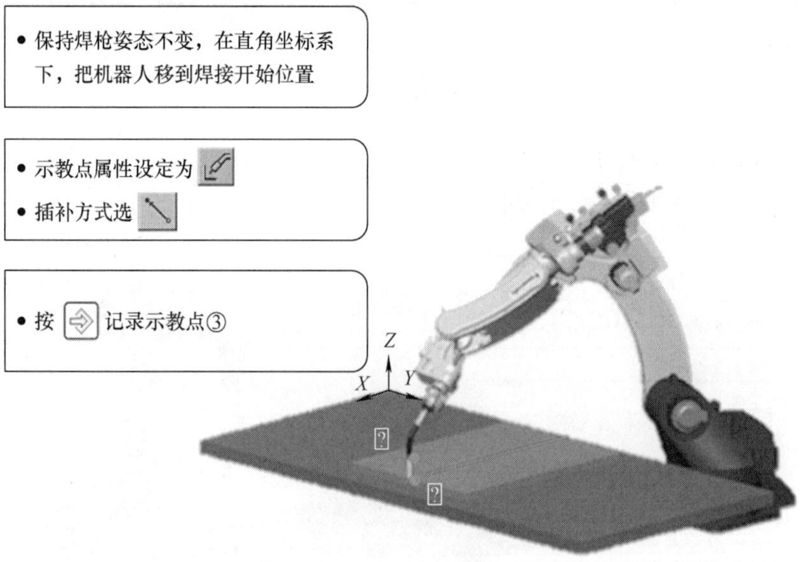

• 保持焊枪姿态不变，在直角坐标系下，把机器人移到焊接开始位置
• 示教点属性设定为
• 插补方式选
• 按 记录示教点③
Z
X
Y

图 9-34　焊接开始点

示教点④——焊接结束点，如图 9-35 所示。

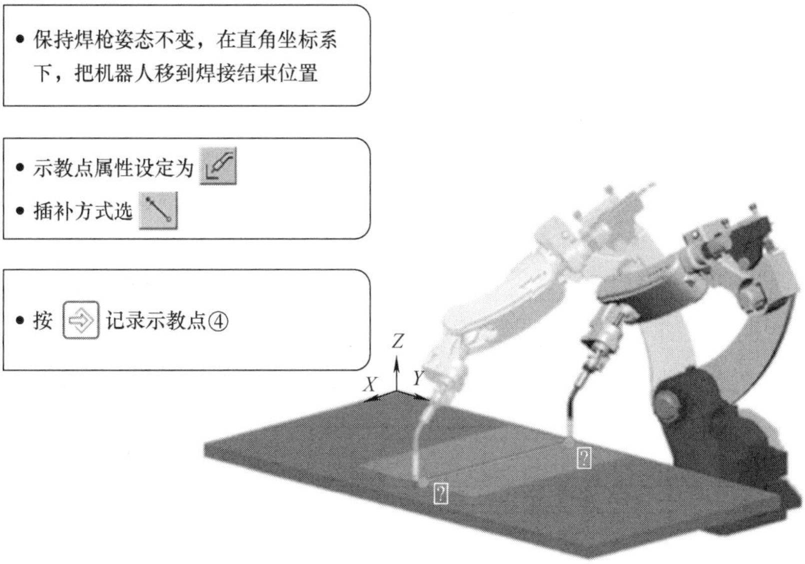

- 保持焊枪姿态不变，在直角坐标系下，把机器人移到焊接结束位置

- 示教点属性设定为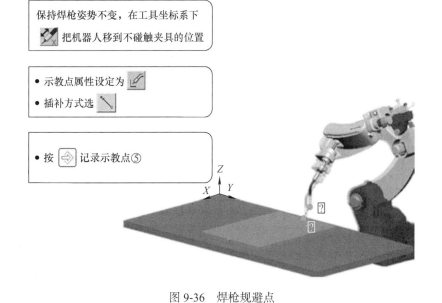
- 插补方式选

- 按　记录示教点④

图 9-35　焊接结束点

示教点⑤——焊枪规避点，如图 9-36 所示。

保持焊枪姿势不变，在工具坐标系下把机器人移到不碰触夹具的位置

- 示教点属性设定为
- 插补方式选

- 按　记录示教点⑤

图 9-36　焊枪规避点

示教点⑥——机器人原点，如图 9-37 所示。

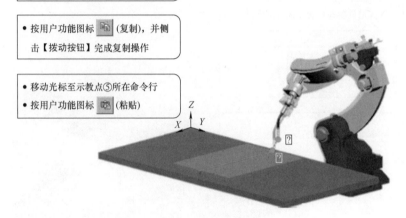

图 9-37　机器人原点

9.2.4　圆弧示教基本操作

（1）圆弧插补指令　输入圆弧插补指令后，机器人控制点能够以圆弧路径运动，但一条圆弧路径至少要由 3 个连续的圆弧插补指令（MOVEC）插补点才能决定，如图 9-38 所示。具体设置方法及说明见表 9-15。

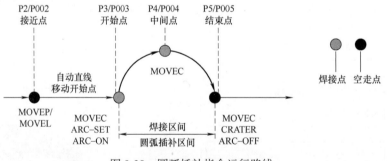

图 9-38　圆弧插补指令运行路线

表 9-15　连续圆弧插补指令路径设置方法

圆弧起始点	圆弧中间点	圆弧结束点
1. 移动机器人到一条圆弧线的起始点。在插补菜单中，单击圆弧，然后按回车键，出现增加示教点对话框 2. 设置插补类型为"MOVEC"，同时在对话框中设置其他的参数 3. 按回车键将该示教点作为圆弧起始点保存	1. 移动机器人到圆弧路径上的一点，按回车键，出现增加示教对话框 2. 设置为圆弧中间点，并按回车键保存该示教点	1. 移动机器人到圆弧结束点，按回车键，出现增加示教点对话框 2. 若不改参数，则按回车键保存 3. 如果下一个示教点是以圆弧插补指令以外的方式保存的，则该点作为圆弧结束点保存

（2）圆弧插补的基本原则　一定要示教 3 个连续的圆弧点并保存，才能完成一段圆弧插补。如果示教并保存的点少于 3 个连续的点，示教点的动作轨迹将自动变成直线。

1）圆弧插补的不完全示教。机器人根据插补计算一段圆弧，并沿圆弧移动。如果圆弧中间点超过一个，从当前点到下一点的圆弧形式将由当前点和其后的两个示教点决定。对于圆弧结束点前的圆弧点，决定圆弧形状的 3 个点是前一点、当前点和圆弧结束点，如图 9-39 所示。

2）圆弧插补的运用。在有两个及两个以上圆弧路径组合的情况，要明确所示教的 3 点是否为一段圆弧上的 3 个点，否则，机器人会出现计算错误，导致运行轨迹偏离示教点，如图 9-40 所示。解决办法有两种：一种是在两个圆弧路径共有的示教点 "a" 处重复登录三次，在中间保存一个直线插补点或 PTP 插补点，作为前一段圆弧的结束点和下一段圆弧的开始点；另一种是直接将 "a" 点设为圆弧分离点。

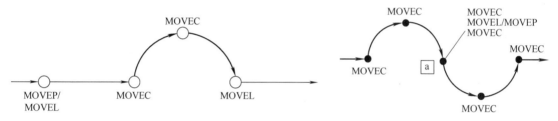

图 9-39　决定圆弧形状的 3 个示教点的设置　　　　图 9-40　两个圆弧路径组合共有点的设置

3）示教点的位置选择。对于 3 个圆弧插补点决定的圆弧路径，如果 2 个点彼此太靠近，其中任意一点的位置发生微小变化，将导致形状发生巨大变化，如图 9-41 所示。因此圆弧插补点的选择要合理。

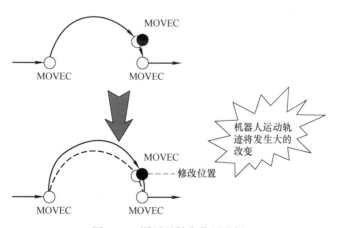

图 9-41　圆弧示教点位置选择

（3）管 – 板角接示教　机器人完成圆周焊缝的焊接通常示教 3 个以上特征点（圆弧开始点、圆弧中间点和圆弧结束点），插补方式选 MOVEC。管 – 板角接焊缝如图 9-42 所示。具体示教操作步骤见表 9-16。

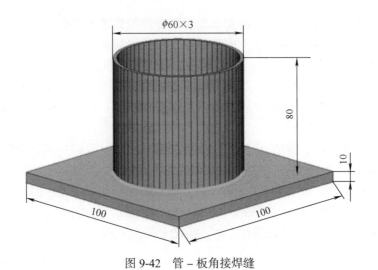

图 9-42 管 – 板角接焊缝

表 9-16 圆弧轨迹示教操作步骤

序号	示教点	示教方法
1	P2/P002 圆弧 / 焊接接近点	1. 将机器人移动到圆弧轨迹接近点 2. 将示教点属性设定为 ✐（空走点），插补方式选 ↗（MOVEP）或 ↘（MOVEL） 3. 按 ⇨ 保存示教点 P2/P002 为圆弧 / 焊接接近点
2	P3/P003 圆弧 / 焊接开始点	1. 将机器人移动到圆弧轨迹开始点 2. 将示教点属性设定为 ✐（焊接点），插补方式选 ⌒（MOVEC） 3. 按 ⇨ 保存示教点 P3/P003 为圆弧 / 焊接开始点
3	P4/P004 圆弧 / 焊接中间点	1. 将机器人移动到圆弧轨迹中间点 2. 将示教点属性设定为 ✐（焊接点），插补方式选 ⌒（MOVEC） 3. 按 ⇨ 保存示教点 P4/P004 为圆弧 / 焊接中间点
4	P5/P005 圆弧 / 焊接中间点	1. 将机器人移动到圆弧轨迹中间点 2. 将示教点属性设定为 ✐（焊接点），插补方式选 ⌒（MOVEC） 3. 按 ⇨ 保存示教点 P4/P004 为圆弧 / 焊接中间点
5	P6/P006 圆弧 / 焊接结束点	1. 将机器人移动到圆弧轨迹结束点 2. 将示教点属性设定为 ✐（空走点），插补方式选 ⌒（MOVEC） 3. 按 ⇨ 保存示教点 P5/P005 为圆弧 / 焊接结束点

图 9-43 所示为管 – 板角接运动轨迹示教。

运动轨迹示教如下。

示教点①——机器人原点，如图 9-44 所示。

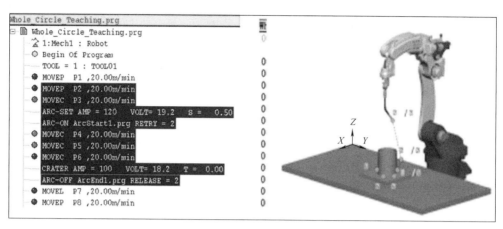

图 9-43 管 - 板角接运动轨迹示教

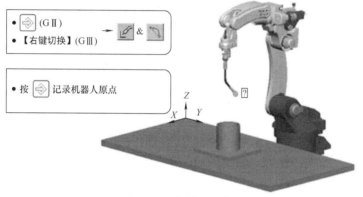

图 9-44 机器人原点

示教点②——作业临近点，如图 9-45 所示。

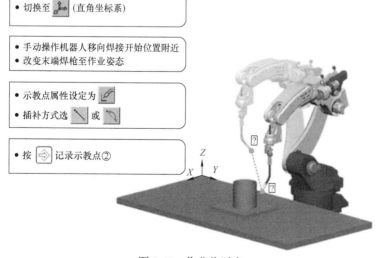

图 9-45 作业临近点

示教点③——圆弧 / 焊接开始点：如图 9-46 所示。

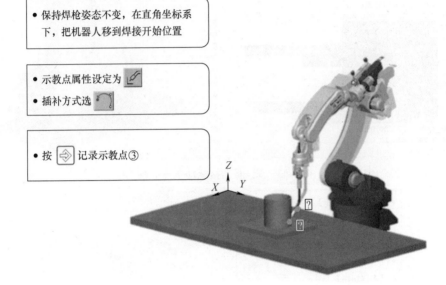

图 9-46　圆弧 / 焊接开始点

示教点④——圆弧 / 焊接中间点：如图 9-47 所示。

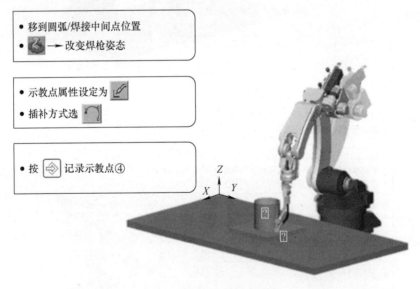

图 9-47　圆弧 / 焊接中间点

示教点⑤——圆弧 / 焊接中间点：如图 9-48 所示。

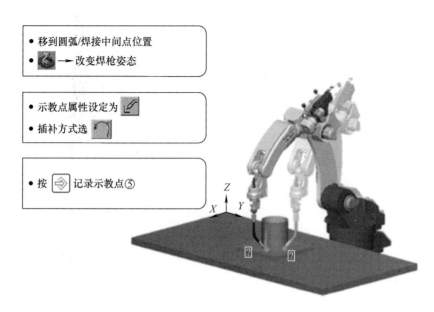

图 9-48　圆弧 / 焊接中间点

示教点⑥——圆弧 / 焊接中间点：如图 9-49 所示。

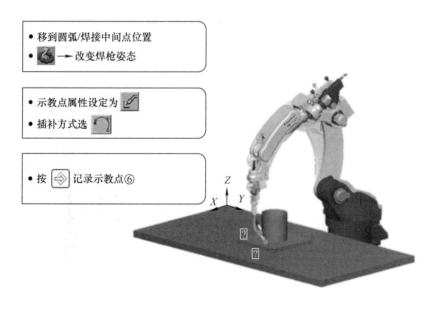

图 9-49　圆弧 / 焊接中间点

示教点⑦——圆弧 / 焊接结束点：如图 9-50 所示。

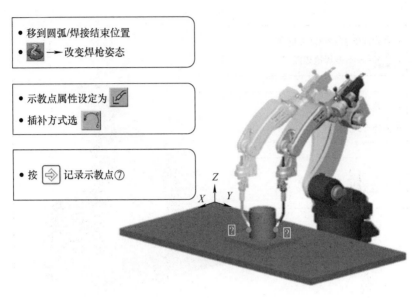

图 9-50　圆弧 / 焊接结束点

示教点⑧——焊枪规避点：如图 9-51 所示。

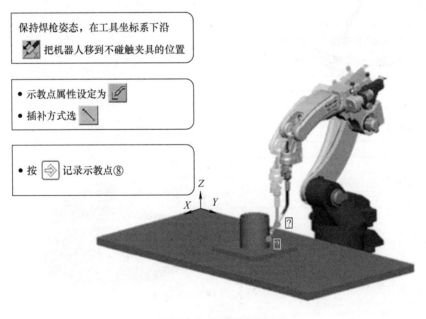

图 9-51　焊枪规避点

示教点⑨——机器人原点：如图 9-52 所示。

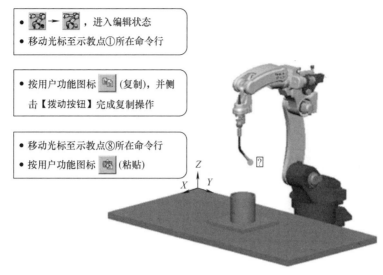

图 9-52　机器人原点

9.2.5　小型工件机器人焊接实例

1. 识别图样

管 – 板组合件焊接图样如图 9-53 所示。

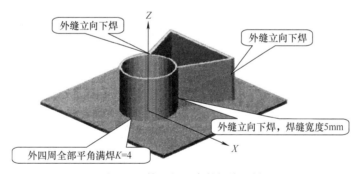

图 9-53　管 – 板组合件焊接图样

（1）工件准备　管 – 板组合件材料及规格见表 9-17。

表 9-17　管 – 板组合件材料及规格

试件类型	材质	底板 /mm	管 /mm	立板 /mm	侧板 /mm
管 – 板组合件	Q235	200 × 200 × 6（1 件）	$\phi 57 × 4 × 50$ 高（1 件）	120 × 50 × 3（1 件）	80 × 50 × 3（2 件）

管 – 板组合零部件如图 9-54 所示。

（2）表面清理　在台虎钳上将管 – 板零部件固定好，再用钢丝刷将工件焊缝侧 20 ～ 30mm 范围内外表面上的油、污物、铁锈等清理干净，使其露出金属光泽。

（3）划线　试件划线及装配尺寸如图 9-55 所示，使用划线针和钢直尺，根据零件所在位置进行划线，确定管、立板和侧板的位置。

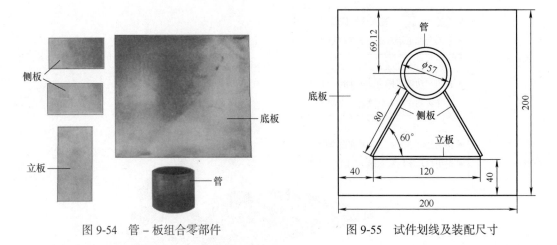

图 9-54 管 – 板组合零部件

图 9-55 试件划线及装配尺寸

（4）试件定位焊组装　在定位焊工作台上借助磁力夹，先将立板固定，再用 CO_2 气体保护焊机（或氩弧焊机）定位焊立板内侧，然后定位焊两个侧板内侧，最后将圆管靠紧两个侧板立端面定位焊好。每块板定位焊焊点两点，圆管定位焊 3 ～ 4 点为宜（内圆对称方向定位焊）。定位焊时注意动作要迅速，防止因焊接变形而产生位置偏差。定位焊缝长度≤20mm。管 – 板件装配顺序及定位焊位置如图 9-56 所示。

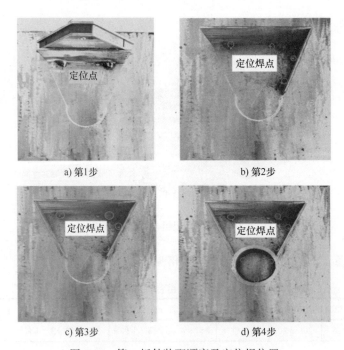

a) 第1步　　　　　　　　　　　b) 第2步

c) 第3步　　　　　　　　　　　d) 第4步

图 9-56 管 – 板件装配顺序及定位焊位置

（5）工件的定位

1）将工件放在机器人焊枪正下方，立板靠近机器人一侧，底板与工作台紧密接触，用夹具对称定位、压紧，如图 9-57 所示。

2）夹具的位置应保证焊枪的焊接位置空间，保证机器人焊枪在移动过程中不与夹具发生干涉，保证夹具位置不影响机器人焊枪行走轨迹和焊枪角度位置空间。

2．操作前准备

（1）焊接设备，方法及材料准备

1）使用设备为松下 TM-1400+350GR3 焊接机器人系统。

2）采用 CO_2 气体保护焊工艺方法

3）焊丝：ER50-6，$\phi 1.0mm$。

4）使用纯度 99.5% 以上 CO_2 保护气体，气体流量 12L/min。

3．示教编程

1）焊接顺序：先焊接立缝，再焊平角焊缝。

2）焊丝伸出长度（干伸长）始终保持在 15mm。

3）立焊位置采用由上至下焊接，分成两段示教，如图 9-58 所示。第一段 AB 和 DE，焊枪以 80°～90° 夹角向下拉焊，这种枪姿无法焊到底部；第二段 BC 和 EF 在焊接中应改变枪姿向下推焊。需注意避免因立焊缝焊接参数和枪姿不当而产生焊瘤。立焊（一侧）各示教位置的焊枪姿态如图 9-59 所示。

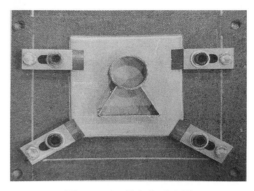

图 9-57　工件定位示意图

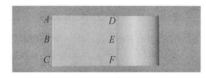

图 9-58　左视图（立焊示教点示意图）

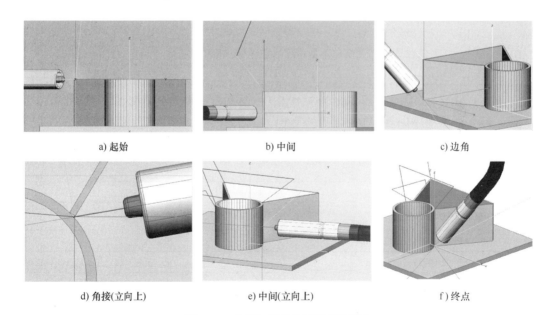

a）起始　　　　　　　b）中间　　　　　　　c）边角

d）角接（立向上）　　e）中间（立向上）　　f）终点

图 9-59　立焊各示教位置的焊枪姿态

4）平角焊的工作角始终保持在 45°，起弧从机器人近点开始，焊枪逆时针扭转 180°，焊接方向为顺时针方向，起弧和收弧部位有 2～3mm 的搭接焊枪姿态如图 9-60 所示。平角焊示教点及焊接方向如图 9-61 所示。

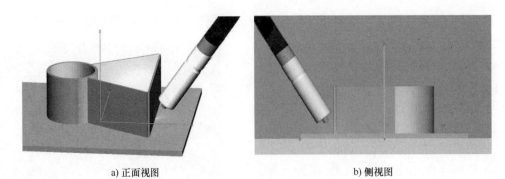

a) 正面视图   b) 侧视图

图 9-60　平角焊焊枪姿态

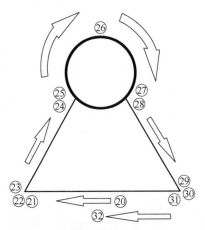

图 9-61　平角焊示教点及焊接方向

图 9-61 中：⑳㉜平角位焊接起始点和结束点，设为 MOVEL；㉑㉒㉓为转角位，㉙㉚㉛为转角位，设为 MOVEL；㉔㉘设为 MOVEL；㉕㉖㉗三点组成圆弧，设为 MOVEC。

管 – 板组合件程序见表 9-18。

表 9-18　管 – 板组合件程序

行标	命令	说明
●	Begin Of Program	程序开始
	TOOL=1:TOOL01	末端工具选择
●	MOVEP P1/P001，10.00m/min	机器人原点位置
●	MOVEP P2/P002，10.00m/min	移到板板对接立角焊缝开始位置附近
●	MOVEL P3/P003，5.00m/min	移到板板立角焊缝开始位置
●	ARC–SET AMP=120 VOLT=16.4 S=0.40	设定焊接开始规范
	ARC–ON ArcStart1...	开始焊接
●	MOVEL P4/P004，5.00m/min	移到板板立角焊缝中间位置
	MOVEL P5/P005，5.00m/min	移到板板立角焊缝结束位置
●	CRATER AMP=100 VOLT=16 T=0.00	设定焊接结束规范
	ARC–OFF ArcEnd1...	结束焊接

（续）

行标	命令	说明
●	MOVEL P6/P006，5.00m/min	移到焊枪规避位置
●	MOVEL P7/P007，5.00m/min	移到板板立角焊缝开始位置附近
	MOVEL P8/P008，5.00m/min	移到板板立角焊缝开始位置
◐	ARC-SET AMP=100 VOLT=16 S=0.40	设定焊接开始规范
	ARC-ON ArcStart1...	开始焊接
◐	MOVEL P9/P009，5.00m/min	移到板板立角焊缝中间位置
	MOVEL P10/P010，5.00m/min	移到板板立角焊缝结束位置
●	CRATER AMP=100 VOLT=16 T=0.00	设定焊接结束规范
	ARC-OFF ArcEnd1...	结束焊接
●	MOVEL P11/P011，5.00m/min	移到焊枪规避位置
●	MOVEL P12/P012，5.00m/min	移到立角焊缝开始位置附近
	MOVEL P13/P013，5.00m/min	移到板管立角焊缝开始位置
◐	ARC-SET AMP=130 VOLT=16.8 S=0.30	设定焊接开始规范
	ARC-ON ArcStart1...	开始焊接
◐	MOVEL P14/P014，5.00m/min	移到板管对角焊缝中间位置
	MOVEL P15/P015，5.00m/min	移到板管立角焊缝结束位置
●	CRATER AMP=100 VOLT=16 T=0.00	设定焊接结束规范
	ARC-OFF ArcEnd1...	结束焊接
●	MOVEL P16/P016，5.00m/min	移到板管焊枪规避位置
●	MOVEL P17/P017，5.00m/min	移到板管立角焊缝开始位置附近
	MOVEL P18/P018，5.00m/min	移到板管立角焊缝开始位置
◐	ARC-SET AMP=130 VOLT=16.8 S=0.30	设定焊接开始规范
	ARC-ON ArcStart1...	开始焊接
◐	MOVEL P19/P019，5.00m/min	移到板管对角焊缝中间位置
	MOVEL P20/P020，5.00m/min	移到板管立角焊缝结束位置
●	CRATER AMP=100 VOLT=16 T=0.00	设定焊接结束规范
	ARC-OFF ArcEnd1...	结束焊接
●	MOVEL P21/P021，5.00m/min	移到焊枪规避位置
●	MOVEL P22/P022，5.00m/min	移到环焊缝开始位置附近
	MOVEL P23/P023，5.00m/min	移到平角环焊缝开始位置点⑳
◐	ARC-SET AMP=140 VOLT=17 S=0.4	设定焊接开始规范
	ARC-ON ArcStart1...	开始焊接
◐	MOVEL P24/P024，5.00m/min	移到平角环焊缝点㉑位置
◐	MOVEL P25/P025，5.00m/min	移到平角环焊缝点㉒位置
◐	MOVEL P26/P026，5.00m/min	移到平角环焊缝点㉓位置

（续）

行标	命令	说明
◐	MOVEL P27/P027, 5.00m/min	移到平角环焊缝点㉔位置
◐	MOVEC P28/P028, 5.00m/min	移到平角环焊缝点㉕位置
◐	MOVEC P29P029, 5.00m/min	移到平角环焊缝点㉖位置
◐	MOVEC P30/P030, 5.00m/min	移到平角环焊缝点㉗位置
◐	MOVEL P31/P031, 5.00m/min	移到平角环焊缝点㉘位置
◐	MOVEL P332/P032, 5.00m/min	移到平角环焊缝点㉙位置
◐	MOVEL P33/P033, 5.00m/min	移到平角环焊缝点㉚位置
◐	MOVEL P34/P034, 5.00m/min	移到平角环焊缝点㉛位置
	MOVEL P35/P035, 5.00m/min	移到平角环焊缝开始位置点㉜
●	CRATER AMP=120 VOLT=16.4 T=0.4	设定焊接结束规范
	ARC–OFF ArcEnd1...	结束焊接
●	MOVEL P36/P036, 5.00m/min	移到焊枪规避位置
●	MOVEP P37/P037, 10.00m/min	机器人原点位置

4.机器人沿轨迹施焊

1）机器人焊接程序的检查。

机器人焊接程序检查（"●"为空走点；"◐"为焊接点）

2）程序检查无误后，再检查保护气瓶开关是否为开启状态，按下示教盒的检气按钮，使用流量调节旋钮将保护气流量调至 14 ～ 15L/min，确认供气装置无漏气情况，然后关闭检气按钮。

3）将光标移至程序起始处，将示教盒的模式转换开关由" Teach"旋至" AUTO"，然后按下伺服 ON 按钮，确定工作区无人后，按下启动按钮。

4）焊接完成后启动清枪检丝程序，关闭电源，关闭气源。

9.3 机器人安全操作与防护

9.3.1 安全使用环境

工业机器人作为一种先进的自动化执行单元，可以配置专用工具实现弧焊、点焊、激光焊、搬运、装配、清洗、去毛刺、铸造、喷涂及切割等应用。但是，某些场合则禁止使用机器人。错误使用可能会导致机器人系统的破坏，甚至还可能导致操作人员以及现场人员的伤亡。机器人不得在以下列出的任何一种情况下使用。

1）燃烧的环境。

2）有爆炸可能的环境。

3）无线电干扰的环境。

4）水中或其他液体中。

5）以运送人或动物为目的。

6）攀爬在机器人上面或悬垂于机器人之下。

7）其他与机器人公司推荐的安装和使用不一致的条件下。

9.3.2　机器人周边防护

1）未经许可的人员不得接近机器人和其周边辅助设备。

2）绝不能强制扳动机器人的轴。

3）在操作期间，绝不允许非工作人员触动机器人操作按钮。

4）绝不能依靠在控制柜上，不要随意按动操作按钮。

5）机器人周边区域必须保持清洁（无油、水及杂质）。

6）如需要手动控制机器人时，应确保机器人动作范围内无任何人员或障碍物。

7）执行程序前，应确保机器人工作区域内不得有无关人员、工具、工件。

9.3.3　机器人安全作业人员

机器人作业人员指对机器人进行操作、编程及维护等工作的人员。作业人员要穿上适合于作业工作的工作服，穿上安全鞋，戴好安全帽，扣紧工作服的衣扣，扣上袖口。衣服和裤子要整洁，下肢不能裸露，鞋子要防滑、绝缘。机器人安全作业人员分为三类：操作人员、编程人员和维护技术人员。

（1）操作人员

1）能对机器人电源进行 ON/OFF 操作。

2）能从控制柜操作面板启动机器人程序。

（2）编程人员

1）能进行机器人的操作。

2）在安全栅栏内进行机器人的示教。

3）外围设备的调试等。

（3）维护技术人员

1）进行机器人的操作。

2）在安全栅栏内进行机器人的示教、外围设备的调试等。

3）进行机器人的维护（修理、调整、更换）作业。

操作人员不能在安全栅栏内作业，编程人员和维护技术员可以在安全栅栏内工作。安全栅栏内的工作包括移机、设置、示教、调整和维护等。

9.3.4　机器人操作安全

1）操作机器人前，务必确认安全栅栏内无人后才能进行。

2）操作前，先检查是否存在潜在危险，若存在则要先排除危险之后再进行操作。

3）请不要戴手套操作示教器和操作面板。

4）在点动操作机器人时要采用较低的速度倍率以增加对机器人的控制机会。

5）在按下示教器上的点动键之前要考虑到机器人的运动趋势。

6）要预先考虑好避让机器人的运动轨迹，并确认该线路不受干涉。

7）要定期备份保存数据。

8）绝不允许操作人员在自动运行模式下进入机器人动作范围内，绝不允许其他无关人员进入机器人运动范围内。

9）应尽量在机器人动作范围外进行示教工作。

10）在机器人动作范围内进行示教工作时，应注意以下几点：

第一，始终从机器人的前方进行观察，不要背对机器人进行作业。

第二，始终按预先制定好的操作程序进行操作。

第三，始终具有当机器人一旦发生未预料的动作而进行躲避的想法。确保自己在紧急的情况下有退路。

第四，在操作机器人前，应先按控制柜前门及示教器右上方的急停按钮，以检查伺服准备的指示灯是否熄灭，并确认其所有驱动器不在伺服投入状态。

第五，运行机器人程序时应由单步到连续的模式、由低速到高速的顺序进行。

第六，在操作机器人时，示教器上的模式开关应选择手动模式，不允许在自动模式下操作机器人。

第七，在机器人运行过程中，严禁操作者离开现场，以确保及时处理意外情况。

第八，在机器人工作时，操作人员注意查看机器人电缆状况，防止其缠绕机器人。

第九，示教器和示教器电缆不能够放置在变位机上，应随手携带或挂在操作位置。

第十，当机器人停止工作时，不要认为其已经完成工作了，因为机器人停止工作很有可能是在等待让它继续移动的输入信号。

第十一，离开机器人前应关闭伺服并按下急停开关，并将示教器放置在安全位置。

第十二，工作结束时，应使机器人在工作原点位置或安全位置。

第十三，严禁在控制柜内随便放置配件工具杂物等。

第十四，运行机器人程序时应密切观察机器人的动作，左手应放在急停按钮上，右手放在停止按钮上，当出现机器人运行路径与程序不符合或出现紧急情况时，应立即按下按钮。

第十五，严格遵守并执行机器人的日常点检与维护保养规定。

第 *10* 章

焊接检测技术

10.1 概述

焊接质量检测是指对焊接成果的检测，目的是保证焊接结构的完整性、可靠性、安全性和使用性。除了对焊接技术和焊接工艺的要求以外，焊接质量检测也是焊接结构质量管理的重要一环。为了保证产品的焊接质量，焊接生产企业除应满足企业技术装备、人员及技术管理方面的要求以外，还必须在设计、生产和制造过程中严格地按检验、试验标准规定执行，在各个环节、各道工序上层层把关，才能保证焊接质量符合规定的要求。

焊接检测的目的是发现焊缝中的缺陷，找出缺陷出现的规律，指出消除缺陷的办法，确保产品的出厂质量和安全使用。焊接的质量检测包括焊前检测、焊接生产中检测和成品检测。成品检测是焊接检测的最后步骤，应根据图样要求和施工的具体情况选用检测方法。本章节主要介绍成品检测的依据、方法和标准。

10.1.1 焊接产品质量检测的依据

焊接检测对生产者是保证产品质量的手段；对主管部门是对企业进行质量评定和监督评估的手段；对用户则是对产品进行验收的主要手段。检测结果是产品质量、安全和可靠性评定的依据。

评定焊接产品是否符合质量要求，主要依据是：

（1）产品的施工图样　图样规定了产品加工制造后必须达到的材质特性、几何特性（形状、尺寸等）以及加工精度（如公差等）的要求。

（2）技术标准　包括国家的、行业、企业的相关标准和技术法规。在这些标准和法规中规定了产品的质量要求和质量评定方法。

（3）产品制造的工艺文件　如工艺规程等，在这些工艺文件中根据工艺特性提出必须满足的工艺要求。

（4）订货（加工）合同　在合同中有时对产品提出附加要求，座位图样和技术文件的补充规定，同样是制造和验收的依据。

10.1.2 焊接检测方法分类

焊接检测方法很多，一般可以按以下方法分类：

1. 按焊接检测数量分

（1）抽检 在焊接质量比较稳定的情况下，如自动焊、摩擦焊、氩弧焊等，当工艺参数调整好之后，在焊接过程中质量变化不大，比较稳定，可以对焊接接头质量进行抽样检测。

（2）全检 对所有焊缝或者产品进行100%的检测。

2. 按焊接检测方法分类

（1）破坏性检测 常用的破坏性检测包括：力学性能试验、化学分析试验、金相试验、焊接性试验、焊缝电镜和腐蚀试验。

1）力学性能试验包括拉伸试验、硬度试验、弯曲试验、疲劳试验、冲击试验等。

2）化学分析试验包括化学成分分析、不锈钢晶间腐蚀试验、焊条或焊缝金属扩散氢含量测试、双相不锈钢铁素体含量的测定等。

3）金相试验包括宏观检测，微观检测等。

4）焊接性试验包括裂纹试验（冷裂纹、热裂纹、再热裂、层状撕裂）、气孔试验等。

5）焊缝电镜包括焊缝扫描电镜试验和焊缝透射电镜试验。

6）腐蚀试验包括C法、T法、L法、F法、X法。

（2）非破坏性检测

1）外观检测。用肉眼或放大镜观察是否有缺陷，如咬边、烧穿、未焊透及裂纹等，并检查焊缝外形尺寸是否符合要求。

2）密封性试验。容器或压力容器如锅炉、管道等要进行焊缝的密封性试验。密封性试验有水压试验、气压试验和煤油试验等几种。

水压试验：用来检查焊缝的密封性，是焊接容器中用得最多的一种密封性检验方法。

气压试验：比水压试验更灵敏迅速，多用于检查低压容器及管道的密封性。将压缩空气通入容器内，焊缝表面涂抹肥皂水，如果肥皂泡显现，即为缺陷所在。

煤油试验：在焊缝的一面涂抹白色涂料，待干燥后再在另一面涂煤油，若焊缝中有细微裂纹或穿透性气孔等缺陷，煤油会渗透过去，在涂料一面呈现明显油斑，显现出缺陷位置。

3）焊缝内部无损检测。无损检测包括渗透检测、磁粉检测、射线检测、超声波检测等。

渗透检测：利用带有荧光染料或红色染料的渗透剂的渗透作用，显示缺陷痕迹的无损检测法，常用的有荧光检测和着色检测。将擦洗干净的工件表面喷涂渗透性良好的红色着色剂，待渗透到焊缝表面的缺陷内，将工件表面擦净。再涂上一层白色显示液，待干燥后，渗入到工件缺陷中的着色剂由于毛细作用被白色显示剂所吸附，在表面呈现出缺陷的红色痕迹。渗透检测可用于任何光洁表面的材料。

磁粉检测：将工件在强磁场中磁化，使磁力线通过焊缝，遇到焊缝表面或接近表面处的缺陷时，产生漏磁而吸引撒在焊缝表面的磁性氧化铁粉。根据铁粉被吸附的痕迹就能判断缺陷的位置和大小。磁粉检测仅适用于检测铁磁性材料表面或近表面处的缺陷。

射线检测：有 X 射线和 γ 射线检测两种。当射线透过被检测的焊缝时，如有缺陷，则通过缺陷处的射线衰减程度较小，因此在焊缝背面的底片上感光较强，底片冲洗后，会在缺陷部位显示出黑色斑点或条纹。X 射线照射时间短、速度快，但设备复杂、费用大，穿透能力较 γ 射线小，被检测工件厚度应 <30mm。而 γ 射线检测设备轻便、操作简单，穿透能力强，能照透 300mm 的钢板。透照时不需要电源，野外作业方便。

超声波检测：利用超声波能在金属内部传播，并在遇到两种介质的界面时会发生反射和折射的原理来检测焊缝内部缺陷。当超声波通过探头从工件表面进入内部，遇到缺陷和工件底面时，发生反射，由探头接收后在屏幕上显示出脉冲波形。根据波形即可判断是否有缺陷和缺陷位置。但不能判断缺陷的类型和大小。由于探头与检测件之间存在反射面，因此超声波检查时应在工件表面涂抹耦合剂。

10.2 常见焊接检测方法

10.2.1 外观检测

焊缝的外观检测可用肉眼及放大镜，主要检测焊接接头焊缝外形是否光滑平整，焊缝外形尺寸是否符合图样或工艺要求，焊缝与基本金属的过渡是否圆滑，焊接飞溅及焊接熔渣是否清理干净，焊缝表面是否有裂纹、气孔、咬边、焊瘤及弧坑等焊接缺欠，检测过程中可使用标准样板和量规。一般分为目视检测、直接检测和间接检测等检测方法。

（1）目视检测（VT）方法

1）焊缝的目视检测可用肉眼及放大镜，主要检测焊接接头的形状和尺寸，检测过程中可使用标准样板，量规、低倍放大镜、反光镜等，如图 10-1 所示。

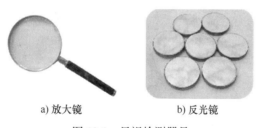

a) 放大镜　　　　　　　b) 反光镜

图 10-1　目视检测器具

2）目视检测工作容易进行，并且直观、方便、效率高。因此，应对焊接结构的所有可见焊缝进行目视检测。对于结构庞大，焊缝种类或形式较多的焊接结构，为避免目视检查时遗漏，可按焊缝的种类或形式分为区、块、段逐次检查。当焊接结构存在隐蔽焊缝时，应在组装之前或焊缝尚处在敞开的时候进行目视检测，以保证产品焊缝的缺欠在封闭之前被发现，并及时消除。

3）目视检测基本条件：①被检面的光照强度应≥350Lx，推荐为 500Lx。②人眼与被检面的距离≤600mm。③眼睛与被检面的夹角≥30°。④经商定可采用其他检测设备，如内窥镜等。⑤目视检测方法分为直接目视检测和远距离目视检测。

（2）直接检测　直接检测是指直接用肉眼或 6 倍以下的放大镜对试件进行检测。

测量器具：焊缝检测尺、间隙测量规、半径量规、深度量规、内外卡尺、定心规、塞尺、螺纹规及千分表等，图 10-2 所示为焊缝检测尺。

焊缝检测尺：主要由主尺、高度尺、咬边深度尺和多用尺 4 个零件组成。

用来检测焊件的各种坡口角度、间隙和对接焊缝的余高、焊缝宽度、焊缝边缘直线度、焊缝宽度差和焊缝面凹凸度，背面焊缝不能忽视；角焊缝的焊脚尺寸、凹凸度和焊缝边缘直线度等，图 10-3 所示为焊缝余高检测。

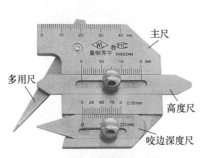

图 10-2　焊缝检测尺

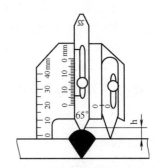

图 10-3　焊缝检测尺检查焊缝余高

（3）间接检测　眼睛不能接近被检物体，必须远距离目视检测时，需借助望远镜、内孔管道镜（工业内窥镜）、照相机等进行观察，如图 10-4 所示。其分辨能力，至少应具备相当于直接目视观察所获检测的效果。

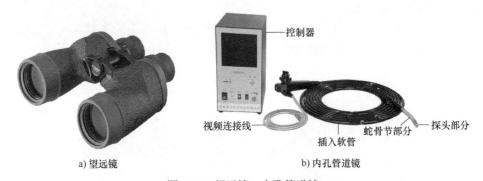

a) 望远镜　　　　　　b) 内孔管道镜

图 10-4　望远镜，内孔管道镜

工业内窥镜从成像形式分：直杆内窥镜、光纤内窥镜、视频内窥镜。

1）直杆内窥镜：用于观察者和被观察物之间是直通道的场合。

特点：成像质量高，价格较低廉，但长度有限不能弯曲。

2）光纤内窥镜：用于观察者到观察区并无直通道的场合，通过光纤将图像从入射端面传递到出射端面，完成图像的传递。

特点：图像清晰度一般。

3）视频内窥镜：是以 CCD 代替导像束传导图像信号，再经图像处理中心处理转换成视频信号。

特点：分辨率高，结构复杂，成本高。

（4）焊接检验的流程和作用　以某锅炉容器的外观焊接检验项目来说明焊接检验的流程及作用。

1）保证项目。①焊接材料应符合设计要求和有关标准的规定，应检查质量证明书及烘焙记录。②焊工必须经考试合格，检查焊工相应施焊条件的合格证及考核日期。③Ⅰ、Ⅱ级焊缝必须经无损检测，并应符合设计要求和施工及验收规范的规定，检查焊缝无损检测报告。④焊缝表面Ⅰ、Ⅱ级焊缝不得有裂纹、焊瘤、表面气孔、夹渣、电弧擦伤、烧穿及弧坑等缺欠。Ⅱ级焊缝不得有表面气孔、夹渣、弧坑、裂纹及电弧擦伤等缺欠，且Ⅰ级焊缝不得有咬边、未焊满等缺欠。

2）基本项目。①焊缝外观：焊缝外形均匀，焊道与焊道、焊道与基本金属之间过渡平滑，焊渣和飞溅物清除干净。②表面气孔：Ⅰ、Ⅱ级焊缝不允许；Ⅲ级焊缝每 50mm 长度焊缝内允许直径 ≤0.4t，且 ≤3mm 气孔 2 个，气孔间距 ≤6 倍孔径。③咬边：Ⅰ级焊缝不允许；Ⅱ级焊缝：咬边深度 ≤0.05t，且 ≤0.5mm，连续长度 ≤100mm，且两侧咬边总长 ≤10% 焊缝长度；Ⅲ级焊缝：咬边深度 ≤0.1t，且 ≤1mm。

3）成品保护。①焊后不准撞砸接头，不准往刚焊完的钢材上浇水。低温下应采取缓冷措施。②不准随意在焊缝外母材上引弧。③各种构件校正好之后方可施焊，并不得随意移动垫铁和夹具，以防造成构件尺寸偏差。隐蔽部位的焊缝必须办理完隐蔽验收手续后，方可进行下道隐蔽工序。④低温焊接不准立即清渣，应等焊缝降温后进行。

4）应注意的质量问题。①尺寸超出允许偏差：对焊缝长宽、宽度、厚度不足，中心线偏移，弯折等偏差，应严格控制焊接部位的相对位置尺寸，合格后方准焊接，焊接时精心操作。②焊缝裂纹：为防止裂纹产生，应选择适合的焊接参数和施焊程序，避免用大电流，不要突然熄火，焊缝接头应搭 10～15mm，焊接中不允许搬动、敲击焊件。③表面气孔：焊条按规定的温度和时间进行烘焙，焊接区域必须清理干净，焊接过程中选择适当的焊接电流，降低焊接速度，使熔池中的气体完全逸出。④焊缝夹渣：多层施焊应层层将焊渣清除干净，操作中应运条正确，弧长适当。注意熔渣的流动方向，采用碱性焊条时，须使熔渣留在熔池后面。

5）质量记录

本工艺标准应具备以下质量记录：①焊接材料质量证明书。②焊工合格证及编号。③焊接工艺试验报告。④焊接质量检验报告、无损检测报告。⑤设计变更、洽商记录。⑥隐蔽工程验收记录。⑦其他技术文件。

10.2.2　致密性检测

致密性检测是对焊接结构的整体强度和密封性进行的检测，也是对焊接结构的选材、切割和制造工艺等的综合性检测，其检测结果不仅关系到产品是否合格而且是保证其安全运行的重要依据，同时也是等级划分的关键数据。

贮存液体或气体的焊接容器，其焊缝的不致密缺欠，如贯穿性的裂纹、气孔、夹渣、未焊透和疏松等，可用致密性检测来发现。例如，燃油管道的焊缝缺欠，如图 10-5 所示。

图 10-5　燃油管道焊缝

致密性检测的主要方法有：气密性试验、煤油试验、氨气试验等。对于承压容器的压力检测，常见有水压试验和气压试验两种，气压试验一般用得较少。压力检测既能检测在压力下工作的容器和管道的焊缝致密性，也能对其强度进行检测。

（1）气密性试验

1）气密性试验的概念。气密性试验是系统的严密性试验，主要用于检验容器的各连接部位是否有泄漏现象。

2）进行气密性试验的条件。符合下面任一条件的压力容器必须进行气密性试验：①介质毒性程度为极度或高度危险。②介质具有易燃、易爆的特点。③另外，如有泄漏将危及容器的安全性和正常操作者的其他各种情况，都应考虑进行气密性试验。

3）气密性试验的方法与过程。采用肥皂水检漏。充入气体，然后在检测处涂上较浓的肥皂水，若有气泡吹出即为漏点，如图 10-6 所示。用肥皂水检漏操作简单，且不需要专门的设备，也容易发现泄漏部位。但有些死角接口不易涂抹肥皂水，且必须仔细观察才能发现漏点，花费时间较多，主要用于安装现场的检漏。

a) 肥皂水检漏过程

b) 肥皂水检漏结果

图 10-6　肥皂水检漏

4）操作要点。①对于碳素钢和低合金钢制成的压力容器，其试验用气体的温度应≥5℃；其他材料制成的压力容器按设计图样规定执行。②气密性试验所用的气体应为干燥清洁的空气、氮气或其他惰性气体。③进行气密性试验时，安全附件应安装齐全。④试验时压力应缓慢上升，达到规定试验压力后保压 10min，然后降至设计压力，对所有焊缝和连接部位涂刷肥皂水进行试验，以无泄漏为合格。

（2）煤油试验　外侧焊有连续焊缝、内侧焊有间断焊缝的罐体壁上的搭接和对接焊缝都要涂上煤油进行严密性检查，适用于不受压容器或管道。

在检查的焊缝一侧，要把污物和铁锈去掉，并涂上白粉乳液或白土乳液，待干燥后，再在其另一侧的焊缝上至少喷涂两次煤油，每次间隔 10min，刷油 15 ～ 30min 之后检查刷白粉乳液一侧焊缝有没有油渍即检查有无渗漏，如图 10-7 所示。

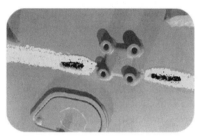

a) 焊缝侧面涂白粉乳液　　　　　　　b) 渗漏部位

图 10-7　煤油试验过程

（3）氨气试验　当对压力容器焊缝有高致密性要求及不允许存在微小渗漏管道，而通常的气密性试验或煤油渗漏试验又无法进行时，可采用氨气试验方法，该方法检验灵敏度高，不受温度影响。

试验过程：容器内采用纯氨或浓度为 15%、20% 和 25% 的氨混合气，压力可为 0.05MPa、0.15MPa 和 0.185MPa，保压时间从几分钟到 20min，若有渗漏管道，具有高渗透性的氨便会渗透出来，通过检漏孔排出，再用 5% 的硝酸汞或酚酞水溶液浸渍过的纸条检查，观察试纸是否变色。氨气遇硝酸汞试纸变黑，氨气遇酚酞试纸变红。

（4）水压试验　对于承压容器的压力检测，一般采用水压试验进行强度和致密性检测，如图 10-8 所示。

水压试验是最常用的压力试验方法。水的压缩性很小，如果焊接结构一旦因缺欠扩展而发生泄漏，水压立即显著下降，不会引起爆炸。因而用水作试压介质既安全又廉价，操作起来也十分方便，故得到了广泛应用。

图 10-8　水压试验

1）水压试验的合格标准主要有以下几个：

第一，压力容器经水压试验后，无渗漏及可见的异常变形，试验过程中无异常的响声，则认为水压试验合格。

第二，锅炉进行水压试验时，在受压元件金属壁和焊缝上没有水珠和水雾；胀口处，在降到工作压力后不滴水珠；水压试验后，没有发生残余变形。

第三，压力容器、单个锅筒和整装出厂的焊制锅炉，试验压力可以在 1.15 ～ 1.5 倍工作压力之间选择。

第四，集装箱和其他类似的部件，应该采用 1.5 倍的工作压力进行水压试验。

第五，对接焊接的受热面管子及其他受压管件，应逐根逐件进行水压试验，试验压力为原件工作压力的两倍。在工地组装的受热面管子、管道的焊接接头可与本体同时进行水压试验。

2）水压试验的设备：高压水泵、阀门、排气阀、排水阀、压力表及注水管线等，如图 10-9 所示。

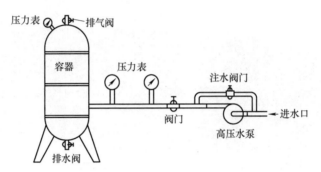

图 10-9　水压试验设备示意图

3）水压试验程序。水压试验应在无损检测合格和热处理后进行，注意事项如下：

其一，试验前，各连接部件的紧固螺栓必须装配齐全，并将两个量程相同、经过校正的压力表装在试验装置上便于观察的地方。

其二，试验现场应有可靠的安全防护装置。停止与试验无关的工作，疏散与试验无关的人员。

其三，将锅炉或压力容器充满水后，用顶部的放气阀排净内部的气体，并检查外表面是否干燥。

其四，缓慢升压至最高工作压力，确认无泄漏后继续升压到规定的试验压力。焊接结构的锅炉应在试验压力下保持 5min；压力容器根据容积大小保压 10～30min，然后降至最高工作压力下进行检查。

（5）气压试验　气压试验和水压试验一样是检测在一定压力下工作的容器和管道的焊缝致密性的。气压试验比水压试验更为灵敏和迅速。同时试验后的产品不用排水处理，对于排水困难的产品尤为适用。

1）气压试验的概念：气压试验用于检验压力容器的耐压强度，气压的试验压力为设计压力的 1.15 倍，气压试验主要是为了检验设备的强度和密封性，如图 10-10 所示。

2）适用场合。如果由于设备结构原因（如设备容积大等）、设备的支撑原因（如地基无法承受等）或者不允许有水存在等因素不能进行液压试验时，则可采用气压试验。气压试验属于压力试验，还可以校核设备的耐压强度。

3）使用介质。气压试验实际操作时一般采

图 10-10　气压试验

用空气，不需要在设备上安装安全附件。内压设备还需乘以温度修正系数。

4）气压试验用设备：高压气泵、阀门、缓冲罐（稳压）、安全阀及压力表等，如图 10-11 所示。

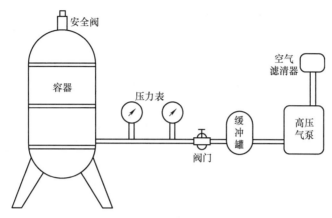

图 10-11　气压试验用设备示意图

5）注意事项。由于气压试验的危险性比液压试验高，因此对安全防护的要求也比液压试验高，除了要有必要的保护措施外，还要有试验单位安全部门的人员在现场监督。

（6）水压试验与气密性试验的区别

1）试验目的不同。水压试验是对系统的强度试验，主要检查安装管道本体的强度。气密性试验是系统的严密性试验，主要检查整个系统连接的严密性。

2）试验压力不同。水压试验应按照设计压力的 1.5 倍进行试验。水压试验的压力比气密性试验要高，而气密性试验一般取 1.0 倍的设计压力，且一般不超过设计压力。

3）试验时间不同。水压试验一般在管道安装完毕时进行。气密性试验一般在系统清扫或清洗完毕后，运行前进行。

4）参与部件不同。部分部件不参与水压试验，如调节阀等不能与水接触的部件。但所有的部件都要参与气密性试验。

（7）气压试验与气密性试验的区别

1）试验性质不同。气压试验属于校核强度的试验。气密性试验属于严密性试验。

2）试验目的不同。气密性试验是检验压力容器的严密性，气压试验是检验压力容器的耐压强度；气压试验主要是为了检验设备的强度和密封性，气密性试验主要为检验设备的严密性，特别是微小穿透性缺欠；气密性试验更侧重于设备是否有微小泄露，气压试验侧重于设备的整体强度。

3）使用介质不同。气压试验实际操作时一般采用空气。气密性试验除了空气外，如果介质毒性比较高，不允许有泄漏或渗透，可以采用氨气、卤素或氦气进行试验。

4）是否采用安全附件的区别。进行气压试验时，不需要在设备上安装安全附件。气密性试验一般情况下在安全附件安装完毕后方可进行。

5）顺序不同。气密性试验需要在气压试验或水压试验完成后进行。

6）试验压力不同。气压试验的试验压力为 1.15 倍的设计压力，内压设备还需要乘以温度修正系数。气密性试验介质为空气时，试验压力为设计压力，如采用其他介质，还应根据介质情况来调整。

7）使用场合不同。气压试验：优先采用液压试验，如果由于设备结构或支撑原因不能用液压试验、或设备容积较大时，则一般采用气压试验。

气密性试验：介质为高度或极度危害介质，或不允许有泄漏。气压试验属于压力试验，为了校核设备的承压强度。

气密性试验属于严密性试验，为了检验设备的密封性能。如果由于设备结构或支撑原因不能采用液压试验或设备容积较大时，则一般采用气压试验，或有明确要求时方采用气密性试验。

8）压力校核方式不同。进行压力试验时，容器壳体的环向薄膜应力值不得超过试验温度下材料屈服强度的80%与圆筒的焊接接头系数的乘积，气密性试验则没有要求。

10.2.3　着色检测

渗透检测是利用带有荧光染料（荧光法）或红色染料（着色法）的渗透剂的渗透作用，显示缺欠痕迹的一种无损检测方法。该检测法具有操作简单、成本低且不受材料性质限制等优点，广泛应用于各种金属材料或非金属材料构件表面开口缺欠的质量检测。由于这种无损检测方法局限于表面开口缺欠，因此在焊接生产检测中一般按照焊接结构的技术条件应用于某一特定工序，配合其他检测项目使用，特别是在焊接性较差、易于产生表面开口缺欠的高强度钢的一些加工环节中应用较多。

按照渗透液和清洗过程的不同，渗透检测分为荧光渗透检测和着色渗透检测两种，其渗透剂种类以及特点与应用范围见表10-1；还可按照不同的显像过程，将渗透检测划分为干式显像剂、湿式显像剂（包括快干显像剂）及不用显像剂的显像方法。

表 10-1　着色检测方法、渗透剂种类与应用范围

方法名称	渗透剂种类	特点与应用范围
荧光渗透检测	水洗型荧光渗透剂	零件表面上多余的荧光渗透剂可直接用水清洗掉。在紫外线下，缺欠荧光痕迹，易于水洗，检查速度快，适用于中小件的批量检查
	后乳化型荧光渗透剂	零件表面上多余的荧光渗透剂要用乳化剂乳化处理后方能水洗清除。有极明亮的荧光痕迹，灵敏度很高，适用于高质量检查的要求
	溶剂去除型荧光渗透剂	零件表面上多余的荧光渗透剂要用溶剂去除。检测成本高，一般不用
着色渗透检测	水洗型着色渗透剂	与水洗型荧光渗透剂相似，不需要紫外线光源
	后乳化型着色渗透剂	与后乳化型荧光渗透剂相似，不需要紫外线光源
	溶剂去除型着色渗透剂	一般装在喷罐中，便于携带。广泛用于无水区高空、野外结构的焊缝

1. 着色检测的原理

着色渗透检测使用的渗透剂一般是采用红色颜料配制而成的红色油状液体，在自然光（白色光）线的照射下可以观察到缺欠显示痕迹，所以在观察时不必使用任何辅助光源，只需要在明亮的光线照射下进行观察即可。着色渗透检测法较荧光渗透检测法使用方便，适应面广，尤其适宜于远离电源和水源的场合使用。

着色检测时，在被检工件表面喷洒或涂敷含有着色剂物质且具有高度渗透能力的渗透

剂，由于液体的毛细作用，渗透剂渗入表面开口的缺欠中，然后清洗去除表面多余的渗透剂。待工件干燥后再在工件表面涂上一层显像剂，同样通过毛细作用将缺欠中的渗透剂重新吸附到工件表面，从而形成缺欠的痕迹。通过直接目视观察缺欠痕迹颜色图像，对缺欠进行评定。

着色检测的基本过程如图 10-12 所示：

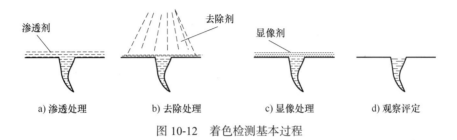

图 10-12 着色检测基本过程

2. 着色检测器材

（1）着色检测剂 着色检测剂包括渗透剂、去除剂和显像剂。

1）渗透剂。一般由颜料、溶剂、乳化剂以及多种改善渗透性能的附加成分组成，具有鲜艳的颜色，清洗性能好，并易于从缺欠中吸出。

2）去除剂。水洗型去除剂主要成分是水；后乳化型去除剂主要成分为乳化剂和水，乳化剂以表面活性剂为主，并附加有调整黏度等的溶剂；溶剂去除型去除剂主要成分是有机溶剂。

乳化剂应易于去除渗透液，黏度适中，有良好的洗涤作用，外观易于与渗透剂区分，性能稳定、无腐蚀，闪点高、无毒，对渗透液溶解度大，有一定的挥发性和表面湿润性，不干扰渗透剂功能。

3）显像剂。显像剂分为湿式显像剂和快干式显像剂。湿式显像剂为显像粉末溶解于水中的悬浮液，并附加润湿剂、分散剂及防腐剂等；快干式显像剂是将显像粉末加在挥发性有机溶剂中，并加有限制剂和稀释剂等。

显像剂应该满足以下要求：

第一，与渗透剂有高的衬度对比。

第二，吸湿能力强，吸湿速度快。

第三，性能稳定，无腐蚀，对人体无害。

（2）着色检测灵敏度试块 着色检测灵敏度试块是指带有人工缺欠或自然缺陷的试件，用于比较、衡量、确定着色检测材料和着色检测灵敏度等，目的是在相同条件检测着色材料的性能及显示缺欠痕迹的能力，如图 10-13 所示。

3. 着色检测工艺流程

（1）工件表面预清理 在被检表面施加渗透剂前，应使用清洗剂将工件表面清洗干净，使得被检表面无油污、锈蚀、切屑、漆层及其他污物，如检验焊缝时，在焊缝表面及焊缝边缘不应有氧化皮、焊渣、飞溅等污物。然后，使被检工件表面充分干燥。

（2）着色渗透 用渗透剂对已处理干净的工件表面均匀喷涂后，渗透 5 ～ 15min。

在渗透 5 ～ 15min 之后，施加显像剂之前进行清洗、干燥。

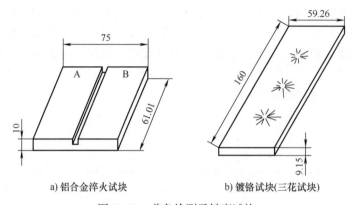

a) 铝合金淬火试块　　　　　　　b) 镀铬试块(三花试块)

图 10-13　着色检测灵敏度试块

1）要使用清洗剂将喷在工件表面的渗透剂清洗干净，使得被检表面要清洁。

2）用干净的纱布擦干或在室温下自然干燥注意清除多余的渗透剂时，应防止过清洗或清洗不足（保证工件表面没有渗透剂即可）。

（3）显像　将显像剂充分摇匀后，对被检工件表面（已经清洗干净、干燥后的工件）保持 150～300mm 的距离均匀喷涂，喷洒角度为 30°～40°，显像时间≥7min。

（4）观察

1）观察显示痕迹，应从施加显像剂后开始，直至痕迹的大小不发生变化为止，一般 7～15min，观察显像应在显像剂施加后 7～60min 内进行。

2）观察显示痕迹，必须在充足的自然光或白光下进行。

3）观察显示痕迹，可用肉眼或 5～10 倍放大镜。

4）不能分辨真假缺欠痕迹时，应对该部位进行复检。

（5）结果判断和记录

1）根据显示痕迹的大小和色泽浓淡来判断缺欠的大小和严重程度。

2）缺欠显示痕迹的长度与宽度之比≥3 的称为线状缺欠痕迹，长条缺欠将显示出线状痕迹。

3）缺欠显示痕迹的长度与宽度之比 <3 的称为圆状缺欠痕迹。例如气孔等近似圆形的缺欠，将显示出圆状痕迹。

4）缺欠显示痕迹，根据需要分别用照相、示意图或可剥性显像剂等进行记录。

5）在被检表面缺欠显示痕迹的部位作标记。

（6）无损检测报告内容　无损检测报告包括被检工件的代号、名称、材质、表面状态、数量、检测灵敏度（注明对比试块种类）、检测结果，然后再补充申请日期、报告日期。

（7）着色渗透检测安全操作规程　检测现场应有良好的通风条件，须远离火源以及热源，操作者站在上风处。操作者必须戴手套和口罩来保证不伤及皮肤，避免皮肤因长时间多次接触检测剂而损伤皮肤。

10.2.4　磁粉检测

（1）原理　将钢铁制品等磁性材料制作的工件予以磁化，利用钢铁制品表面和近表面缺欠（如裂纹，夹渣，发纹等）磁导率与钢铁磁导率的差异，磁化后这些材料缺欠部位等不连续处的磁场将发生畸变，使磁通泄漏处工件表面产生了漏磁场，漏磁能吸附磁粉，磁粉根据磁场分布显示出痕迹，在适当的光照条件下，显现出缺欠位置和形状，对这些磁粉的堆积加以观察和解释，这种方法叫作磁粉检测。如图 10-14 所示。

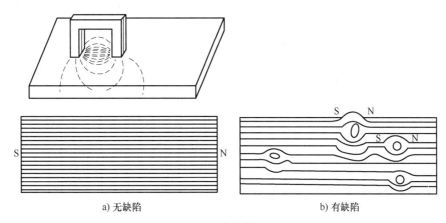

a) 无缺陷　　　　　　　　　　　b) 有缺陷

图 10-14　磁粉检测原理

　　在工业中，磁粉检测可用来作最后的成品检验，以保证工件在经过各道加工工序（如焊接、金属热处理、磨削）后，在表面上不产生有害的缺欠。它也能用于半成品和原材料如棒材、钢坯、锻件、铸件等的检验，以发现原来就存在的表面缺陷。铁道、航空、冶炼、化工、动力和机械制造等领域，在设备定期检修时对重要的钢制零部件也常采用磁粉检测，以发现使用中所产生的疲劳裂纹等缺欠，防止设备在继续使用中发生灾害性事故。

　　（2）磁粉检测优缺点

　　1）磁粉检测的优点：对钢铁材料或工件表面裂纹等缺欠的检验非常有效；设备和操作较简单；检验速度快，便于在现场对大型设备和工件进行检测；检验费用也较低。

　　2）磁粉检测的缺点：仅适用于铁磁性材料；仅能显出缺欠的长度和形状，而难以确定其深度；对剩磁有影响的一些工件，经磁粉检测后还需要退磁和清洗。

　　磁粉检测的灵敏度高、操作也方便，但它不能发现导磁性差（如奥氏体钢）的材料的缺欠，而且不能发现铸件内较深的缺陷。另外，铸件、钢铁材料被检表面要求光滑，需要打磨后才能进行。

　　（3）磁粉检测器材

　　1）磁粉检测仪。便携式磁粉检测仪采用晶闸管作无触点开关，噪声小、寿命长、操作简单方便、适用性强、工作稳定。按磁化方式分为电磁轭检测仪、旋转磁场探伤仪，按电流分为交流、直流、交直流两用型等磁粉检测仪，直流供电电源为可充电电池，适用于野外无电源现场操作以及高压不能进入的容器、桥梁、管道等现场操作，一次充电连续工作时间可达 6h 以上。交流供电电源采用 220V 电源直接输入，无需其他仪器配套，操作方便、简单、重量轻、便于携带，因而该仪器得到广泛使用。

　　便携式磁粉检测仪可配 A、D、E、O 四种型号探头，如图 10-15 所示。

a) 马蹄式探头(A型)　　　b) 电磁轭探头(D型)　　　c) 旋转磁场探头(E型)　　　d) 磁环式线圈(O型)

图 10-15　常见探头种类

第一种，马蹄式探头（A型）：它可以对各种角焊缝，大型工件的内外角进行检测。

第二种，电磁轭探头（D型）：它配有活关节，可以对曲面、平面工件进行检测。

第三种，旋转磁场探头（E型）：它可以对各种焊缝、各种几何形状的曲面、平面、管道、锅炉、球罐等压力容器进行一次性全方位磁粉检测，可检测工件表面全方位的缺欠和伤痕。

第四种，磁环式线圈（O型）：它可以满足所有工件能放入线圈的周向裂纹的磁粉检测，用它来检测工件的疲劳痕（疲劳痕均垂直于轴向）极为方便，用它还可以对工件进行远离法退磁。

固定式磁粉检测机用于检测量大，体积小的工件，是一种低电压交流机电一体式的检测设备，可纵向复合磁化和自动退磁，具有断电相位控制功能，交流磁化不漏检，可用于连续法和剩磁法检测。可实现夹紧、喷洒磁悬液、磁化及松开等一系列检测过程，如图 10-16 所示。

图 10-16　固定式磁粉检测机

2）磁粉　磁粉的功用是作为显示介质，其种类包括：

第一类，黑磁粉。成分为四氧化三铁（Fe_3O_4），呈黑色粉末状，适用于背景为浅色或光亮的工件。

第二类，红磁粉。成分为三氧化二铁（Fe_2O_3），呈铁红色粉末状，适用于背景较暗的工件。

第三类，荧光磁粉。在四氧化三铁磁粉颗粒外裹有荧光物质，在紫外线辐照下能发出黄绿色荧光，适用于背景较深暗的工件，特别是由于人视觉对颜色敏感性的原因，使得以荧光磁粉作磁介质的磁粉检测较之其他磁粉具有更高的灵敏度。

第四类,白磁粉。在四氧化三铁磁粉颗粒外裹有白色物质,适用于背景较深暗的工件。

为了便于现场检测的使用,商品化的磁介质种类很多,除了有黑、红、白磁粉,荧光磁粉,还有球形磁粉(空心、彩色,用于干粉法),事先配置好的磁膏、浓缩磁悬液,以及为了提高背景深暗或者表面粗糙工件的可检验性而提供的表面增白剂(反差增强剂)等。

为了保证磁粉检测结果的可靠性,对磁粉(包括磁性、粒度、形状)以及磁悬液的浓度、均匀性、悬浮性等均需要经过校验合格后才能使用,并且在使用过程中也需要定期校验,此外对于观察评定时环境的白光照度,或者荧光磁粉检测时使用的紫外线灯的紫外线强度等,也是属于校验的项目,以保证检测质量。

3)灵敏度试片。灵敏度试片(简称试片)是磁粉检测必备的器材之一,如图 10-17所示,具有以下用途。

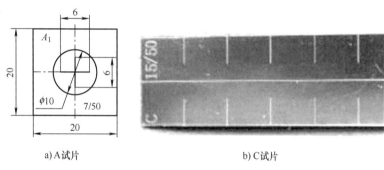

a) A 试片   b) C 试片

图 10-17 灵敏度试片

其一,用于检验磁粉检测设备、磁粉和磁悬液的综合性能(系统灵敏度)。

其二,用于检测工件表面的磁场方向、有效磁化范围和大致的有效磁场强度。

其三,用于考察所用的无损检测工艺规程和操作方法是否妥当。

其四,当无法计算复杂工件的磁化规范时,将小而柔软的试片贴在复杂工件的不同部位,可大致确定较理想的磁化规范。

(4)操作流程

第一步:预清洗。所有材料和试件的表面应无油脂及其他可能影响磁粉正常分布、影响磁粉堆积物的密集度、特性以及清晰度的杂质。

第二步:磁粉检测。磁粉探伤应以确保满意的测出任何方面的有害缺欠为准。使磁力线在切实可行的范围内横穿过可能存在于试件内的任何缺欠。

第三步:检测方法的选择。

1)湿法:磁悬液应采用软管浇淋或浸渍法施加于试件,使整个被检表面完全被覆盖,磁化电流应保持 0.2 ~ 0.5s,此后切断磁化电流,采用软管浇淋或浸渍法施加磁悬液。

2)干法。磁粉应直接喷或撒在被检区域,并除去过量的磁粉,轻轻地振动试件,使其获得较为均匀的磁粉分布。应注意避免使用过量的磁粉,不然会影响缺欠的有效显示。

3）检测近表面缺欠。检测近表面缺欠时，应采用湿粉连续法，因为非金属夹杂物引起的漏磁通值最小，检测大型铸件或焊接件中近表面缺欠时，可采用干粉连续法。

4）周向磁化。在检测任何圆筒形试件的内表面缺欠时，都应采用中心导体法；试件与中心导体之间应有间隙，避免彼此直接接触。当电流直接通过试件时，应注意防止在电接触面处烧伤，所有接触面都应是清洁的。

5）纵向磁化。用螺线圈磁化试件时，为了得到充分磁化，试件应放在螺线圈内的适当位置上。螺线圈的尺寸应足以容纳试件。

第四步：退磁。将零件放于直流电磁场中，不断改变电流方向并逐渐将电流降至零值。大型零件可使用移动式电磁铁或电磁线圈分区退磁。

第五步：后清洗。在检验并退磁后，应把试件上所有的磁粉清洗干净；应该注意彻底清除孔和空腔内的所有堵塞物。

第六步：评定。

1）磁痕评定与记录。按磁粉检测标准（JB/T 4730.4—2005《承压设备无损检测　第4部分：磁粉检测》）进行。除了能确认磁痕是由于工件材料局部磁性不均或操作不当造成的之外，其他一切磁痕显示均作为缺欠磁痕处理；两条或两条以上缺欠磁痕在同一直线上且间距≤2mm时，按一条缺欠处理，其长度为两条缺欠之和加间距；长度<0.5mm的缺欠磁痕不计；缺欠磁痕的尺寸、数量和产生部位均应记录，并图示；缺欠磁痕的永久性记录可采用胶带法、照相法以及其他适当的方法；辨认细小缺欠磁痕时，应用2～10倍放大镜进行观察。

2）复验。当出现下列情况之一时，应进行复验：检测结束时，用灵敏度试片验证检测灵敏度不符合要求；发现检测过程中操作方法有误；供需双方争议或认为有其他需要时；经返修后的部位。

3）缺欠等级评定。下列缺欠不允许存在：任何裂纹和白点；任何横向缺欠显示；焊缝及紧固件上任何长度>1.5mm的线性缺欠显示；单个尺寸≥4mm的圆形缺欠显示。缺欠显示累积长度的等级评定按JB/T 4730.4—2005规定执行。

10.2.5　超声波检测

超声波（频率超过20000Hz）在传播过程中，当遇到两种不同介质的界面或不同密度的材料时，便会在交界面上发生折射或反射。反射式超声波检测法是利用超声波在工件的传播中，能分别在工件的内部缺欠及其背面发生反射，而反射回来的超声波通过超声波接收器后，又将声波转为电能，在荧光屏上显示三者各自的波形图，始脉波"T"位置即是工件的表面，是发射超声波的起点，进入工件内部的超声波与工件背面的波形图即底脉波"B"之间，若无其他波形出现，则说明在该工件中未发现缺欠。反之，在始脉波与工件底脉波之间，若有其他波形出现，则说明工件内部有缺欠，即缺欠脉波"F"，如图10-18所示。此时，可根据波峰的位置、大小与形状，估算出工件缺欠的位

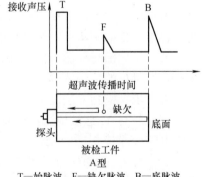

T—始脉波　F—缺欠脉波　B—底脉波

图10-18　超声波检测原理

置、大小与形状。

1. 超声波检测的特点

1）超声波在介质中传播时，在不同质界面上具有反射的特性，如遇到缺欠，缺欠的尺寸等于或大于超声波波长时，则超声波在缺欠上反射回来，无损检测仪可将反射波显示出来；如缺欠的尺寸小于波长时，声波将绕过缺欠而不能反射。

2）超声波的方向性好，频率越高，方向性越好，以很窄的波束向介质中辐射，易于确定缺欠的位置。

3）超声波的传播能量大，如频率为 1MHz 的超声波所传播的能量，相当于振幅相同而频率为 1000Hz 的超声波的 100 万倍。

超声波检测作为一种重要的无损检测技术不仅具有穿透能力强、设备简单、使用条件和安全性好、检测范围广等根本性的优点外，而且其输出信号是以波形的方式体现，使得当前飞速发展的计算机信号处理、模式识别和人工智能等高新技术能被方便地应用于检测过程，从而提高检测的精确度和可靠性。

2. 超声波检测的分类

（1）按原理分类　超声波检测方法按原理分类，可分为脉冲反射法、穿透法和共振法。

1）脉冲反射法。超声波探头发射脉冲波到被检试件内，根据反射波的情况来检测试件缺欠的方法，称为脉冲反射法，如图 10-19 所示。脉冲反射法包括缺欠回波法、底波高度法和多次底波法。

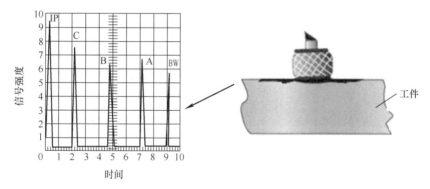

图 10-19　脉冲反射法

2）穿透法。穿透法是依据脉冲波或连续波穿透试件之后的能量变化来判断缺欠情况的一种方法。

穿透法常采用两个探头，一收一发，分别放置在试件的两侧进行探测，如图 10-20 所示。

3）共振法。若声波（频率可调的连续波）在被检工件内传播，当试件的厚度为超声波的半波长的整数倍时，将引起共振，仪器显示出共振频率。

当试件内存在缺欠或工件厚度发生变化时，将改变试件的共振频率，依据试件的共振频率特性，来判断缺欠情况和工件厚度变化情况的方法称为共振法。共振法常用于试件测厚，如图 10-21 所示。

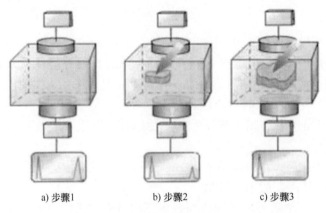

a) 步骤1　　　　　b) 步骤2　　　　　c) 步骤3

图 10-20　穿透法

（2）按波形分类　根据超声波检测采用的波形，可分为纵波法、横波法、表面波法、板波法及爬波法等。

1）纵波法（介质质点的振动方向与波的传播方向一致）。使用直探头发射纵波进行检测的方法，称为纵波法。此时波束垂直入射至试件探测面，以不变的波形和方向透入试件，所以又称为垂直入射法，简称垂直法。

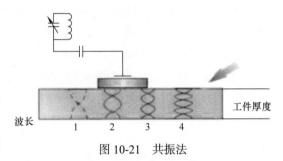

图 10-21　共振法

垂直法分为单晶探头反射法、双晶探头反射法和穿透法。常用单晶探头反射法。

垂直法主要用于铸造、锻压、轧材及其制品的超声波检测，该法对与探测面平行的缺欠检出效果最佳。由于盲区和分辨力的限制，其中反射法只能发现试件内部距探测面一定距离以外的缺欠。

在同一介质中传播时，纵波速度大于其他波形的速度，穿透能力强，晶界反射或散射的敏感性较差，因此可探测工件的厚度是所有波形中最大的，而且可用于粗晶材料的超声波检测。

2）横波法（介质质点的振动方向与波的传播方向垂直）。将纵波通过楔块、水等介质倾斜入射至试件探测面，利用波形转换得到横波进行超声波检测的方法，称为横波法。

由于透入试件的横波束与探测面呈锐角，所以又称斜射法。

此方法主要用于管材、焊缝的超声波检测；其他试件超声波检测时，则作为一种有效的辅助手段，用以发现垂直法不易发现的缺欠。

3）表面波法（介质质点沿介质表面做椭圆运动）。

使用表面波进行检测的方法，称为表面波法。这种方法主要用于表面光滑的试件。表面波波长很短，衰减很大。

同时，它仅沿表面传播，对于表面上的复层、油污、不光洁等，反应敏感，并被大量地衰减。

利用此特点可通过手沾油在声束传播方向上进行触摸并观察缺欠回波高度的变化，对缺欠定位。

4）板波法（板厚与波长相当的薄板中传播的超声波，板的两表面介质质点沿介质表面做椭圆运动）。使用板波进行检测的方法，称为板波法。

主要用于薄板、薄壁管等形状简单的试件检测。

检测时板波充塞于整个试件，可以发现内部和表面的缺欠。

5）爬波法（当纵波从第一种介质以第一临界角附近的角度（±30°以内）入射于第二种介质时，在第二种介质中不但存在表面纵波，而且还存在斜射横波。通常将横波的波前称为头波，将沿介质表面下一定距离处在横波和表面纵波之间传播的峰值波称为纵向头波或爬波，如图 10-22 所示。

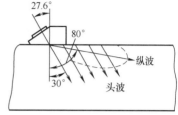

图 10-22　爬波法

爬波法，又称爬行纵波，滑行纵波、表面下纵波等，属于散射波范畴，主要在纵波以第一临界角附近的入射从第一介质入射到第二介质表面附近激发出来的一种非均匀性波动。

（3）按照超声波的特征分类　脉冲波超声波检测、连续波超声波检测和调频波超声波检测。

（4）按探头数目分类

1）单探头法。使用一个探头兼作发射和接收超声波的检测方法称为单探头法，单探头法最常用。

2）双探头法。使用两个探头（一个发射，另一个接收）进行检测的方法称为双探头法，主要用于发现单探头难以检出的缺欠。

3）多探头法。使用两个以上的探头成对地组合在一起进行检测的方法，称为多探头法。

（5）按探头接触方式分类

1）直接接触法。探头与试件探测面之间，涂有很薄的耦合剂层，因此可以看作为两者直接接触，此法称为直接接触法。

此法操作方便，反射波形较简单，判断容易，检出缺欠灵敏度高，是实际检测中用得最多的方法。但对被测试件探测面的表面粗糙度要求较高。

2）液浸法。将探头和工件浸于液体中以液体作耦合剂进行检测的方法，称为液浸法。耦合剂可以是油，也可以是水。

液浸法适用于表面粗糙的试件，探头也不易磨损，耦合稳定，探测结果重复性好，便于实现自动化检测。

液浸法分为全浸没式和局部浸没式。

3. 超声波检测设备

（1）超声波检测仪　超声波检测仪的作用是产生电振荡并加于换能器（探头）上，激励探头发射超声波，同时将探头送回的电信号进行放大，通过一定方式显示出来，从而得到被探工件内部有无缺欠及缺欠位置和大小等信息。按缺欠显示方式分类，超声波检测仪分为 5 种：A 型，B 型，C 型，M 型，D 型。

1）A 型（超）：A 型显示是一维波形显示，如图 10-23 所示。超声波检测仪屏幕的横坐标代表超声波的传播距离，纵坐标代表反射波的幅度。由反射波的位置可以确定缺欠位置，由反射波的幅度可以估算缺欠大小。

2）B 型（超）：B 型显示是与声束传播方向平行且与样品的测量表面垂直的剖面图像，是二维图像显示，如图 10-24 所示。屏幕的横坐标代表探头的扫查轨迹，纵坐标代表声波的传播距离，因而可直观地显示出被探工件任一纵截面上缺欠的分布及缺欠的深度。

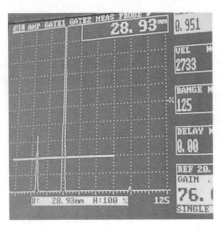

图 10-23　A 超

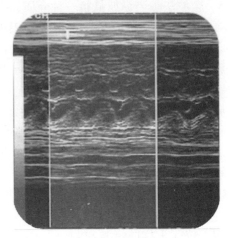

图 10-24　B 超

3）C 型（超）：C 型显示是样品的横截面的图形，也是一维图像显示，屏幕的横坐标和纵坐标都代表探头在工件表面的位置，探头接收信号幅度以光点辉度表示，因而当探头在工件表面移动时，屏上显示出被探工件内部缺欠的平面图像，但不能显示缺欠的深度。

4）M 型（超）：是用于观察活动界面时间变化的一种方法，如心电图，如图 10-25 所示。

5）D 型（超）：通常是三维图像显示，是专门用来检测血液流动和器官活动，又称为多普勒超声波诊断法（见图 10-26）。

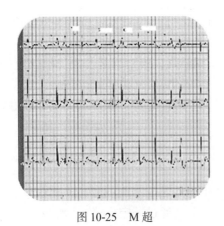

图 10-25　M 超

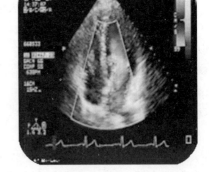

图 10-26　D 超

现阶段工业生产中 A 型超声波检测仪应用最广，图 10-27 所示属于脉冲反射式超声波检测仪。脉冲反射式超声波检测仪大部分都是 A 扫描式的，所谓 A 扫描显示方式即显示器的横坐标是超声波在被检测材料中的传播时间或者传播距离，纵坐标是超声波反射波的幅值。譬如，在一个工件中存在一个缺欠，由于缺欠的存在，造成了缺欠和材料之间形成了一个不同介质之间的交界面，交界面之间的声阻抗不同，当发射的超声波遇到这个界面之后就会发生反射，反射回来的能量又被探头接收到，在显示器屏幕中横坐标的一定位置就会显示出来一个反射波的波形，横坐标的这个位置就是缺欠波在被检测材料中的深度。这个反射波的高度和形状因不同的缺欠而不同，反映了缺欠的性质。

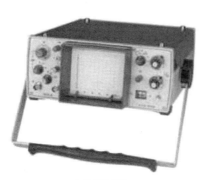

a) 模拟检测仪　　　　　　　　b) 数字检测仪

图 10-27　脉冲反射式超声波检测仪

（2）探头　在超声波检测过程中，超声波的发射和接收通过探头来实现。探头的性能直接影响超声波的特性，影响超声波的检测性能。

在超声波检测中使用的探头，是利用材料的压电效应实现电能、声能转换的换能器。探头中的关键部件是晶片，晶片是一个具有压电效应的单晶或多晶体薄片，它的作用是将电能和声能互相转换。超声波探头如图 10-28 所示。

a) 单晶直探头　　　b) 双晶直探头　　　c) 斜探头

图 10-28　超声波探头

1）纵波探头通常称为直探头，主要用于检测与检测面平行的缺欠，如板材、铸件、锻件检测等，内部结构如图 10-29a 所示。

2）横波斜探头是利用横波检测，是入射角在第一临界角与第二临界角之间且折射波为纯横波的探头，主要用于检测与检测面垂直或成一定角度的缺欠，广泛用于焊缝、管材、锻件的检测，内部结构如图 10-29b 所示。

3）纵波斜探头是入射角小于第一临界角的探头。目的是利用小角度的纵波进行缺欠检验，或在横波衰减过大的情况下，利用纵波穿透能力强的特点进行纵波斜入射检验，使用时需注意试件中同时存在横波的干扰。

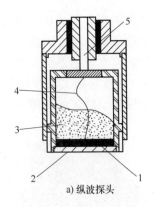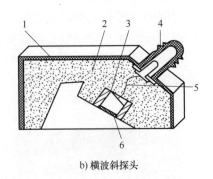

a) 纵波探头　　　　　　　b) 横波斜探头

1—晶片　2—保护膜　3—吸收块　　　　1—外壳　2—吸收块　3—压电元件
4—内部电源线　5—导电杆　　　　　　4—接头　5—内部电源线　6—晶片

图 10-29　探头结构

4）爬波探头，如图 10-30 所示。由于一次爬波的角度在 75º ~ 83º 之间，几乎垂直于被检工件的厚度方向，与工件中垂直方向的裂纹接近呈 90º，因此，对于垂直性裂纹有较好的检测灵敏度，且对工件表面粗糙度要求不高，适用于表面、近表面的裂纹检测。

5）表面波探头，如图 10-31 所示。其入射角需在产生表面波的临界角附近，通常比第二临界角略大。由于表面波的能量集中于表面下 2 个波长之内，检查表面裂纹灵敏度极高，主要对表面或近表面缺欠进行检验。

图 10-30　爬波探头　　　　　　　　　图 10-31　表面波探头

6）双晶探头。双晶探头有两块压电晶片，一块用于发射超声波，另一块用于接收超声波，根据入射角 aL 的不同，分为纵波双晶直探头和横波双晶斜探头。双晶探头具有以下优点：灵敏度高、杂波少，盲区小、工件中近场区长度小、检测范围可调，双晶探头主要用于检测近表面缺欠。

（3）试块　试块是超声波检测的重要设备之一。在脉冲反射法超声波检测过程中，是通过仪器荧光屏上反射回波的位置、高度、波形的静态和动态特征变量来表征被检材料或工件质量的优劣。然而，由于这些变量与缺欠之间的声学关系是十分复杂的，同时还存在着仪器和探头、材料或工件材质、耦合条件等多种影响因素，因此不能单靠调节仪器上的有关旋钮和简单的计算结果来完成对缺欠的定性、定量和定位等任务，而是采用将仪器检出变量与已知的简单形状的人工反射体的相应位置的已知信号量进行比较的方法来进行评定。即利用这些人工反射体在荧光屏上的回波为尺度来衡量被检材料或工件缺欠的反射回波，从而评价其质量。

将这些按照一定用途设计制造的、具有特定形状的人工反射体，称之为试块，如图 10-32 所示。

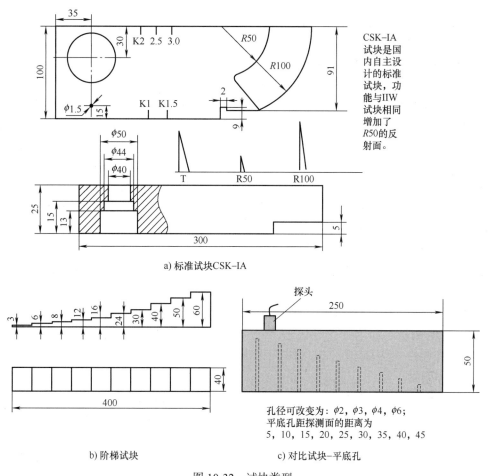

图 10-32　试块类型

试块的用途如下：

1）确定检测灵敏度。检测灵敏度是仪器和探头的综合指标。超声波检测灵敏度太高或太低都不好，太高杂波多，对结果判断困难，太低会引起漏检。检测之前，应根据标准，确定仪器与探头组合后的检测灵敏度。确定好检测灵敏度后再利用试块上某一特定的人工反射体来调整检测灵敏度。

2）测试、校验仪器和探头的性能。超声波检测仪和探头的一些重要性能，如垂直线性、水平线性、动态范围、灵敏度余量、分辨力、盲区、探头的入射点及 K 值等都是利用试块来测试的。

3）调整扫描速度。利用试块可以调整仪器示波屏上水平刻度值与实际声程之间的比例关系，即扫描速度，以便对缺欠进行定位。

4）评判缺欠的大小。利用某些试块绘出的距离，波幅，当量曲线来对缺欠定量，是目前常用的定量方法之一。特别是 3N 以内的缺欠，采用试块比较法仍然是最有效的定量方法。此外还可利用试块来测量材料的声速、衰减性能等。

（4）耦合剂　多使用 20～40 号机油、润滑油、甘油、水玻璃及化学浆糊等。

4. 检测流程

以焊缝检测为例，阐述检测流程。

（1）检测准备阶段

1）无损检测方法的选择。选择探伤方法应考虑工件的结构特征，并以所采用的焊接方式容易生成的缺欠为主要探测目标，结合有关标准来选择。

2）耦合剂的选用。选择耦合剂主要考虑以下几方面的要求：透声性能好，声阻抗尽量与被探测材料的声阻抗相近；有足够的润湿性，适当的附着力和黏度；对试件无腐蚀，对人体无危害，对环境无污染；容易清除，不易变质，价格便宜，来源方便。可选用机油作为耦合剂。

3）探头的选择。可根据设计要求指定的标准选择。但相同的是都是以被探工件的扫查区板厚来选择。薄板用大角度探头如 70° 或 $K2.5$，厚板为大角度和小角度探头合用，如 70°+45°，而且一般都要求不同角度的探头用于同一工件时要角度间相差 10° 以上。

（2）测量探头

1）探头前沿长度的测量。将探头放置在 CSK—IA 试块上，将入射点对准 $R100$ 处，找出反射波达到最高时探头到 R100 端部的距离，然后用 100 减去此段距离，此时就是探头的前沿距离，测三次求平均值。

2）K 值的测量。利用 CSK—IA 试块上的 $\phi50mm$ 孔的反射角测出并用三角函数计算出 K 值。

（3）DAC 曲线绘制

1）根据所测得的探头入射点和折射角，对时基轴进行深度 1:1 调节。然后将探头对准试块上深度为 40mm 横通孔，回波调至最高，再调至基准波高，记下 dB 读数。

2）将探头对准试块上深度为 30mm 横通孔，此时，由于声程减少，因此其回波将有所上升，即高于基准高度。可调节仪器的"衰减器"，将回波调至基准高度，记下此时相应的 dB 值。

3）同上依次测定探测距离 20mm，10mm 横通孔的 dB 读数。

4）对表中数据进行修正，使其相差不要太大。

5）根据距离-波幅曲线的灵敏度表格，计算出判废线、定量线和评定线的 dB 值。

6）根据测量数据在坐标纸上作出判废线、定量线、评定线的距离-波幅曲线。

（4）扫查焊缝　根据被检测工件和探头的选择，确定扫查方式，基本采用以下 4 种方式进行扫查。

1）锯齿形扫查，探头应在垂直于焊缝中心线位置上作 10°～15° 的左右转动，然后以锯齿形轨迹作往复移动扫查，以使声束尽可能垂直于缺欠。

2）基本扫查，基本扫查方式有 4 种，其中，转角扫查的特点是探头作定点转动，用于确定缺欠的方向并区分点、条状缺欠，同时，转角扫查的动态波形特征有助于对裂纹的判断；环绕扫查的特点是以缺欠为中心，变化探头位置，主要估判缺欠形状，尤其是对点状缺欠的判断；左右扫查的特点是探头平行于焊缝或缺欠方向左右移动，主要是通过缺欠沿长度方向的变化情况来确定缺欠长度；前后扫查的特点是探头垂直于焊缝前后移动，常用于估判缺欠形状和高度。

3）平行扫查，就是在焊缝边缘或者焊缝上作平行于焊缝的移动扫查，用来发现焊缝及热影响区的横向缺欠。

4）斜平行扫查，主要用来发现焊缝及热影响区的横向裂纹与焊缝方向倾斜的缺欠，需用到扫查工具。

（5）缺欠性质估判　在超声波检测中，不同性质的缺欠其反射回波的波形区别不大，往往难以区分。因此，缺欠定性一般采取综合分析方法，即根据缺欠波的大小、位置及探头运动时波幅的变化特点，并结合焊接工艺情况对缺欠性质进行综合判断。这在很大程度上要依靠检测人员的实际经验和操作技能，因而存在着较大误差。到目前为止，超声波检测在缺欠定性方面还没有一个成熟的方法，这里仅简单介绍焊缝中常见缺欠的波形特征。

1）气孔。单个气孔回波高度低，波形为单峰，较稳定，当探头绕缺欠转动时，缺欠波高大致不变，但探头定点转动时，反射波立即消失；密集气孔会出现一簇反射波，其波高随气孔大小而不同，当探头作定点转动时，会出现此起彼伏的现象。

2）裂纹。缺欠回波高度大，波幅宽，常出现多峰。探头平移时，反射波连续出现，波幅变动；探头转动时，波峰有上下错动现象。

3）夹杂。点状夹杂的回波信号类似于点状气孔。条状夹杂回波信号多呈锯齿状，由于其反射率低，因此波幅不高且多呈树枝状，主峰边上有小峰。探头平移时，波峰有变动；探头绕缺欠移动时，波幅不相同。

4）未焊透。由于反射率高（厚板焊缝中该缺欠表面类似镜面反射），因此波幅均较高。探头平移时，波形较稳定。在焊缝两侧检测时，均能得到大致相同的反射波幅。

5）未熔合。当超声波垂直入射该缺欠表面时，回波高度大。探头平移时波形稳定。焊缝两侧检测时，反射波幅不同，有时只能从一侧探测到。

（6）记录缺欠　登记超声波检测焊缝等级。

焊缝超声波检测结果分为四级，见表10-2。

1）最大反射波幅不超过评定线的缺欠，均评为Ⅰ级。

2）最大反射波幅超过评定线的缺欠，检测者判定为裂纹等危害性缺欠时，无论其波幅和尺寸如何，均评为Ⅳ级。

3）反射波幅位于Ⅰ区的非裂纹性缺欠，均评为Ⅰ级。

4）最大反射波幅位于Ⅱ区的缺欠，焊接接头质量根据缺欠的指示长度按表10-2中规定予以评级。

5）反射波幅超过判废线进入Ⅲ区的缺欠，无论其指示长度如何，均评定为Ⅳ级。根据评定结果，对照产品验收标准，对产品做出合格与否的结论。不合格缺欠应予返修，返修区域修补后，返修部位及补焊时受影响的区域应按原超声波检测条件进行复验。复验部位的缺欠也应按上述方法及等级标准评定。

表 10-2　焊接接头质量等级

级别	板厚 T/mm	反射波幅所在区域	单个缺欠指示长度 L/mm	多个缺欠累计长度 L'/mm
I	6～400	I	非裂纹类缺欠	
	6～120	II	$L=T/3$，最小为 10，最大不超过 30	在任意 9T 焊缝长度范围内 L' 不超过 T
	>120～400		$L=1/3T$，最大不超过 50	
II	6～120	II	$L=2T/3$，但最小可为 12，最大不超过 40	在任意 4.5T 焊缝长度范围内 L' 不超过 T
	>120～400		最大不超过 75	
III	6～400	II	超过 II级	超过 II级
		III	所有缺欠	
		I、II、III	裂纹等危害性缺欠	
IV			超过 III级	

10.2.6　射线检测

射线在穿透物质过程中，因吸收和散射而使强度衰减，衰减程度取决于穿透物质的材料种类，射线种类和穿透物质的厚度。如果被透照工件内部存在缺欠，且缺欠介质与被检工件对射线衰减程度不同，会使得透过工件的射线产生强度差异，并使缺欠能在射线底片上或电视屏幕上显示出来。如图 10-33 所示。

由于射线有 X 射线、γ 射线，所以检测方法也分为 X 射线检测和 γ 射线检测，但基本原理和检验方法无原则区别，不同的只是射线源的获得方式。X 射线源是由各种 X 射线机、电子感应加速器和直线加速器构成的从低能（几千电子伏）到高能（几十兆电子伏）的系列，可以检查厚度达 600mm 的钢材。γ 射线是放射性同位素在衰变过程中辐射出来的。

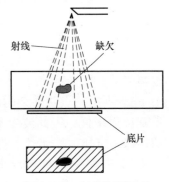

图 10-33　射线检测原理

1. 分类

射线检测有射线照相法、射线实时图像法（透视）、射线计算机断层扫描技术（CT）等。工业上射线照相法应用最为常见。

射线照相法，是利用胶片的感光程度不同，工件厚度大时衰减大，底片的感光度较小，显影后黑度就浅，反之就深，能较直观地显示工件内部缺欠的大小和形状，因而易于判定缺欠的性质，射线底片可作为检验的原始记录供多方研究并作长期保存。但这种方法耗用的 X 射线胶片等器材费用较高，检验速度较慢，只宜探查气孔、夹渣、缩孔及疏松等体积性缺欠，能定性但不能定量，且不适合用于有空腔的结构，对角焊、T 形接头的检验敏感度低，不易发现间隙很小的裂纹或未熔合等缺欠，以及锻件和管、棒等型材的内部分层性缺欠。此外，射线对人体有害，需要采取适当的防护措施。

2. 检测设备

工业上常用的射线检测方法为 X 射线检测和 γ 射线检测。射线穿过材料到达底片，会使底片均匀感光；如果遇到裂缝、洞孔以及夹渣等缺欠，一般会在底片上显示出暗影区来。这种方法能检测出缺欠的大小和形状，还能测定材料的厚度。

X 射线是在高真空状态下用高速电子冲击阳极靶而产生的。γ 射线是放射性同位素在原子蜕变过程中放射出来的。两者都是具有高穿透力、波长很短的电磁波。不同厚度的物体需要用不同能量的射线来穿透，因此要分别采用不同的射线源。例如由 X 射线管发出的 X 射线，放射性同位素 60Co 所产生的 γ 射线和由 20 兆电子伏直线加速器所产生的 X 射线，能穿透的最大钢材厚度分别约为 90mm、230mm 和 600mm。

（1）X 射线机　工业射线照相检测中使用的低能级 X 射线机，简单地说是由 4 部分组成：射线发生器、高压发生器、冷却系统、控制系统。当各部分独立时，高压发生器与射线发生器之间应采用高压电缆连接。

按照 X 射线机的结构，X 射线机通常分为 3 类：便携式 X 射线机、移动式 X 射线机、固定式 X 射线机如图 10-34 所示。

便携式 X 射线机采用组合式射线发生器，其 X 射线管、高压发生器、冷却系统共同安装在一个机壳中，也称为射线发生器，在射线发生器中充满绝缘介质。整机由两个单元构成，即控制器和射线发生器，它们之间由低压电缆连接。在射线发生器中所充的绝缘介质，较早时为高抗电强度的变压器油，其抗电强度（30 ～ 50）kV/2.5mm。现多数充填的绝缘介质是六氟化硫（SF6），以减轻射线发生器的重量。

X 射线机的核心器件是 X 射线管，普通 X 射线管主要由阳极、阴极和管壳构成。

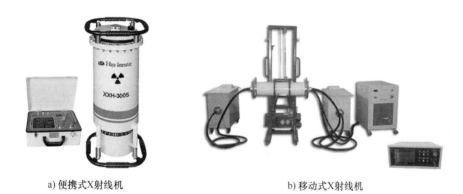

a) 便携式X射线机　　　　　　　　b) 移动式X射线机

图 10-34　常见 X 射线检测设备

X 射线是由 X 射线管加高压电激发而成，可以通过所加电压、电流来调节 X 射线的强度。

对低压 X 射线机，输入 X 射线管的能量只有很少部分转换为 X 射线，大部分转换成热，所以对于 X 射线机来说要保证良好的散热。

X 射线机的主要技术性能可归纳为 5 个：工作负载特性、辐射强度、焦点尺寸、辐射角、漏泄辐射剂量。在选取 X 射线机时应考虑上述性能是否适应所进行的工作。

（2）γ 射线机　γ 射线机使用放射性同位素作为 γ 射线源辐射 γ 射线，它与 X 射线机的一个重要不同是 γ 射线源始终都在不断地辐射 γ 射线，而 X 射线机仅在开机并加上高压后才产生 X 射线，这就使 γ 射线机的结构具有了不同于 X 射线机的特点。γ

射线是由放射性元素激发，能量不变。强度不能调节，只随时间成指数倍减小。

γ射线机分为3种类型：手提式、移动式、固定式。手提式γ射线机体积小、重量轻、便于携带、使用方便。但从辐射防护的角度，其不能装备能量高的γ射线源。

γ射线机主要由5部分构成：源组件（密封γ射线源）、源容器（主机体）、输源（导）管、驱动机构和附件，如图10-35所示。

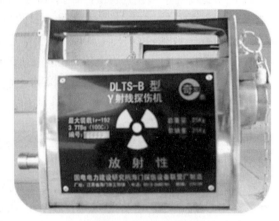

图10-35　γ射线机

γ射线机与X射线机相比具有设备简单、便于操作、不用水电等特点，但γ射线机操作错误所引起的后果将是十分严重的，因此必须注意γ射线机的操作和使用。按照国家的有关规定，由于使用γ射线机的单位涉及放射性同位素，因此单位必须申领辐射安全许可证，操作人员应经过专门的培训持证上岗。

射线检测要用放射源或射线装置发出射线，操作不慎会导致人员受到辐射伤害。因此，操作人员应做好辐射防护，并注意放射源的妥善保存。

3.检测器材和材料

（1）胶片　射线胶片一般是双面涂布感光乳剂层，普通胶片是单面涂布感光乳剂层；射线胶片的感光乳剂层厚度远大于普通胶片，这主要是为了能更多地吸收射线的能量。但感光最慢、颗粒最细的射线胶片也是单面涂布乳剂层。

胶片的感光特性是指胶片曝光后（经暗室处理）得到的底片黑度（光学密度）与曝光量的关系。在可见光或射线照射下，胶片感光乳剂层中可以形成眼睛看不见的潜在的影像，称为"潜影"，经过显影处理，潜影可转化为可见的影像。

（2）增感屏　射线照相法检测中，常使用金属增感屏来提高胶片感光速度和底片的成像质量。金属增感屏是由金属箔（常用铅、钢或铜等）黏合在纸基或胶片片基上制作而成。增感屏被射线透照时产生二次电子和二次射线，增强了对胶片的感光作用，从而达到提高感光速度的目的。同时，增感屏对波长较长的散射线有吸收作用，可以提高成像质量。金属增感屏有前屏和后屏之分，使用时夹于胶片两侧。前屏较薄，后屏较厚。对其厚度应根据射线能量进行适当的选择。使用时应与胶片贴紧，否则会使射线照相清晰度和反差严重下降。

（3）像质计　像质计是用来定量评价射线照相灵敏度的一种工具，可以判断底片影像的质量，并可评定透照技术、胶片暗室处理情况、缺欠检验能力等。最广泛使用的像质计主要有3种：丝型像质计、阶梯孔型像质计、平板孔型像质计。像质计应用与被检验工件相同或对射线吸收性能相似的材料制做。

（4）散射线防护装置　散射线会使射线底片灰雾度（未经曝光的胶片经暗室处理后获得的最小黑度）增加，影像对比度降低，降低射线照相质量。因此，在射线检测时应采取措施对散射线加以防护。具体使用以下装置。

1）铅光阑和滤光板。附加在射线机窗口的铅光阑，可将一次射线尽量限制在被检区段内，限制射线照射区域大小，减小来自其他物体（试件、墙壁、地面等）的散射作用，从而在一定程度上减少散射线。

2）铅遮板。铅遮板放置在工件表面和周围，能有效屏蔽前方散射线。

3）底部防护板。底部防护板又称后防护板，贴附在胶片暗盒后，用于防止来自暗盒背面的散射线对胶片的影响。

（5）观片灯　黑度是胶片经暗室处理后的黑化程度，与银含量有关。它是射线底片质量的一个重要指标，直接关系到射线底片的照相灵敏度。观片灯应具有按照底片的黑度进行亮度调节的档位。

（6）评片室　评片应在评片室进行，评片室的光线应暗淡，但不能全暗，周围环境亮度应大致与底片上需要观察部位透过光的亮度相当，室内照明光线不得在观察的底片上产生反射。评片人员开始评片时，要经过一定的暗适应时间。

4. 底片上缺欠影像的识别

焊接缺欠一般有气孔、未焊透、咬边、夹渣及未熔合等缺欠，会在焊缝检测底片上显示出来，常见底片影像如图 10-36 所示。常见缺欠特征见表 10-3。

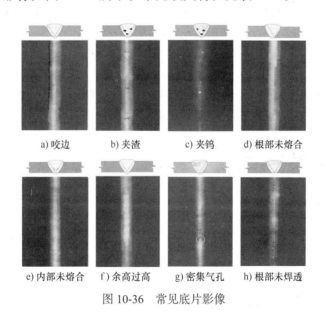

a) 咬边　b) 夹渣　c) 夹钨　d) 根部未熔合

e) 内部未熔合　f) 余高过高　g) 密集气孔　h) 根部未焊透

图 10-36　常见底片影像

表 10-3　底片上常见缺欠的特征

缺欠种类	缺欠影像特征	产生原因
气孔	多数为圆形、椭圆形黑点，其中心黑度较大；也有针状、柱状气孔。其分布情况不一，有密集的、单个的和链状的	焊条受潮；焊接处有锈、油污等；焊接速度太快或电弧过长；母材坡口处存在夹层；自动焊产生明弧现象
裂纹	一般呈直线或略带锯齿状的细纹，轮廓分明，两端尖细，中部稍宽，有时呈现树枝状影像	母材与焊接材料不当；焊接热处理不当，应力太大或应力集中；焊接工艺不正确
夹钨	底片上呈现圆形或不规则的亮斑点	采用钨极氩弧焊时，钨极接触工件或者爆裂熔化进入焊缝

（续）

缺欠种类	缺欠影像特征	产生原因
夹渣	形状不规则，有点、条块等，黑度不均匀。一般条状夹渣都与焊缝平行，或与未焊透、未熔合等混合出现	运条不当，焊接电流过小，坡口角度过小；工件上有锈，焊条药皮性能不当等；多层焊时，层间清渣不彻底
未焊透	在底片上呈现规则的、直线状的黑色线条，常伴有气孔或夹渣。在X、V形坡口的焊缝中，根部未焊透都出现在焊缝中间，K形坡口则偏离焊缝中心	间隙太小；焊接电流或电弧电压不当；焊接速度太快；坡口不符合要求等
未熔合	坡口未熔合影像一般一侧平直、另一侧有弯曲，黑度淡而均匀。层间未熔合影像不规则，且不易分辨	坡口不够清洁；坡口尺寸不当；焊接电流或电弧电压小；焊条直径或种类不对

在焊缝射线底片上除了上述缺欠影像外，还可能出现一些伪缺欠影像，应注意区分，避免将其误判成焊接缺欠。所谓伪缺欠，是指由于胶片本身质量、胶片保管、剪切、装取、暗室操作处理不当，以及操作者其他操作不慎等原因，在底片上留下可辨别的影像，但并非是被检测工件缺欠在底片上留下的影像。

5. 射线底片的评定

首先应对底片本身的质量进行检查，看其像质计数值、黑度、识别标记与伪缺欠影像等指标是否达到标准的要求，对于合格底片则根据缺欠的性质和数量进行焊接接头质量评级。

Ⅰ级焊接接头：应无裂纹、未熔合、未焊透和条形缺欠。

Ⅱ级焊接接头：应无裂纹、未熔合和未焊透。

Ⅲ级焊接接头：应无裂纹、未熔合以及双面焊和加垫板的单面焊中的未焊透。

Ⅳ级焊接接头：焊接接头中缺欠超过Ⅲ级。

10.3 破坏性检测和其他方法

10.3.1 力学性能试验

任何材料受力后都要产生变形，变形到一定程度即发生断裂，这种在外加载荷作用下材料的变形与断裂能力称为力学性能。它是由材料本身的物质结构决定的，是材料固有的属性。

焊接接头力学性能主要通过拉伸试验、弯曲试验、冲击试验和硬度试验等方法进行检测。大多数焊接接头力学性能试验用试样制备、试验条件及试验要求等均有相应的国家标准。

1. 拉伸试验

拉伸试验是材料力学性能试验中最常用的试验方法，用于测定试样在受到轴向拉伸载荷后的抗断能力。这些试验类型可在室温或受控（加热或制冷）条件下进行，以确定材料的拉伸性能，拉伸试验设备如图10-37所示。

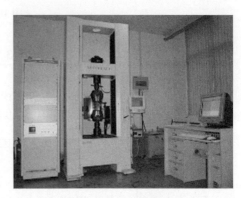

图 10-37 拉伸试验设备

（1）试验目的　可以测定焊缝金属及焊接接头的抗拉强度、屈服点、伸长率和断面收缩率等。

1）屈服强度 R_s：材料发生微量塑性变形时的应力值。即在拉伸试验过程中，载荷不增加，试样仍能继续伸长时的应力。

2）条件屈服强度 $R_{P0.2}$：高碳钢等无屈服点，国家标准规定以残余变形量为 0.2% 时的应力值作为它的条件屈服强度，以 $R_{P0.2}$ 来表示。

3）抗拉强度 R_m：试样在断裂前所能承受的最大应力，表示材料抵抗断裂的能力。

4）断后伸长率 A：$A = (L - L_0)/L_0$

5）断面收缩率 Z：$Z = (A_0 - A)/A_0$，$A > Z$ 时，无颈缩，为脆性材料表征；

$A < Z$ 时，有颈缩，为塑性材料表征。

（2）试样　板状试样、圆形试样、整管试样三种。

（3）合格标准（常温）　焊接接头的抗拉强度不低于母材抗拉强度规定值的下限，异种钢焊接接头抗拉强度规定值为不低于较低一侧的母材。

2. 硬度试验

（1）特点　硬度试验是材料试验中最简便的一种，与其他材料试验如拉伸试验、冲击试验和扭转试验相比，具有以下特点。

1）试验可在零件上直接进行而不论零件大小、厚薄和形状。

2）试验时留在表面上的痕迹很小，零件不被破坏。

3）试验方法简单、迅速。

硬度试验在机械工业中广泛用于检验原材料和零件在热处理后的质量。由于硬度与其他力学性能有一定关系，也可根据硬度初步判断零件和材料的其他力学性能。硬度试验方法很多，一般分为划痕法、压入法和动力法 3 类。试验设备如图 10-38 所示。

（2）目的　测定焊缝和热影响区金属材料的硬度，并可间接判断材料的焊接性。

a) 维氏硬度计　b) 洛氏硬度计　c) 布氏硬度计

图 10-38　硬度试验设备

（3）试验方法

1）布氏硬度（HBW）：试验时，其压痕中心与试样边缘的距离应不小于压痕直径的 2.5 倍，而与相邻压痕中心的距离应不小于压痕直径的 4 倍。

2）洛氏硬度（HRC）：试验时，其两相邻压痕中心及任一压痕中心至试样边缘的距离不得小于 3mm。

3）维氏硬度（HV）：试验时，其两相邻压痕边缘以及压痕中心与试样边缘的距离均应不小于压痕对角线的 2.5 倍。

（4）试验测量位置　焊接接头的硬度试验是在其横截面上进行的，厚度小于 3mm 焊接接头允许在其表面测定硬度。

3. 弯曲试验

材料力学性能试验的基本方法之一，测定材料承受弯曲载荷时的力学特性的试验。许多焊接件在焊前或焊后要经过冷变形加工，材料或焊接接头能否经受一定的冷变形加工，就要通过冷弯试验加以验证。试验过程是将按规定制作的试样在压力机或万能材料试验机上，规定的支点间距用一定直径的压头对试样施力，使其弯曲到规定的角度，然后卸除试验力，检查试样承受冷变形能力。

（1）目的　主要用于测定材料的抗弯强度并能反映塑性指标，测定焊缝金属或焊接接头的塑性，同时反映各个区域的塑性差别，暴露焊接缺欠和考核熔合线的质量。

（2）分类

根据试样弯曲后受拉面的位置：

1）面弯：焊缝正面为弯曲的拉伸面，可考核焊缝的塑性，以及正面焊缝与母材金属交界处熔合区的质量。

2）背弯：焊缝背面为弯曲的拉伸面，可考核单面焊缝根部质量。

3）侧弯：焊缝的一个侧面为弯曲的拉伸面，可考核焊层与母材金属之间的结合强度，多层焊时的层间缺欠。

根据焊缝轴线和试样纵轴的相对位置：

1）横弯：焊缝轴线与试样纵轴垂直时。

2）纵弯：焊缝轴线与试样纵轴平行时。

（3）试样形式及尺寸

1）平板：焊接接头弯曲试样的厚度，当板厚≤20mm时，试样的厚度为板厚；当板厚>20mm时，试样的厚度为20mm。

2）管子：管子对接接头的弯曲试样应从检查试件切取2个。

（4）弯曲试验方法的种类

1）圆形压头弯曲（三点弯曲），如图10-39a所示。

2）辊筒弯曲（缠绕式导向弯曲），如图10-39b所示。

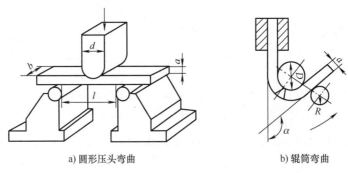

a) 圆形压头弯曲　　　　b) 辊筒弯曲

图10-39　弯曲试验

（5）弯曲试验的角度　三点弯曲试验如图10-40所示，弯曲参数见表10-4。

（6）弯曲试验评定标准　试样弯曲到规定的角度后，其拉伸面上有长度为>3mm的纵向裂纹或缺欠；长度>1.5mm的横向裂纹或缺欠时为不合格。

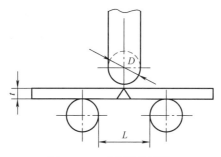

图 10-40　三点弯曲试验

表 10-4　三点弯曲试验参数

钢种		弯轴直径 D/mm	支座间距离 L/mm	弯曲角度 / (°)
双面焊	碳素钢、奥氏体钢	3t	5.2t	180
	其他低合金钢、合金钢			100
单面焊	碳素钢、奥氏体钢	3t	5.2t	90
	其他低合金钢、合金钢			50
复合板或堆焊复层		4t	6.2t	180

（7）试验结果及影响因素

1）同样厚度的材料多层焊比单层焊的弯曲合格率高。

2）材料的塑性越好，钢弯曲试验时的弯曲角度越大。

3）同一种材料当进行单面焊时，其弯曲合格角度要比双面焊小。

4）厚板的弯曲合格率要比薄板低。

4. 冲击试验

冲击试验一般是确定材料在经受外力冲撞或作用时的冲击韧性，是对产品的安全性、可靠性和有效性的一种试验方法。根据试样形状和破断方式，冲击试验分为弯曲冲击试验、扭转冲击试验和拉伸冲击试验三种。横梁式弯曲冲击试验法操作简单，应用最广。

（1）目的

1）用来测定焊接接头的冲击韧性和缺口敏感性，作为评定材料断裂韧度和应变时效敏感性的一个指标。

2）可以作为焊接接头冷作时效敏感性试验。

3）还可以测定材料脆性转变温度。

（2）试样尺寸　冲击试样的规格尺寸有两种，即标准试样为 55mm（长）×10mm（宽）×10mm（厚），非标准试样为 55mm×10mm×5mm，冲击试样的规格尺寸主要根据材料厚度可能制得的最大尺寸规格确定。

（3）缺口形式　冲击试样有 U 型缺口和 V 型缺口，从同一块试板上制备的两种缺口试样比较，U 型缺口的冲击韧性指标高于 V 型缺口。

（4）冲击试样的截取　根据试验要求，试样的缺口轴线应垂直于焊缝表面，在同一块试板的焊接接头上应取 3 个冲击试样。

（5）试验过程　将待测的金属材料加工成标准试样，然后放在试验机的支座上，放置时试样缺口应背向摆锤的冲击方向，试验机将具有一定重力的摆锤举至一定的高度，使其获得一定的势能，然后使摆锤自由下落，将试样冲断，如图 10-41 所示。

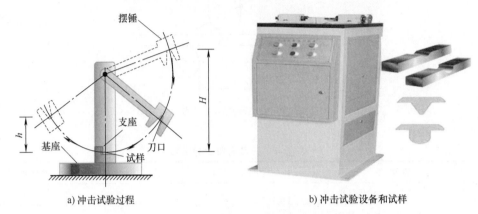

a) 冲击试验过程　　　　　　　　　　　　b) 冲击试验设备和试样

图 10-41　冲击试验过程与冲击试样

（6）注意事项

1）U 型和 V 型试样，所测得的冲击韧性值互相不得进行换算。

2）标准试样和非标注试样所测得的冲击韧性值互相不得进行换算。

10.3.2　其他试验

目前，焊接检测技术发展较快，应用较多的新方法、新工艺主要有：声发射检测、红外检测、激光全息检测、中子射线检测、液晶检测、微波检测、高能 X 射线照相和数字化 X 射线成像等。

（1）声发射检测　材料或结构受外力或内应力作用变形或断裂时，或内部缺欠状态发生变化时，以弹性波方式释放出应变能的现象。

1）声发射检测技术是一种评价材料或构件损伤的动态无损检测技术，通过对声发射信号的处理和分析来评价缺欠的发生和发展规律，并确定缺欠的位置。

2）声发射对扩展中的缺欠有很高的灵敏度，可以探测到零点几微米数量级的裂纹增量；对工件表面状态和加工质量要求不高；缺欠尺寸、位置和走向不影响检测结果；受材料的限制比较小。

3）声发射可应用于制造过程中的在线监控，压力容器的安全性评价，结构完整性评价，油田应力测量，复合材料特性研究，泄漏检测，焊接构件疲劳损伤的检测等。

（2）红外检测技术　红外检测，是将一恒定热流注入工件，缺欠区与无缺欠区的热扩散系数不同，在工件表面的温度分布会有差异，内部有缺欠与无缺欠区所对应的表面温度不同，所发出的红外光波（热辐射）也不同。红外探测器可以响应红外光波（热辐射），并转换成相应大小的电信号。逐点扫描工件表面就得知工件表面温度分布状态，找出工件表面温度异常区域，确定工件内部缺欠的部位。

红外线检测不需要接触被检目标，被检物体可静可动，应用范围极为宽广。检测过程不会构成危害，可实现遥控检测。检测的温度分辨率和空间分辨率都可以达到相当高的水平，检测结果准确度很高。设备的检测速度很高，检测结果的控制和处理保存也相当方便。

（3）激光全息检测　激光全息照相原理是一种对一些具有任意形状目标的漫散射建立完整图像的工艺。全息术与普通照相术的区别是，普通照相术只记录物体表面光波的振幅信息，而将位相信息丢掉了，这样只记录物体表面光波部分信息（二维信息）的照片无论从什么角度看都是一样的。而全息术是利用光的干涉和衍射原理，将物体发射的特定光波以干涉条纹的形式记录下来，在一定条件下使其再现，形成物体逼真的三维像。由于记录了物体的全部信息（振幅、相位、波长），因而称为全息术或全息照相。

同其他检测方法相比，激光全息检测的特点如下。

1）由于是一种干涉计量术，其干涉计量精度与激光波长同数量级。因此，极微小（微米数量级）的变形也能被检测出来，检测灵敏度很高。

2）由于作为光源的激光的相干长度很大，因此可以检验大尺寸的产品，只要激光能够充分照射到整个产品表面，就能一次检验完毕。

3）对被检对象没有特殊要求，可以对任何材料和粗糙表面进行检测。

4）可借助干涉条纹的数量和分布来确定缺欠的大小、部位和深度，便于进行定量分析。

5）直观感强，非接触检测，检测结果便于保存。

（4）中子射线检测

1）中子射线：中子是一种不带电荷的基本粒子，具有很强的穿透物质的能力。性质和 X 射线，γ 射线完全不同，它主要与物质的原子核发生作用，形成吸收和散射，与核外电子几乎没有什么作用。检测广泛应用的是热中子照相技术，热中子的检测灵敏度较高，热中子源相对容易得到。

2）原理及应用：中子源发出的中子束射向被检测的物体，由于物体的吸收和散射，中子的能量被衰减，且衰减的程度取决于物体的成分，因此穿过物体的中子束被摄像记录仪所接收而形成物体的射线照片。

中子源价格昂贵，使用时需特别注意中子的安全与防护问题，主要用于核工业装置、爆炸装置、汽轮机叶片、电子器件及航空结构件等。

（5）液晶检测

1）液晶检测原理：液体的物理性质一般不具有各向异性。而液晶则是一种有光学各向异性并流动的液体。

液晶检测主要用温度效应非常显著的胆淄型液晶，它在 1℃ 左右的变化范围内，可以显示从红到蓝之间的各种不同颜色。利用胆淄型液晶灵敏的温度反应来检测工件表面的温度分布状况，找出温度异常点，发现缺欠。

2）液晶检测的特点：工件表面温度分布状况以彩色显示，对比度好，便于判断识别；能进行动态检测；具有较高的灵敏度。不能检测埋藏很深和工件表面不形成温差的缺欠，低导热材料的液晶检测效果高于高导热材料。

3）液晶检测在焊接检测中的应用：一般用于检测近表面的缺欠。用红外线加热工件，然后在工件表面涂以液晶，并用照相机拍摄下检测对比颜色变化结果。液晶涂敷方法：喷雾法、滚筒法和滴涂法三种。不能在工件上面直接涂抹液晶，采用聚酯薄膜（约 10μm）

进行隔离或把液晶按夹层结构夹在两张塑料胶片中。

（6）微波检测

1）微波的特点：微波是一种电磁波，它的波长很短且频率很高。在微波无损检测中，常用 X 波段和 K 波段，个别的（如对于陶瓷材料）已发展到 W 波段。微波可定向辐射，遇到各种障碍物易于反射，绕射能力较差，传输性良好。介质对微波的吸收与介质的介电常数成正比，水对微波的吸收作用最强。

2）微波检测应用：通过测量微波基本参数，如微波幅度、频率、相位的变化，来判断被测材料或物体内部是否存在缺欠以及测定其他物理参数。微波检测作为质量和安全控制新技术，在非金属、复合材料、金属表面检测、测量、土木工程、高速公路、地下矿藏透视以及考古发掘等领域有重要作用。

第 *11* 章

焊接安全与防护

职业安全与健康工作是安全生产的重要内容，其核心任务是消除和控制作业场所的职业危害因素，保护作业人员安全和健康的权益，为作业人员创造安全、健康的工作环境。焊接作为一种重要的生产工艺，在制造业中应用非常广泛。近年来我国在焊接职业安全与健康保护方面取得了很大进步，但焊接职业安全与健康防护形势仍然非常严峻，尤其是占较多数量的中小企业中的安全、健康和环保是焊接生产中的薄弱环节。如何保障焊接作业人员安全，降低焊接安全生产事故，促进企业可持续健康发展，落实习近平总书记"现代化最重要的指标还是人民健康，这是人民幸福生活的基础"的具体要求，也是焊接职业安全和健康发展方向。

11.1 焊接作业的职业危害因素

11.1.1 焊接作业的职业危害因素的分类

"职业安全与健康"又称为"劳动卫生"和"职业安全卫生"，在 GB/T 15236—2008《职业安全卫生术语》中，"职业安全卫生"是以保障作业人员在职业活动中的安全和健康为目的的工作领域以及在法规、标准、技术、装备、制度建设和教育培训等方面采取的措施。

焊接职业安全与健康的基本任务是识别、综合评估和控制作业环境中的有害因素，为焊接作业人员提供安全、健康和舒适的工作氛围，以保护焊接作业人员的安全和健康，降低因职业安全和健康事故导致的经济损失，促进企业及社会的可持续发展。焊接作业过程中的职业危害因素按不同的来源可分为生产过程中的有害因素、职业性有害因素和作业环境中的有害因素三类。

1. 生产过程中的有害因素

（1）化学性有害因素　包括有毒物和颗粒物（又称为粉尘、烟尘），是生产过程中产生的、存在于作业环境中的物质。如焊接过程中产生的有害气体、焊接烟尘等。

（2）物理性有害因素　常见的物理性有害因素有噪声危害（机械性噪声、电磁性噪声、流体动力性噪声及其他噪声）；振动危害（机械性振动、电磁性振动、流体动力性振动及其他振动）；电磁辐射危害（电离辐射：X 射线、γ 射线、α 粒子、β 粒子、质子、中子及高能电子束等。非电离辐射：紫外线、激光、射频辐射及超高压电场）；机械伤害因素（飞溅物、物体打击、挤压及其他运动物危害）。

（3）生物性有害因素　生物性有害因素是存在于生产原料和生产环境中的、对职业人群的健康存在有害影响的一类生物因素，包括致病微生物、寄生虫及动植物、昆虫等及其所产生的生物活性物质。生物性有害因素会造成多种危害，但主要是对职业人群健康的损害。这类因素并非来自焊接作业本身，而是进行焊接作业所处的环境。

2. 职业性有害因素

这类有害因素包括焊接作业组织和作息制度不合理；劳动强度过大，焊接作业的安排不当，不能合理安排与焊工身体状况相适应的作业；长时间用不良体位或姿势进行焊接作业或使用不合理的工具进行焊接作业等。

3. 作业环境中的有害因素

焊接作业环境的设计不符合卫生标准，照明不足及布局不合理等；缺乏必要的职业卫生技术措施，如通风、防尘防毒、噪声治理措施等；焊接作业人员的个体防护装备措施配置不完善，或不能满足当前作业的防护需求。

11.1.2　焊接职业安全与健康危害因素及其影响

1. 焊接烟尘

在焊接高温作用下，焊接材料及其母材被气化脱离保护气区域后氧化、凝结成的固体微粒，以及由药皮材料或药芯成分产生的高温高压蒸气并迅速扩散而形成颗粒物，这些颗粒物通常称为焊接烟尘。焊接烟尘的空气动力学粒径通常 <1μm，焊接烟尘是呼吸性粉尘。

焊接作业人员吸入焊接烟尘可引起咳嗽、呼吸道炎症、金属烟热等急性症状；长期吸入焊接烟尘，可导致严重的肺部疾病、神经系统损伤，甚至焊工尘肺病。焊工尘肺是一种不可逆转的肺部疾病。此外，焊接烟尘会刺激作业人员的眼睛及呼吸系统，引发一些咳嗽、眼睛刺激等生理性的应激反应。焊接烟尘还可能引发某些急性症状。某些焊接烟尘，如铬烟尘还可能引发癌症。此外，TIG 焊时经常会用到钍钨电极，打磨钍钨电极和焊接过程中电极的消耗会产生放射性粉尘，吸入放射性粉尘会引起内辐射。

2. 有害气体

电弧焊接作业时，由于焊接高温和强紫外线辐射的作用，通常会产生臭氧、氮氧化物等有害气体，臭氧和氮氧化物会刺激作业人员的呼吸道和眼部黏膜，导致作业人员胸闷、咳嗽和头晕等反应，严重时还可能导致支气管炎症和肺水肿。而吸入高浓度的氮氧化物可引起急性哮喘症或产生肺气肿。长期接触氮氧化物可引起神经衰弱及慢性呼吸道炎症。在有限空间进行焊接时，保护气体对作业空间内氧气的置换有可能带来的缺氧情形也应予以考虑。

此外，焊条的药皮材料和药芯焊丝的药芯，由于组分的不同，在焊接高温下会产生某些刺激性的有害气体。有害气体对焊接作业人员的影响也应引起管理人员和作业人员的重视。

3. 非电离辐射

某些焊接或切割过程会产生紫外线辐射、可见光和红外线辐射。焊接过程中产生的紫外线会损伤眼结膜、角膜、虹膜及晶状体等组织，特别是对角膜和晶状体的损伤尤为突出。短时间接受大剂量的紫外线辐照会引起焊工电光性眼炎等急性病症，同时强紫外线对皮肤的伤害也有见诸于报道。焊工短时间接触电弧强光可能引发眼睛短暂失明，还可能引发视网膜灼伤；长期被强光照射会造成视力下降，经常接触可见强光还能引发畏光等症状。

此外焊接或切割过程会产生大量的热，这些热大多以红外线辐射的形式向周边环境扩散。眼睛非常容易受到红外线辐射的伤害，因为眼睛的角膜、晶状体等各个组织结构都能很好地吸收红外线。红外线对眼睛的损伤是一个慢性过程，短时间的红外线辐射会刺激眼睛，并可引发焊工热，长期受到红外线辐射将可能引发白内障。红外线辐射对眼睛的伤害是不可逆的、永久性的。

4. 噪声

噪声是常见的职业伤害因素，噪声有焊前准备，焊后的焊缝处理以及焊接过程中焊接设备噪声、电弧噪声等。噪声对听觉系统的影响很早就已引起人们的注意，噪声对听觉功能的影响主要表现在听觉灵敏度下降，语音接受和信号辨识能力变差，并可导致噪声耳聋。短时间暴露在高强度噪声环境中，会导致暂时性的听力损失，暂时性的听力损失虽然可以恢复，但随着接触时间的延长，作业人员一般先出现高频听力损失，在这个阶段通常不会感觉到语音听力障碍，如果进一步发展则会延伸到语音频率范围，会感受到语音听力下降。听力损伤随着接触噪声工龄和噪声强度的增加而增加。

此外噪声对人体的影响是全身性的，除听觉系统外，还会影响神经系统、心血管系统及消化系统等，对于女性作业人员，还可能影响女性生理功能，如月经周期紊乱、痛经和经量异常等。

5. 机械伤害和热伤害因素

焊接作业中使用的焊接设备、工艺装备和辅助工具，以及作业环境中的障碍物、起重运输设备等都可能给焊接作业带来额外的安全风险。焊接是一种热加工工艺，由于炙热的工件和飞溅物引起的热灼伤、烫伤也是常见的有害因素。

11.1.3　焊工的常见职业病

职业病是指企事业单位和个体经济组织等用人单位的劳动者在职业活动中，作业人员因接触粉尘、放射性物质和其他有毒有害因素而引起的疾病。焊工常见职业病有以下几种。

（1）电光性眼炎　焊接弧光主要包括红外线、可见光和紫外线等。其中紫外线主要通过光化学作用危害人体、损伤眼睛和裸露的皮肤，紫外线辐射会引起角膜结膜炎（电光性眼炎）。主要表现为患者眼部疼痛、干涩、流泪、眼睑红肿抽搐，受紫外线照射后皮肤可出现界限明显的浮肿性红斑，严重时可出现水泡、渗液和浮肿，并有明显的烧灼感。

（2）焊工尘肺　焊工尘肺是职业病的一种。由于在焊接作业中因长期大量吸入焊接烟尘而引起的肺组织纤维化，主要表现为气短、咳嗽、咳痰、胸闷及胸痛等呼吸系统症状，部分焊工尘肺患者出现无力、食欲减退、体重下降、神经衰弱等症状（头痛、头晕、失眠、睡眠多梦、记忆衰退等），对肺功能也有影响。少数病例在调离焊接岗位后，病情可逐渐减轻。

长期接触高浓度焊接烟尘可导致焊工尘肺。焊工尘肺发病缓慢，发病工龄一般在 10 年以上，甚至 15 ~ 20 年，最短发病工龄为 4 年左右。

（3）金属烟热　金属烟热是一种因作业人员大量吸入金属加热过程产生的金属氧化物粒子而引起的一种急性职业病。多发生于焊接作业人员在接触某些高浓度焊接烟尘 4 ~ 12h 后，表现为初期头疼或自觉口中有金属味、头晕、恶心、肌肉关节疼痛，继而寒战、发冷、体温骤然升高，这些症状能在 12 ~ 24h 后消失。然而如果长期不注意，可引起上呼吸道感染、支气管哮喘、慢性金属中毒等疾病。容易引发金属烟热的金属材料有锌、铜和镁等。

11.1.4　焊接职业安全与管控法律法规标准

我国已经建立了较为完善的职业安全与健康法律法规标准体系，主要包括《职业病防治法》《安全生产法》《劳动法》和《用人单位劳动防护用品管理规范》等，这些法律法规对企业的职业安全和健康建设提出了全面、具体的要求。职业安全和健康标准术语技术法规，职业安全和健康标准以保护劳动者为目的，对作业过程中的各种安全和健康要求做出了统一的规定。

1. 法律法规

（1）《职业病防治法》　2001 年 10 月 27 日全国人大常委会通过并于 2002 年 5 月 1 日起实施。2018 年 12 月 29 日第十三届全国人大常委会第七次会议通过了第四次修正。

职业病防治法对用人单位提出了以下总体要求：

1）为劳动者创造符合国家职业卫生标准和卫生要求的工作环境和条件，并采取措施保障劳动者获得职业卫生保护。

2）用人单位必须采用有效的职业病防护设施，并为劳动者提供个人使用的职业病防护用品。

3）应当建立、健全职业病防治责任制，加强对职业病防治的管理，提高职业病防治水平，对本单位产生的职业病危害承担责任。

4）必须依法参加工伤保险。

（2）《安全生产法》　新修订的《中华人民共和国安全生产法》于 2021 年 9 月 1 日施行。安全生产法第五条指出："生产经营单位的主要负责人是本单位安全生产第一责任人，对本单位的安全生产工作全面负责。其他负责人对职责范围内的安全生产工作负责。"第四十五条要求："生产经营单位必须为从业人员提供符合国家标准或者行业标准的劳动防护用品，并监督、教育从业人员按照使用规则佩戴、使用"；第四十七条要求："生产经营单位应当安排用于配备劳动防护用品、进行安全生产培训的经费。"

2. 焊接与切割安全标准

GB 9448—1999《焊接与切割安全》规定了在实施焊接、切割操作过程中避免人身伤害及财产损失所必须遵循的基本原则，为安全实施焊接、切割操作提供了依据。标准从焊接作业管理者、现场安全人员及实际操作人员三个方面提出了要求。

（1）管理者　管理者必须对实施焊接及切割操作的人员及监督人员进行必要的安全培训。培训内容包括：设备的安全操作、工艺的安全执行及应急措施等。管理者有责任将焊接、切割可能引起的危害及后果以适当的方式（如：安全培训教育、口头或书面说明、警告标识等）通告给实施操作的人员。管理者必须标明允许进行焊接、切割的区域，并建立必要的安全措施。管理者必须明确在每个区域内单独的焊接及切割操作规则，并确保每个有关人员对所涉及的危害有清醒的认识并了解相应的预防措施。管理者必须保证只使用经过认可并检查合格的设备（诸如焊割机具、调节器、调压阀、焊机、焊钳及人员防护装置）。

（2）现场管理及安全监督人员　焊接或切割现场应设置现场管理和安全监督人员。这些监督人员必须对设备的安全管理及工艺的安全执行负责。在实施监督职责的同时，他们还可担负其他职责，如：现场管理、技术指导、操作协作等。监督者必须保证以下几个方面：

1）各类防护用品得到合理使用。

2）在现场适当地配置防火及灭火设备。

3）指派火灾警戒人员。

4）所要求的热作业规程得到遵循。

5）在不需要火灾警戒人员的场合，监督者必须要在热工作业完成后做最终检查并组织消灭可能存在的火灾隐患。

（3）操作者　操作者必须具备对特种作业人员所要求的基本条件，并懂得将要实施操作时可能产生的危害以及适用于控制危害条件的程序。操作者必须安全地使用设备，使之不会对生命及财产构成危害。操作者只有在规定的安全条件得到满足；并得到现场管理及监督者准许的前提下，才可实施焊接或切割操作。在获得准许的条件没有变化时，操作者可以连续地实施焊接或切割。

11.2　焊接职业危害因素识别和控制措施

焊接工艺多种多样，焊接作业的环境条件千差万别，焊接作业可能面临红外线、紫外线和可见光等非电离辐射，以及电离辐射、机械伤害、热伤害、电击、焊接烟尘和高处坠落等多种有害因素。基于焊接方法的不同和作业环境情况，焊工实际所面对的伤害风险也不尽相同。

全面、系统有效地识别焊接作业中的职业安全和健康风险因素及其危害途径，是采取工程控制和管理控制措施的前提。

11.2.1　焊接职业危害因素的识别

常见的焊接工作场所中存在或产生的职业病危害因素的识别方法有经验法、类比法、检查表法、分析法和调查检测法等。

职业环境中可能存在和产生的职业性有害因素主要来源于生产过程、劳动过程和生产环境，其中最主要的是生产过程中所产生的有害因素。焊接过程职业性有害因素识别的关键在于对焊接生产工艺、焊接材料、作业环境特点及作业特点等可能存在和产生职业性有害因素的各个环节进行综合分析。

1. 化学性有害因素的识别

化学性有害因素包括有毒有害气体和粉尘。有毒气体和焊接烟尘是焊接作业环境中最主要的职业性有害因素之一。生产性毒物主要来源于生产过程中所涉及的各种原料、辅助原料、中间产品、成品、副产品、夹杂物或废弃物。因而，有毒物的识别关键环节在于生产物料的确认掌握和焊接工艺过程的调查分析。

焊接烟尘是在焊接生产过程中形成的，因而焊接烟尘的识别关键环节是通过了解基本生产过程，通过所用的焊接材料，分析焊接烟尘的成分，列举产生粉尘的主要环节。由于粉尘理化特性的不同，对人体的危害性质、程度和途径也不尽相同，因此还需通过检测作业环境空气中粉尘浓度、分散度及烟尘的成分等，准确地识别所面临的焊接烟尘。

2. 物理性有害因素的识别

物理性有害因素一般有明确的来源，通常与生产设备、辅助装置、公用设施的运行有关，且危害程度取决于每一种物理因素所具有的特定物理参数，其中主要是物理因素的强度，物理因素多以发生源中心向四周播散，其强度随距离的增加呈指数关系衰减。因而，物理性有害因素的识别关键环节是对物理因素发生源的识别以及物理参数的分析。

非电离辐射中紫外线、可见光、红外线、射频辐射和激光都属于电磁辐射谱中的特定波段。紫外线波长为 $100 \sim 400nm$，可见光波长为 $400 \sim 780nm$，红外线波长为 $780 \sim 10000nm$，射频辐射是电磁辐射谱中量子能量最小、波长最长的频段，波长范围为 $1mm \sim 3km$。因而非电离辐射的识别关键环节在于详细了解生产设备运行时的电磁辐射状况，充分考虑作业人员的接触情况，通过对不同频率、不同波长电磁辐射的辐射强度测定来进一步识别非电离辐射。

电离辐射的识别除了明确放射源外，还应进行个人暴露剂量测定、环境电离辐射检测、放射性核素的分析测量等。

噪声的识别主要包括对声源、噪声强度、噪声频率分布、噪声暴露时间特性等的识别。识别噪声特性的方法，主要依赖于对噪声的检测以及对现场其他所有信息的综合分析。振动的识别主要是识别生产过程中接触振动的作业和振动源。对于焊接及相关作业，接触局部振动常见的作业是焊前准备和焊后焊缝打磨处理。

11.2.2　焊接职业危害的评估

1. 作业场所有害因素的接触限值

在 GB/T 15236—2008《职业安全卫生术语》中，职业接触限值指在职业活动过程中长期反复接触，对绝大多数接触者的健康不引起有害作用的允许接触水平。其中化学有害因素的职业接触限值有时间加权平均允许浓度（PC-TWA）、短时间接触允许浓度（PC-STEL）和最高允许浓度（MAC）三类。时间加权平均允许浓度是以时间为权数规定的 8h 工作日、40h 工作周的平均允许接触浓度；短时间接触允许浓度是指在满足 PC-TWA 前提下，允许短时间（15min）接触的浓度；最高允许浓度则是在一个工作日内，任何时间有毒化学物质允许的最大浓度。对于焊接过程产生的有害气体和焊接烟尘的职业接触限值，可以按 GBZ 2.1—2019《工作场所有害因素职业接触限值　第 1 部分：化学有害因素》规定执行。如电焊烟尘的 PC-TWA 为 $4mg/m^3$。臭氧的最高允许浓度为 $0.3mg/m^3$（见表 11-1）。

表 11-1　焊接常见化学性有害因素及其接触限值

序号	中文名	OELs/（mg/m³）			备注
		MAC	PC-TWA	PC-STEL	
1	电焊烟尘	4（总尘）			G2B
2	二氧化碳		9000	18000	
3	二氧化锰		0.15		
4	三氧化铬		0.05		G1
5	铜烟		0.2		
6	铜尘		1		
7	臭氧	0.3			
8	二氧化氮		5	10	

注：G1 代表确认人类致癌物；G2B 代表可疑人类致癌物（取决于焊接烟尘的成分）。

物理性有害因素除了激光是人为产生的，作业环境中的其他常见的物理性有害因素在自然界中均已存在。在焊接生产环境或作业场所中，物理因素的产生通常来自处于工作状态的物理因素装置，如果该物理因素装置停止工作，则所产生的物理因素也会随之消失。噪声、振动、电磁辐射、电离辐射和非电离辐射是焊接及相关操作过程常见的物理性有害因素，这些物理有害因素的职业接触限值可以从 GBZ 2.2—2019《工作场所有害因素职业接触限值第 2 部分：物理因素》查到。以噪声为例，接触连续性噪声（稳态和非稳态噪声）时，对于每周工作 5 天时，8h 等效声压级接触限值为 85dB（A），每增加 3dB 则允许接触时间减半（见表 11-2）。随着生产的发展，接触脉冲噪声的作业人员也越来越多，GBZ 2.2—2019 对脉冲噪声的接触限值也做了规定（见表 11-3）。

表 11-2　工作场所噪声等效声压级接触限值

日接触时间 /h	接触限值 /dB（A）
8	85
4	88
2	91
1	94
0.5	97
…	…

表 11-3　工作场所脉冲噪声职业接触限值

工作日接触脉冲噪声次数 n/ 次	噪声声压级限值 /dB（A）
$n \leqslant 100$	140
$100 < n \leqslant 1000$	130
$1000 < n \leqslant 10000$	120

2. 焊接职业危害的评价

焊接职业危害评价的目的是对焊接过程中的有害因素进行定性或定量评估，判断其危害程度，以有针对性地提出控制措施，对控制效果进行综合评估。焊接职业危害的评估包括职业有害因素的评估和防护措施及其效果的评估。焊接职业危害的评价应委托有资质的职业卫生服务机构或科研院所来进行。

根据焊接作业人员的接触情况，监测焊接作业人员的健康状况，分析其间的关系，为采取相应的防护措施提供依据。

11.2.3　焊接作业职业危害的控制措施

职业伤害的发生，往往与缺乏必要的职业危害控制措施有关，因此职业危害控制是确保作业者安全健康的核心。职业危害控制的目的是消除和减少危害接触。实施职业危害控制措施，应遵循优先工程措施、后管理措施和个人防护原则。采取消除职业危害源，切断危害途径（工程防护、管理防护、个人防护）和保护易损人群（职业禁忌症）。其层级顺序为：①消除和替代；②工程控制；③管理控制；④个人防护用品。由于技术和经济条件等多方面因素的限制，完全消除工作场所中的危害实现起来有难度，因此经常需要同时运用多种控制方法。在选用控制措施时，需要考虑有害因素及其导致的危害，各种控制措施的实用性，不同控制措施的有效性、经济性，以及作业人员的接受程度等各方面的因素。

1. 消除和替代措施

替代或消除措施始终是首选控制措施，包括原料替代和（或）生产过程替代，通过采用新工艺、新设备或新材料消除工作场所中的危害是降低风险确切有效的途径。在材料替代方面，无镉银钎料和无铅焊料绿色钎焊材料、低飞溅、少烟尘、高熔敷率的焊丝和无镀铜焊丝等的应用，减少了许多有害因素的产生；焊接效率高、能耗和材料消耗少、污染小、焊缝质量高的绿色高效焊接技术不断涌现，也在一定程度上减少了烟尘、有害气体等有害物质的产生。

2. 工程控制措施

有时职业性有害因素的接触不可避免，采取工程控制措施就是最好的选择。对于化学性有害因素主要是通过隔离污染源、通风除尘等进行控制，对于物理性有害因素主要通过消声减振、通风降温等进行控制。

（1）隔离措施　当生产过程中不可避免地存在职业危害因素时，宜采取隔离方法控制职业危害，隔离可以是物理隔离或间距隔离。可以采用的物理隔离包括以下几个方面：

1）使用联锁门或屏障防止人员进入存在有毒物质的区域。

2）危险物储存库（例如易燃物、易爆物）设置在偏僻处。

3）将意外互相接触可能产生危险的物质分开存放（例如氧化剂和燃料）。

4）使用防护帘将焊接区域与其他区域隔开等，如图 11-1 所示。间距隔离可以是空间隔离或者时间隔离。

（2）密闭技术　在焊接烟尘、有害气体、

图 11-1　焊接区域防护帘

噪声等有害因素从发生源逸散之前，通过工程控制措施对其加以密闭，如把整个焊接生产过程完全密闭，外加抽排系统；采用隔声措施将产生噪声的机器安装在隔声设施中。

（3）通风除尘　采取通风等措施降低有害物的浓度或强度等，常用的方法有焊接厂房的整体通风除尘和焊接工位的局部排尘措施或移动式排尘装置。整体通风系统通过引进大量的新鲜空气，稀释空气中有害物质的浓度。而局部排尘系统将有害物质由发生源处直接抽走，减少作业人员的吸入（见图 11-2）。

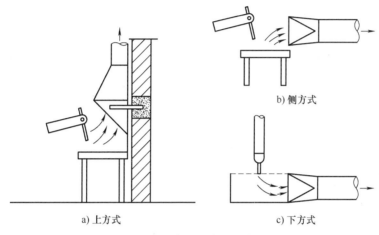

b) 侧方式

a) 上方式　　　　　　c) 下方式

图 11-2　局部排尘装置示意图

3. 管理控制措施

生产企业应建立健全安全生产制度，落实各项预防措施。制定安全操作规程，建立健全卫生保健制度，合理安排作业时间，使接触者受到的影响降低至最低限度。定期对易产生有害因素的场所、物质进行检测、检查，必要时对特定工种人员进行就业前后的体检，以便及时发现就业禁忌症和早期职业病。

管理措施包括加强用电安全和动火管理，改变焊工在接触有害因素的作业场所的工作时间，或改变工作方式以降低接触强度。管理措施的应用应着眼于焊接工作过程、管理制度和作业人员行为的改善。通过落实职业卫生管理制度、改变工作方法或制度，加强对职业人员的教育和培训，使危害接触控制效果达到期望值。不断强化各层级的教育培训，包括对新进作业人员进行就业前的安全和职业卫生培训，对从事有职业危害工作的人员进行职业卫生知识教育，使作业人员了解本工种、本岗位的职业有害因素、产生原因和地点，以及进入人体的途径和预防方法，使作业人员的职业素养逐年提升，进一步降低职业伤害风险。

焊接机器人的大量应用，使整个生产过程中减少焊接作业人员的数量成为可能，增加了作业时间的灵活性，也降低了焊接作业人员接触职业伤害的风险。

11.2.4　焊接作业防护措施

在工程措施和管理措施的基础上，如果仍然存在职业伤害风险，则采取个人防护措施很有必要，个人防护装备是保护焊工安全和健康的最后一道防线。个人防护措施包括两个方面的含义：一是正确选择适用的个人防护装备；二是个人防护装备的正确使用和维护。

在规划个人防护措施时，应首先考虑其合规性，即符合国家标准或行业标准的要求；其次是个人防护装备对有害因素防护的有效性；第三是防护装备的适合性，即作业人员的适合性和对作业环境状况的适合性。

个体防护装备包括头部防护装备，如安全帽和防护帽；眼面部防护装备，如焊接面罩、防护眼镜等；呼吸防护，如防颗粒物口罩，防毒面罩和电动送风呼吸器等；防护服装，如焊接作业时的焊接防护服；防护手套，如防化学手套、防机械伤害手套和焊接防护手套等；防护鞋靴、听力防护装置等类型。

（1）焊接眼面部防护具　焊接眼面部防护具包括焊接面罩和焊接护目镜两类。焊接面罩是一种用于防御有害光辐射、熔滴滴落、熔化金属飞溅、热辐射等对焊工眼睛和面部伤害的防护具，焊接面罩是焊接作业的重要防护用具，也是一种重要的焊接辅助工具。

焊接面罩的形式多种多样，依据结构形式的不同，焊接面罩可分为手持式、头戴式和组合式三类；依其工作原理又可分为传统焊接面罩（又称为黑玻璃焊接面罩）和自动变光焊接面罩（见图 11-3）两类。按是否连接送风装置，又可分为电动送风式焊接面罩（见图 11-4）、长管送气式焊接面罩和普通焊接面罩。送风式焊接面罩除对焊接作业人员的眼面部提供保护外，还具有较高的呼吸防护功能。

图 11-3　自动变光焊接面罩

图 11-4　电动送风式焊接面罩

焊接护目镜（见图 11-5）也常被称为焊接眼罩，仅提供眼部的防护，可用于气焊和气割等不会产生紫外辐射的焊接操作。

国内有效的焊接面罩标准有 GB/T 3609.1—2008《职业眼面部防护　焊接防护　第 1 部分：焊接防护具》和 GB/T 3609.2—2009《职业眼面部防护　焊接防护　第 2 部分：自动变光焊接滤光镜》。这两项标准对焊接面罩的技术性能和测试方法进行了规定，如对光辐射、飞溅的熔滴和颗粒物的撞击、抗炙热固体的防护要求，以及焊接面罩的抗跌落和耐热穿透性能等。适用于防护有害光辐射、金属熔滴

图 11-5　焊接护目镜

飞溅及热辐射等有害因素对眼睛和面部的伤害。需要注意的是，上述标准不适用于激光焊接、电子束焊接等高能焊接用途的防护装备。

　　焊接作业多伴随有可见强光、红外辐射和紫外辐射，因而用于焊接面罩或焊接护目镜的视窗部分，需要有相应的遮光号（又称为暗度），以增加可见强光、红外辐射和紫外辐射对作业人员眼部的防护。关于遮光号的选择，可参照 GB/T 3609.1—2008《职业眼面部防护　焊接防护　第 1 部分：焊接防护具》，或 EN 169—2002《个人眼护具 – 焊接及相关滤光片技术要求》，或 EN 379：2009《个人眼护具 – 自动变光滤光镜》标准，选择适合当前焊接工艺的遮光号（见表 11-4 ～表 11-6），在选择遮光号时应考虑作业环境特点，焊工个体差异等因素。

表 11-4　气焊或钎焊作业用滤光片遮光号

可燃气体流量	$q \leqslant 70$	$70 < q \leqslant 200$	$200 < q \leqslant 800$	$q > 800$
遮光号推荐值	4	5	6	7

注：q 单位为 L/h；基于环境条件的不同，实际选择的遮光号可以在上述推荐值基础上增加或减小。

表 11-5　氧乙炔焰切割用滤光片的遮光号

氧气流量	$900 < q \leqslant 2000$	$2000 < q \leqslant 4000$	$4000 < q \leqslant 8000$
遮光号推荐值	5	6	7

注：q 单位为 L/h；基于环境条件的不同，实际选择的遮光号可以在上述推荐值基础上增加或减小。

表 11-6　焊接面罩遮光号的选择

焊接方法	焊接电流 /A																				
	1.5	6	10	15	30	40	60	70	100	125	150	175	200	225	250	300	350	400	450	500	600
MMA			8				9			10		11		12			13			14	
MAG			8					9		10		11			12			13			14
TIG		8			9			10			11			12		13					
MIG 重金属			9					10			11			12		13		14			
MIG 轻合金			10								11			12		13		14			
电弧切割			10								11		12			13		14		15	
等离子焊 / 切割			9								10	11		12			13				
微束等离子焊	4	5	6	7	8		9		10			11		12							

　　作业者可以在推荐值的基础上，根据个人的感受适当增加或减低遮光号数值。需要注意的是遮光号过高，其可见光的透过率相对较低，焊工需要更靠近焊炬或电弧以清晰观察焊接部位，这样对焊工的职业健康是极其不利的，一方面焊工容易疲劳，另一方面焊工还可能吸入更多有害的焊接烟尘和有害气体，且容易被飞溅熔滴灼伤。而过小遮光号会使可

见光、红外线和紫外线辐射的透过率偏高，焊工眼睛容易疲劳，而且可能接触超过限值的紫外线和红外线辐射。长期使用遮光号过高或过低的滤光片都可能引起焊工视力的下降。

（2）激光防护镜　激光辐射会对意外暴露的人眼部、面部造成伤害。眼部短时间暴露在一定波长及高功率的激光光束下，会对角膜、视网膜等造成伤害；长时间暴露在具有一定水平的散射光束中，可能会造成角膜及晶状体的损害，形成白内障或视网膜损害。面部短时间暴露在高水平的激光器光束中会造成面部皮肤灼伤，对于部分低波段的激光器（290～320nm），长期暴露可能造成皮肤色素沉淀、甚至癌变等。因此，在生产和使用接触激光的过程中，眼面部的安全防护是至关重要的，使用者需要配带眼面部防护具。

GB 30863—2014《个体防护装备眼面部防护激光防护镜》对激光防护具进行了规定。该标准规定了激光防护镜的要求、试验方法、产品信息和标识，适用于激光辐射波长在180～1000nm范围内的眼护具。在进行激光焊接操作时，参考激光焊接设备生产商的推荐选择适用的激光防护具。在选择激光防护镜时可以考虑以下几点：

1）激光输出波长、脉宽和功率密度。

2）激光防护镜的光密度OD：光密度数值越大，激光防护眼镜的防护能力越强。

3）激光防护眼镜的L等级，L等级越高，激光防护能力越强。

4）可见光透过率，如防护镜的可见光透过率过低或环境照明不足，需考虑增加辅助照明。

5）激光防护镜应有侧翼防护，以有效阻挡来自各个方向的反射和折射光。

（3）焊接作业的呼吸防护　颗粒物防护口罩，又被称为防尘口罩，用于对焊接烟尘的防护。由于焊接烟尘的特性，对于焊接烟尘的防护至少应使用符合GB 2626—2019《呼吸防护　自吸过滤式防颗粒物呼吸器》规定的KN95标准的防护口罩，或者选择相当的美国或欧洲标准的防护口罩（见表11-7）。其中KN（或N）代表可用于非油性颗粒物的防护，KP（或P）代表可用于油性颗粒物的防护，95代表最低过滤效率为95%。如果针对放射性粉尘的防护，则应选择KN100级别的防护口罩，同时还应采取防止放射性粉尘经皮肤和消化道进入人体的系列措施。

由于焊接作业的特点，选用带呼气阀（见图11-6）的口罩会更舒适。

表 11-7　GB 2626—2019 防护口罩的分类和分级

滤料分类	过滤效率≥90%	过滤效率≥95%	过滤效率≥99.97%
KN 类（用于非油性颗粒物的防护）	KN90	KN95	KN100
KP 类（用于油性颗粒物的防护）	KP90	KP95	KP100

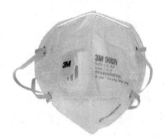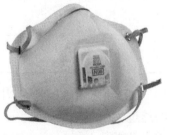

图 11-6　颗粒物防护口罩

（4）防噪声耳塞 防噪声耳塞（见图 11-7）是一种保护听觉，使作业人员的听力系统免遭过度噪声伤害的防护用品。焊接设备和焊接电弧都会产生噪声，多数焊接岗位还往往伴随有切割、打磨作业，这些操作都会产生噪声。当噪声水平超出职业卫生标准允许的暴露限值，并且工程控制等其他方法无法使其降低到允许的范围内时，就必须使用听力防护用品，以避免或减少对焊工听力造成的损害。防噪声耳塞的降噪效果与佩戴状况是相关联的，在耳塞的佩戴过程中应严格遵守说明书要求，在噪声作业场所中应全时正确佩戴防噪声耳塞。

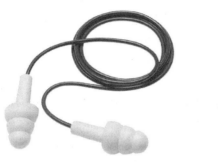

图 11-7 防噪声耳塞

（5）焊接防护服 焊接防护服是降低作业人员在进行焊接及相关作业中可能遭受熔化金属飞溅及其热伤害的一类防护服，以降低焊接和相关工艺产生的红外线辐射、紫外线辐射、熔滴飞溅和可能的短时间接触火焰的影响。焊接防护服以阻燃织物、皮革或通过贴膜和喷涂铝等物质制成的织物面料，采用缝制工艺制作的特殊服装。焊接防护服的面料性能决定了焊接防护服的最终表现，面料的阻燃性能、撕裂强力、透湿量、热稳定性、热防护性能都是重要的指标。

对焊接防护服的要求主要包括面料的断裂强度、撕裂强度、阻燃性能、抗熔化金属性能、透湿性能和热防护性能等技术指标。常见的焊接服面料有皮质、合成纤维两类。关于焊接防护服的技术要求可查阅 GB 8965.2—2022《防护服装 焊接服》。

（6）焊接防护手套 焊接防护手套的作用是保护焊接及相关作业人员，以降低熔化金属、短时间接触有限的火焰、对流热、传导热、焊接紫外线辐射和机械伤害等对手部和腕部的影响，用于保护焊工在焊接作业中免受电击、灼热、紫外线和红外线辐射的同时，还可使手指关节运动，并提供良好的耐磨性和增强的抓握力。焊接防护手套一般由耐用、不导电、散热良好的材料制成（见图 11-8），常用的材料有皮革，不同材质的皮革手套其佩戴舒适度也不一样。皮质和芳纶纤维材料制成的焊接防护手套应用也越来越广，这样

图 11-8 焊接防护手套

的手套使用寿命长，透气性也较好。

基于焊接防护手套的应用场所，焊接防护手套应具有相应的耐磨性能、抗撕裂性能、抗切割性能和抗刺穿性能等力学性能要求，以及阻燃性能、耐热接触性能、耐对流热性能、抗金属熔滴性能等热防护要求，同时手套佩戴后的灵活性和舒适度也应满足一定操作的要求。

11.2.5　焊接防护装备的配备

焊接是一种重要的制造工艺，在生产中被广泛应用。在焊接过程中作业人员会面临触电、灼烫、机械伤害、有毒有害气体、焊接烟尘、噪声、非电离辐射、电离辐射和高频电磁辐射等各种职业危害因素。然而，焊接方法的不同，作业环境条件不一样，焊工所面临的职业伤害风险差异很大。针对不同焊接作业的特点，针对性地配备防护装备将有利于降低焊工的职业安全和健康风险。

为加强职业人员的防护，全国个体防护标准化技术委员会组织编制了 GB 39800.1—2020《个体防护装备配备规范　第1部分：总则》，该标准规定了个体防护装备（即劳动防护用品）配备的总体要求，包括配备原则、配备流程、作业场所危害因素的辨识和评估、个体防护装备的选择、追踪溯源、判废和更换、教育培训和使用等。对于焊接及相关作业的防护，应依据面临的职业危害因素和评估结果，配备相应的个人防护装备，加强教育培训，促进防护装备的正确使用与维护，降低焊接作业人员职业伤害的风险。表 11-8列举了部分焊接方法相对应的焊接防护装备的配备建议，该表并未列举需要全部配备的个人防护装备的类别及对防护装备的具体要求，仍须安全工程师或职业安全健康管理人员依据职业危害因素的识别情况和评估结果加以确定。

表 11-8　不同焊接方法的职业伤害风险和个体防护装备配备建议

焊接方法	主要危害因素	建议配备的个体防护装备类别
气焊与气割	眼热灼伤 焊接烟尘 有害气体 火灾与爆炸	1. 焊接护目镜或焊接面罩 2. 防护口罩或活性炭层的防护口罩 3. 焊接防护手套 4. 焊接防护服 5. 绝缘鞋
电弧焊接与电弧切割	非电离辐射 焊接烟尘 有害气体 噪声与振动 触电 电离辐射 火灾 灼热颗粒物 高频电场	1. 焊接面罩 2. 防护口罩或活性炭层的防护口罩 3. 防噪声耳塞 4. 焊接防护手套 5. 焊接防护服 6. 绝缘鞋
电渣焊	强光 焊接烟尘 飞溅物	1. 焊接护目镜或防护眼镜 2. 防护口罩或活性炭层的防护口罩 3. 焊接防护手套 4. 焊接防护服 5. 绝缘鞋

（续）

焊接方法	主要危害因素	建议配备的个体防护装备类别
电阻焊	焊接烟尘 噪声 炙热飞溅物 机械伤害 触电 电磁场	1. 防护眼镜 2. 防护口罩或活性炭层的防护口罩 3. 焊接防护手套 4. 绝缘鞋
铝热焊	焊接烟尘 强光 热灼伤	1. 防护眼镜 2. 防护口罩或活性炭层的防护口罩 3. 焊接防护手套 4. 绝缘鞋
电子束焊	焊接烟尘 电离辐射 机械伤害	1. 防护眼镜 2. 防护口罩 3. 绝缘鞋
摩擦焊（搅拌摩擦焊）	机械伤害 噪声	1. 防护眼镜 2. 防护口罩或活性炭层的防护口罩 3. 焊接防护手套 4. 防噪声耳塞 5. 绝缘鞋
激光焊接与气割	激光 焊接烟尘 有害气体 触电 热灼伤	1. 激光防护镜 2. 防护口罩或活性炭层的防护口罩 3. 焊接防护手套 4. 绝缘鞋
硬钎焊	焊接烟尘 炙热飞溅物 机械伤害	1. 防护眼镜 2. 防护口罩或活性炭层的防护口罩 3. 焊接防护手套 4. 绝缘鞋
软钎焊	焊接烟尘	1. 防护眼镜 2. 防护口罩或活性炭层的防护口罩
热喷涂	焊接烟尘 噪声	1. 焊接面罩 2. 防护口罩或活性炭层的防护口罩 3. 防噪声耳塞 4. 焊接防护手套 5. 绝缘鞋

对于火灾、爆炸、触电、高频电磁场和电离辐射等职业安全与健康风险，应主要依靠工程控制措施和管理措施来加以控制。个体防护措施不能消除危害因素，只能降低职业伤害风险，超过使用限制条件将可能导致安全和健康风险，因此不可用个体防护装备的配备来替代工程控制措施和管理措施。

参考文献

［1］刘云龙.焊工技术手册［M］.北京：机械工业出版社，2002.

［2］陈裕川.焊工手册：埋弧焊·气体保护焊·电渣焊·等离子弧焊［M］.2版.北京：机械工业出版社，2007.

［3］张其枢.不锈钢焊接技术［M］.北京：机械工业出版社，2015.

［4］唐燕玲，王志红.焊工：技师　高级技师［M］.北京：中国劳动社会保障出版社有限公司，2013.